U0220837

杜仲胶功能材料

方庆红　杨　凤　康海澜　著

科学出版社

北　京

内 容 简 介

　　杜仲胶是我国特有的一种天然高分子材料,应用潜力巨大。近年来,杜仲胶的基础与应用研究持续深化。相对于传统的橡胶和塑料,杜仲胶具有独特的橡-塑二重性,利用杜仲胶分子主链中的不饱和双键,可以对杜仲胶进行环氧化、磺化、接枝等多种化学改性。不同官能团的引入可赋予杜仲胶不同的功能,如自修复、高阻尼等;通过调控链结构的有序程度和结晶动力学条件,可以调控杜仲胶的结晶行为和晶体结构,使材料呈现出与晶型转变有关的特性,如形状记忆、电磁屏蔽与吸波等特性。本书集作者团队近年来研究成果,系统深入介绍了杜仲胶功能化技术的基本原理、实现方法和应用效果。全书共9章,主要内容包括杜仲胶概论、杜仲胶改性天然橡胶、杜仲胶改性塑料、杜仲胶的可控环氧化、基于环氧化杜仲胶的功能材料、生物基杜仲胶功能涂料、杜仲胶形状记忆材料、杜仲胶的电磁屏蔽材料、杜仲胶吸波材料等。

　　本书可供高等院校、科研院所及相关企业中从事杜仲胶高分子材料相关工作的科研人员和工程技术人员参考使用,也可供高等院校中材料类专业的高年级本科生及研究生参考。

图书在版编目(CIP)数据

杜仲胶功能材料 / 方庆红, 杨凤, 康海澜著. -- 北京 : 科学出版社, 2024.6. -- ISBN 978-7-03-078783-5

Ⅰ.TQ332.2

中国国家版本馆 CIP 数据核字第 2024C46Y55 号

责任编辑:张　庆　韩海童 / 责任校对:何艳萍
责任印制:徐晓晨 / 封面设计:无极书装

斜 学 出 版 社 出版
北京东黄城根北街 16 号
邮政编码:100717
http://www.sciencep.com

北京建宏印刷有限公司印刷
科学出版社发行　各地新华书店经销
*

2024 年 6 月第 一 版　开本:720×1000　1/16
2024 年 6 月第一次印刷　印张:16 1/2
字数:330 000

定价:179.00 元
(如有印装质量问题,我社负责调换)

前　言

新材料是国民经济的发展支柱，功能材料更是汽车、航空航天、高速铁路以及医疗卫生行业不可或缺的资源。近年来，国家重大科技专项和国家自然科学基金都给予功能新材料研究重大支持，先后把形状记忆材料、自修复材料以及 3D 打印材料等功能材料列入国家新材料发展规划中。

杜仲胶是我国特有的新型天然高分子材料，主要产于杜仲树的果、皮和叶等组织器官。杜仲胶分子结构式为反式-1,4-聚异戊二烯，其结构富含双键，具有柔性、对称有序的特点，常温下易结晶，呈现出独特的橡-塑二重性。杜仲胶制品具有优异的耐海水、耐疲劳、耐磨、形状记忆、自黏结等性能。

杜仲胶由于其分子主链含有双键，故可进行环氧化、磺化、接枝和氧化降解等化学改性，进而可制备自修复材料、阻尼材料和胶黏剂。杜仲胶还可与塑料共混，进而制备热塑性硫化胶材料与形状记忆材料。利用杜仲胶结晶网络对功能填料的限域作用和功能填料对杜仲胶晶型转变的诱导作用，可以制备高效防腐涂料和电磁屏蔽、吸波等功能性材料。通过对杜仲胶的系统研究，可进一步获得理论与实践上的创新，有望将其应用于国民经济的各个领域。

本书集合作者团队近年来多项相关研究成果，从理论与实践上对杜仲胶的功能化改性以及功能材料的制备与表征进行总结，并对天然杜仲胶和合成的反式-1,4-聚异戊二烯的基本性能进行了对比研究。相关研究成果可为汽车、航空航天、高速铁路及医疗卫生等领域功能新材料的开发提供借鉴。

本书共 9 章。其中，第 1 章由方庆红、杨凤、康海澜撰写，第 2 章、第 6 章、第 8 章、第 9 章由方庆红撰写，第 4 章、第 5 章由杨凤撰写，第 3 章、第 7 章由康海澜撰写。本书撰写工作得到了博士研究生邢月以及硕士研究生何志豪、韩利硕、黄意棋、李平、崔莹、吴婷婷和刘孟婷等的帮助，在此一并表示感谢。

由于作者水平有限，书中不足之处在所难免，恳请广大读者批评指正。

方庆红

2023 年 3 月于沈阳

目　　录

第1章 杜仲胶概论

杜仲胶是我国特有的一种生物高分子材料，近年来其基础与应用研究蓬勃开展，其重要性日益凸显。杜仲胶产自杜仲树，以固态分布于杜仲树的根、茎、叶、花、果实和种子（果壳）等组织器官中，需要物理、化学或生物方法提取。由于分子链独特的对称有序性和柔顺性，杜仲胶室温下结晶速率快，其结晶行为和结晶结构对杜仲胶的各项性能影响显著且意义重大。杜仲胶大分子是三叶天然橡胶的同分异构体，主链含有大量化学性质活泼的双键，可利用双键的交联、环氧化、接枝、磺化等反应，向杜仲胶分子中引入不同的官能团，结合其反式链结构和结晶聚集态结构的调控，可赋予其不同的功能化特性。上述内容都值得深入研究。

1.1 杜仲胶的来源

杜仲胶（eucommia ulmoides gum，EUG）产自杜仲树。杜仲树属被子植物门、双子叶植物纲的金缕梅亚纲、杜仲目唯一的一科一属乔木。杜仲树是我国特有的森林资源，种植范围南起两广，北至吉林，西达新疆，种植面积高达 400 万亩（1 亩≈666.7m^2）。杜仲树对种植环境的要求没有三叶橡胶树严苛，并且根系发达，适生性强，也是黄河等水土流失地区综合治理的优良树种。为了充分利用杜仲资源，目前我国已经人工培育出叶片尺寸是传统杜仲叶片 4～5 倍的三倍体杜仲树（图 1.1）。

（a）野生杜仲树　　　　　　（b）人工培育的三倍体杜仲树

图 1.1　不同类型杜仲树

众所周知,杜仲植物可提取多种药物和保健物质。杜仲树的根、茎、叶、花、果实和种子中还存在一种白色丝状的物质——杜仲胶,其中,树叶、树皮和果壳为主要的提胶原料(图1.2)。树叶含胶量为3%～5%,树皮含胶量为6%～12%,果壳含胶量为12%～18%[1]。虽然杜仲树各个组织器官的含胶量不高,但是每株杜仲树的含胶总量是较大的,单株树的杜仲胶总产量高于单株三叶橡胶树的橡胶总产量。

(a)杜仲树叶　　　　　　　(b)杜仲果壳　　　　　　　(c)杜仲树皮

图1.2　杜仲树不同组织器官中的杜仲胶

作为一种生物基高分子材料,杜仲胶的主要化学成分与天然橡胶完全相同,都为聚异戊二烯,但空间构型不同,两者互为同分异构体。天然橡胶为顺式-1,4-聚异戊二烯,而杜仲胶为反式-1,4-聚异戊二烯,两者的分子结构式如图1.3所示。杜仲胶与国外的古塔波胶(gutta percha)和巴拉塔胶(balata rubber)同类。

(a)杜仲胶　　　　　　　　　　(b)三叶天然橡胶

图1.3　杜仲胶与三叶天然橡胶的分子结构式

杜仲胶是除三叶天然橡胶之外我国拥有巨大开发前景的优质天然橡胶资源。由于杜仲胶的结晶聚集态结构,最初只能作为硬质材料使用,用途极为有限。20世纪80年代初,严瑞芳[2]发明了杜仲胶硫化胶的制法,并且随交联程度不同,杜仲胶呈现三种不同的性状,分别是热塑性、热弹性及高弹性,使得杜仲胶的应用范围得到了极大的拓展[2-5]。

我国现有三叶橡胶树的种植面积已经达到饱和,再无可扩大种植的适宜土地。而杜仲树是我国特有的生物橡胶资源,是名副其实的中国橡胶树。在我国适宜种植杜仲树的土壤面积是三叶橡胶树种植面积的数十倍,从杜仲树中获得的杜仲胶也将是我国三叶橡胶产量的数倍,这必将大大弥补我国三叶橡胶资源的不足。

1.2　杜仲胶的提取

杜仲胶是固态物质，存在于杜仲树的树叶、树皮和果壳等部位的含胶细胞中。纤维素、半纤维素与木质素紧密结合，相互缠绕形成粗纤维，构成含胶细胞细胞壁的主要成分。含胶细胞间存在着果胶质、淀粉和低聚糖，还有大量植物生长和代谢过程中所需的酶蛋白。此外，杜仲叶表面的角质层由角质和蜡质两类化合物组成。这些天然有机物包围在固体杜仲胶周围，成为杜仲胶提取的屏障。因此，与天然橡胶提取方法不同，必须采用物理、化学或生物方法破坏上述植物组织结构，才能实现杜仲胶的提取。在杜仲胶提取过程中主要考虑以下三个方面：一是从杜仲植物中将杜仲胶充分提取，尽量提高提取率；二是尽量避免提取过程中的强机械作用、强碱浸泡、长时间发酵氧化等导致杜仲胶分子结构和聚合度的变化，从而破坏其原有的物理、化学性能；三是尽量缩短提取时间，提高提取效率。根据上述杜仲胶提取屏障的破坏手段，将杜仲胶的提取方法分为单一提取方法和复合提取方法。

1.2.1　单一提取方法

杜仲胶的单一提取方法主要有碱浸法、机械法、溶剂法、微生物发酵法、生物酶解法等。

（1）碱浸法。

碱浸法是用碱性水溶液多次洗涤、浸泡杜仲胶提取原料，将非胶杂质完全清洗去除的方法。主要的工艺流程为：对杜仲胶提取原料进行漂洗，然后浸入2%～3%的石灰水中，经压碎、水洗、发酵、洗涤、捣碎、碱浸（质量分数为10%的氢氧化钠水溶液）2～3h后，分离杂质，再氯漂、水洗、干燥得到杜仲胶粗胶。该方法碱的消耗量大，成本高，并且环境污染严重。此外，多次水洗使得杜仲胶损失过大，导致产率低，纯度也低，目前已基本被废弃[6]。

（2）机械法。

机械法是将杜仲胶提取原料进行机械剪切破碎，使胶丝与原料分离出来。主要的工艺流程为：将粗制原料进行漂洗后发酵，经蒸煮过后进行离心脱水处理，物料经机械破碎后过筛并再次漂洗，最后将其压块成型制得杜仲胶粗胶。

用机械法来提取杜仲胶，适合于大规模的生产。但此法产率和纯度都较低，且大的机械外力对杜仲胶分子链的破坏作用较强[7]。

（3）溶剂法。

溶剂法是利用杜仲胶的良溶液溶解杜仲胶，从而把杜仲胶和非胶杂质相互分离，达到提取的目的。主要工艺流程为：将准备好的原料进行漂洗，发酵或酸碱处理后的原料经过洗涤、干燥，采用一种或多种溶剂提取杜仲胶。此种方法提取的杜仲胶产率高、纯度高，但需要多次洗涤[1]。

（4）微生物发酵法。

微生物发酵法是通过微生物发酵产生的纤维素酶、果胶酶、葡萄糖苷酶等作用于杜仲叶等提胶原料，破坏非胶成分，从而提取杜仲胶的方法。微生物发酵法避免了酸、碱溶液的使用，具有明显的环保优势，但提取时间相对较长[8]。

（5）生物酶解法。

生物酶解法是直接利用单一的纤维素酶或复合酶（纤维素酶、果胶酶、蛋白酶）将杜仲组织的纤维素类、果胶、蛋白质类等物质降解为单糖和低聚糖，破坏杜仲组织的致密结构，使杜仲胶暴露在外，达到提取杜仲胶的目的。

生物酶解法提取温度、浓度及 pH 值等条件较温和，在提取过程中不会破坏杜仲胶的分子结构降低聚合度，具有良好的专一性和操作性。而且，该法避免了碱溶液和有机溶剂的使用，具有环保、经济、安全的优点。

1.2.2　复合提取方法

随着科学技术的发展，研究人员已经开发多种基于低污染、高效提取的复合提取方法。为了有效破坏杜仲的组织结构，提高杜仲胶的提取率和提取效率，通常结合使用两种甚至两种以上提取方法。

（1）机械预处理辅助溶剂抽提法。

机械预处理辅助溶剂抽提法主要是利用碾滚机、粉碎机、高速搅拌机等设备通过机械力将细胞壁破碎，使杜仲胶暴露出来，然后用有机溶剂（常用沸程为60～90℃的石油醚）进行提取，最后加入乙醇等沉淀剂或降温使胶析出。

机械预处理辅助溶剂抽提法适于连续大规模生产，但强力破碎会造成杜仲胶分子结构和聚合度发生改变，从而影响其物理和化学性能[9]。

（2）化学预处理辅助溶剂抽提法。

化学预处理辅助溶剂抽提法主要是通过酸碱等化学试剂对植物组织的水解和破坏作用，使组织结构变得疏松，也可用醇萃取杜仲叶中的叶绿素等醇溶性成分，以便于杜仲胶的溶出，再利用杜仲胶的良溶剂浸提杜仲胶[10,11]。

化学预处理辅助溶剂抽提法酸碱等化学试剂消耗量大，环境污染严重，多次水洗可能导致杜仲胶水解，聚合度降低，从而影响其物理化学性能，反复冲洗还会导致胶流失大，降低提取率。

（3）超声辅助溶剂抽提法。

超声波是一种频率高于 20kHz 的声波。超声波在介质中传播的过程中会产生机械效应、空穴效应和热效应等，能提高传播介质的分子运动速率，增大其穿透能力[12]。超声预处理就是借助于超声波的上述效应的作用来破坏植物细胞壁，加速含胶细胞内杜仲胶脱离植物组织进入溶剂的过程，同时加快两相间的传质过程，加快提取速率，提高提取效率。

采用石油醚作为溶剂时，超声波处理能显著提高提取率（有无超声波辅助方法平均提取率分别为 5.5%和 6.7%）；而采用甲苯作为溶剂超声波处理反而会降低提取率（有无超声波辅助方法平均提取率分别为 6.5%和 5.4%）。

（4）微波辅助溶剂抽提法。

微波提取是近年发展起来的高效提取方法。微波辐照可提高偶极分子的热运动，促进极性溶剂分子快速向植物组织细胞渗透，从而在较短时间内获得较高的提取率。

采用果壳粉末为原料，预先采用碱浸结合微波辅助溶剂抽提法对原料进行处理，以脱除杜仲组织结构中的纤维素，再用溶剂石油醚提取杜仲胶。结果表明，微波辅助溶剂抽提法与传统碱浸辅助溶剂提取法相比，所获杜仲胶产品纯度相差不大，但微波辅助溶剂抽提法在较短时间内获得了传统法 3 倍的提取率[13]。

与超声辅助技术类似，微波辅助技术的优点在于可显著缩短提取时间，并进一步提高提取率。

（5）生物发酵与溶剂抽提结合法。

严瑞芳等[14]最早结合使用自然发酵和溶剂抽提法提取杜仲胶。先将杜仲叶或杜仲皮原料自然发酵 2～3 个月，再将发酵物用 0.1%～1.0%的氢氧化钠水溶液高温蒸煮 2～3h，轻轻漂洗、干燥。上述产物用石油醚等有机溶剂提取，蒸馏罐中蒸去溶剂获得粗胶，净化罐中丙酮净化粗胶，得到纯胶。杜仲叶为原料时，提取率为 2.0%。该法主要是避免了早期强力机械漂洗造成的胶流失。

（6）生物酶解与溶剂抽提结合法。

Zhang 等[15]采用单一溶剂循环结合酶水解预处理法提取杜仲胶。以杜仲叶为原料，首先在 70℃下用 1%的氢氧化钠溶液处理原料，然后加入纤维素酶和果胶酶酶解，经碱和酶预处理后的产物在 80℃下用石油醚溶解，0℃低温析出杜仲胶。刘贵华等[16]采用生物酶解与溶剂抽提结合法提取果壳中的杜仲胶。首先将果壳用粉碎机粉碎，挑选合适粒径的杜仲果壳用纤维素酶进行水解，然后用石油醚提取得到杜仲胶。研究表明，杜仲果壳经酶解预处理后第一次提胶的提取率是未经酶解的 1.3 倍。

（7）蒸汽爆破与溶剂抽提结合法。

对杜仲树皮或叶进行蒸汽爆破预处理后，加入由果胶酶、木聚糖酶、纤维素酶和 β-葡聚糖酶组成的复合酶进行水解，得到杜仲粗胶[17]。粗胶经干燥后用石油醚冷凝提取得到杜仲精胶。利用蒸汽爆破法预处理，可以避免对杜仲原料过度粉碎，既节省了提取时间，又有效避免了因为长时间发酵造成部分杜仲胶被氧化，保持了胶体的物理性能、分子结构和聚合度。

1.3 杜仲胶基本物理性能

EUG 主要化学成分是反式-1,4 聚异戊二烯,与天然橡胶(natural rubber,NR)顺式-1,4 聚异戊二烯互为同分异构体,两者都为柔性链,玻璃化转变温度 T_g 相近。与 NR 的顺式结构不同,EUG 的反式结构对称有序,因此易于结晶,常温呈皮革态。另外,EUG 分子链以酯基封端[18]。EUG 这种独特的微观结构赋予其独特的橡-塑二重性。本节重点介绍 EUG 的基本物理性能,并对比 EUG 和合成反式-1,4 聚异戊二烯(trans-1,4-polyisoprene,TPI)的等温和非等温结晶行为。

1.3.1 EUG 的一般物理特性

EUG 自然形态为白色丝状物,提取后经高度纯化、脱色处理可得到白色固体。一般满足工业要求的 EUG 允许少量色素存在,因而呈棕色。EUG 的数均分子量 $\bar{M}_n$ 一般为 $1 \times 10^5 \sim 5 \times 10^5$,分子量分布较窄,分子量分布指数(又称多分散性指数)PDI 一般为 1.5~3.5,分子量呈单峰分布,图 1.4 和表 1.1 分别为杜仲籽壳提取的 EUG 的凝胶渗透色谱(gel permeation chromatography,GPC)曲线,以及 EUG 分子量及其分布测试结果。EUG 的密度为 0.96~0.99g/cm³,体积膨胀系数为 0.0008℃⁻¹,热导率为 129.6kJ/(cm·s·℃),邵氏硬度为 98(HA)。

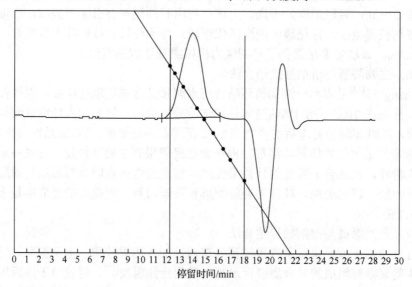

图 1.4 杜仲胶的 GPC 曲线

表 1.1　杜仲胶的分子量及其分布测试结果

分子量参数	数值
$\bar{M}_n$	1.9×10^5
$\bar{M}_w$	4.6×10^5
$\bar{M}_z$	10.4×10^5
$\bar{M}_v$	4.0×10^5
PDI	2.4

EUG 的 T_g 为-70～-60℃，最大结晶速率温度为 24℃。EUG 晶体通常有两种类型，即 α-晶型和 β-晶型，两者的恒等周期不同，α-晶型为 8.8Å（1Å=10^{-10}m），β-晶型为 4.7Å。DTA 方法测定 EUG 的 α-晶型的熔点为 62℃，β-晶型的熔点为 52℃[18]。

EUG 的聚集态结构由规整的结晶区、完全不规整的无定型区和介于结晶区和无定型区之间的过渡中间区组成。常温条件下为皮革态，表现为结晶热塑性高分子材料的特性。在静态拉伸试验中，首先是弹性变形，然后屈服，出现颈缩现象，当应变达到 200%后发生应变硬化，直至断裂，应力-应变曲线如图 1.5 所示。EUG 的拉伸强度可达 20～23MPa，断裂伸长率达 350%～400%。

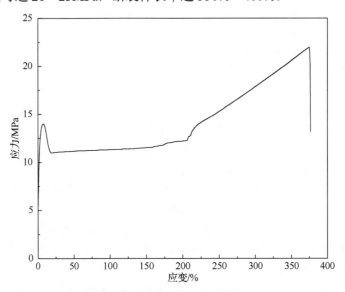

图 1.5　杜仲胶的应力-应变曲线

EUG 橡-塑二重性首先体现在橡胶、塑料加工方法均适用于 EUG 的加工。利用塑料的注射、挤出等加工方法，可以实现 EUG 对传统塑料的增韧改性；利用 EUG 分子链中的碳碳双键，通过动态硫化加工技术可以制备热塑性硫化胶（thermoplastic vulcanizate，TPV）材料。

EUG 可以和传统橡胶一样进行硫化加工，但由于其硬度大，难以进行常温塑炼，因此 EUG 的加工工艺与传统橡胶有较大的区别。通常，需要把加工设备加热到 EUG 的熔点以上，对 EUG 进行预热至晶区熔融，当 EUG 呈现出类似传统橡胶的软弹态，即可利用开炼机或者密炼机对其进行塑炼和混炼加工。一般加工温度控制在 60～90℃范围内，这样既可实现良好的包辊，还可保证填料均匀分散。

EUG 存在两个阻尼区域，一个是传统的低温玻璃化转变区域，另一个是中高温结晶熔融转变区域。虽然 EUG 在传统的低温玻璃化转变区域阻尼性能较差，但是在中高温结晶熔融转变区域阻尼性能较好。而传统阻尼橡胶的阻尼区域均处于低温玻璃化转变区域附近，室温或中高温条件下无法利用到传统橡胶的优异低温阻尼性能，这为 EUG 在中高温阻尼方面的应用提供了广阔的前景。

EUG 为生物高分子材料，不含有催化剂残渣等灰分，因此其电绝缘性能优异。在合成聚乙烯等绝缘材料问世之前，EUG 一直作为绝缘材料用于海底电缆。

EUG 的橡-塑二重性主要体现在其力学行为上。如前文所述，未交联的 EUG 呈现出结晶热塑性材料的拉伸力学行为。硫化交联会大大限制分子链的运动能力，从而破坏 EUG 的结晶能力，同时形成交联网络。轻度交联时，EUG 的结晶能力虽下降，但仍能结晶。此时，EUG 的塑性被限制，而弹性被开发，EUG 表现出热弹性力学行为。进一步提高交联度，EUG 的结晶能力逐步下降，当交联度达到临界值，EUG 的结晶能力完全消失。此时结晶结构赋予 EUG 的热塑性同时消失，高弹性完全被开发，EUG 表现出与 NR 相似的高弹性。综上，利用硫化等手段调控 EUG 的结晶结构和交联网络，EUG 既可作为热塑性材料使用，也可作为热弹性材料和橡胶材料使用。

EUG 可与 NR 等多种传统橡胶并用，并且其结晶结构对硫化胶的性能有明显的改善，是绿色轮胎的理想原材料。第一，EUG 与 NR 具有相近的溶解度参数，相容性较好，与 NR 并用后，可协同发挥两者的性能优势[19]。第二，EUG 分子主链中含有大量的碳碳双键，可以采用硫黄硫化体系或过氧化物硫化体系进行硫化，并且硫化胶中存在 EUG 微晶，可明显改善硫化胶的拉伸强度和模量。第三，在结晶度显著降低情况下，EUG 分子链的柔顺性得以体现，呈现出良好的高弹性和自黏性。第四，EUG 分子链的反式结构规整度高，分子运动内摩擦小，动态生热低。最后，硫化胶中存在大量的 EUG 微晶，可以吸收动载荷下的能量，提高硫化胶的耐疲劳性能和耐磨性能。

通过动态热机械分析仪（dynamic thermomechanical analyser，DMA）研究 TPI 和其他合成橡胶的动态力学性能[20]。结果表明，TPI 硫化胶永久变形低，60℃和 80℃下的损耗因子 $\tan\delta$ 仅为 SBR 的 50%，且明显低于溶聚丁苯橡胶（solution polymerized styrerene-butadiene rubber，SSBR）。EUG 与 NR 的硫化胶的 DMA 谱显示，随着 EUG 用量的增大，胶料的滚动阻力和生热逐步降低，但抗湿滑性能也出现下降，即仍存在着降低滚动阻力将损失抗湿滑性能的矛盾。EUG 用量不超过

30phr^①时，胶料的滚动阻力和生热性能获得明显降低，同时 0℃下的 tanδ 降低不大，即滚动阻力和抗湿滑性能可以达到较好的综合平衡。可见，EUG 与 TPI 一样，均具有反式聚异戊二烯结构，可有效降低轮胎滚动阻力，广泛适用于各种高速节能轮胎，这为 EUG 在绿色轮胎中的应用提供了理论与实践依据[21]。

1.3.2　EUG 与 TPI 等温和非等温结晶行为对比研究

EUG 与 TPI 相比，两者在化学组成和分子结构上会存在细微的差别，导致两者的结晶性能产生差异，因此有必要对 EUG 与 TPI 的等温与非等温结晶行为进行对比研究。

1. EUG 和 TPI 的结构对比

图 1.6 为 EUG 和 TPI 的红外光谱（infrared spectrum，IR）谱图。对比可见，EUG 和 TPI 的 IR 谱图有两处不同。第一，EUG 在 1734cm^{-1} 处出现羰基的特征吸收峰，而 TPI 在 1734cm^{-1} 处并未产生吸收峰，证实生物合成的杜仲胶分子链是以酯基封端。第二，EUG 在 875～465cm^{-1} 处出现了几个较弱的吸收峰，根据文献[22]，这些吸收峰为与杜仲胶链段构象规整性相关的特征吸收峰。而在 TPI 中，相应位置仅在 717cm^{-1} 附近出现了吸收峰。说明在相同的热机械历史条件下，两者链段构象规整性并不相同，这会对它们的结晶行为和结晶结构产生不同的影响。

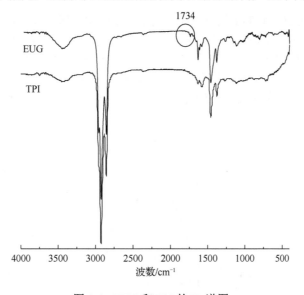

图 1.6　EUG 和 TPI 的 IR 谱图

---

① phr 表示对每百份树脂添加的份数（parts per hundred resin）。

图 1.7 为 EUG 和 TPI 的核磁共振氢谱 ^{1}H-NMR 测试结果。根据 ^{1}H-NMR 谱图可以计算得到 EUG 和 TPI 中顺式-1,4、反式-1,4 结构的摩尔分数[23]。经计算，EUG 的反式-1,4 结构的摩尔分数为 98.9%，顺式-1,4 结构的摩尔分数为 1.1%，而 TPI 的反式-1,4 结构的摩尔分数为 98.2%，顺式-1,4 结构的摩尔分数为 1.5%，EUG 的反式-1,4 结构的摩尔分数稍高于 TPI。

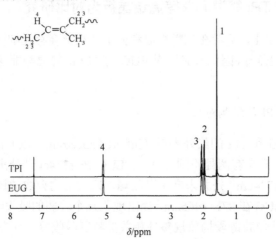

图 1.7　EUG 和 TPI 的 ^{1}H-NMR 谱图

注：1ppm=10^{-6}。

图 1.8 为 EUG 和 TPI 的分子量及分布曲线。根据曲线，EUG 的数均分子量 $\bar{M}_n$=1.7×10^5，分子量分布指数 PDI = 2.41，TPI 的数均分子量 $\bar{M}_n$ = 2.7×10^5，分子量分布指数 PDI = 2.82。TPI 的分子量虽然略大于 EUG 的，但两者分子量处于同一数量级，因此分子量对两者等温结晶的影响暂不考虑。TPI 的分子量分布略窄于 EUG，这一差异会对两者的结晶行为以及机械性能产生较大的影响。

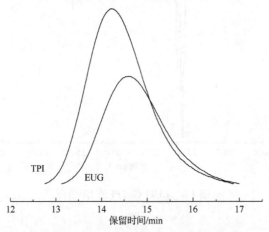

图 1.8　EUG 和 TPI 的分子量及分布曲线

2. EUG 和 TPI 的等温结晶行为对比

一般来讲，结晶性聚合物在从熔点 T_m 到玻璃化温度 T_g 区间的任何一个温度下都可以发生结晶，最大结晶速率的温度介于两者之间。EUG 的玻璃化转变温度 T_g 在-70～-60℃的范围内，TPI 的 T_g 为-53℃[21]。根据差式扫描量热分析（differential scanning calorimetry，DSC）试验结果，EUG 的 α-晶型和 β-晶型的熔点分别为 49.3℃和 45.2℃，而 TPI 的 α-晶型和 β-晶型的熔点则分别为 52.7℃和 58.3℃。鉴于 TPI 的熔点高于 EUG，并结合 DSC 试验结果，选择 EUG 的等温结晶温度分别为 28℃、31℃、34℃、37℃和 40℃，而 TPI 的等温结晶温度分别为 33℃、35.5℃、38℃、40.5℃和 43℃。图 1.9 是 EUG 和 TPI 在不同温度下等温结晶的 DSC 曲线。从图中可以看出，随着结晶温度的升高，EUG 和 TPI 的结晶峰都明显右移，同时峰形越来越弥散。这符合聚合物等温结晶的一般规律。随着结晶温度升高，分子链运动能力增强，难以成核且成核速率减慢，开始结晶的时间延长，且随着结晶温度升高，过冷度减小，结晶速率下降，结晶峰宽化。相对于 TPI 在较高结晶温度（40.5℃和 43℃）下依然出现了虽弥散但仍明显的结晶峰，EUG 在相对较低的结晶温度（37℃和 40℃）下的结晶峰的峰型更为平坦。说明与 TPI 相比，EUG 的结晶行为对温度的依赖性更为明显[24]。

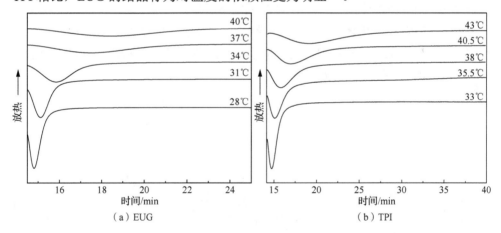

（a）EUG   （b）TPI

图 1.9 EUG 和 TPI 在不同温度下等温结晶的 DSC 曲线

高聚物的等温结晶行为常常采用阿夫拉米方程描述。根据在一定温度下等温结晶过程中结晶焓 H 随时间的变化，可得到 t 时刻的相对结晶度，即

$$X(t) = X_c(t) / X_c(\infty) = \int_0^t (dH / dt)dt / \int_0^{\infty} (dH / dt)dt \tag{1.1}$$

式中，$X_c(\infty)$ 表示结晶时间为 t 及无限大时的绝对结晶度；$X_c(t)$ 表示 t 时刻的相对结晶度；dH / dt 表示 t 时刻结晶热流速率。

根据阿夫拉米方程：

$$1 - X(t) = \exp\left[-K(T) \cdot t^n\right] \quad (1.2)$$

两边取对数可得

$$\ln\left\{-\ln\left[1 - X(t)\right]\right\} = n \ln t + \ln K(T) \quad (1.3)$$

式中，$K(T)$ 是温度 T 时的结晶速率常数；n 为阿夫拉米指数，与成核机理和晶体生长方式有关。

图 1.10 为 EUG 和 TPI 的 $X(t)$-t 曲线，表示 EUG 和 TPI 在等温结晶过程中相对结晶度随时间的变化关系。图 1.11 为 EUG 和 TPI 的 $\ln\{-\ln[1-X(t)]\}$ 与 $\ln t$ 的关系曲线。EUG 在较低温度（28℃、31℃和34℃）下等温结晶时，结晶前期呈现很好的线性关系，后期则有偏离。这种偏离是由于生长过程中球晶和球晶相互碰撞而引起的二次结晶现象所致。而当结晶温度相对较高（37℃和40℃）时，则没有二次结晶现象发生，整个 $\ln\{-\ln[1-X(t)]\}$ 与 $\ln t$ 的关系曲线呈现很好的线性关系。对于 TPI 而言，所有结晶温度下后期都有偏离线性的现象。这一结果再次说明温度对 EUG 等温结晶过程的影响要比对 TPI 更显著。随着结晶温度的提高，EUG 的成核速率和晶体生长速率下降得更显著，结合均相成核，晶体数量明显减少，因此不易发生晶体间的碰撞，二次结晶现象不明显。

由于 EUG 和 TPI 体系中都有二次结晶现象发生，所以对图 1.11 曲线中的线性部分进行线性拟合，求得阿夫拉米指数 n 和结晶速率常数 $K(T)$（表 1.2）。此外，结晶完成50%的时间 $t_{1/2}$ 也列于表 1.2。

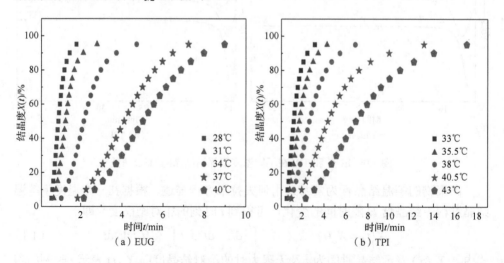

（a）EUG   （b）TPI

图 1.10　EUG 和 TPI 不同温度下的 $X(t)$-t 曲线

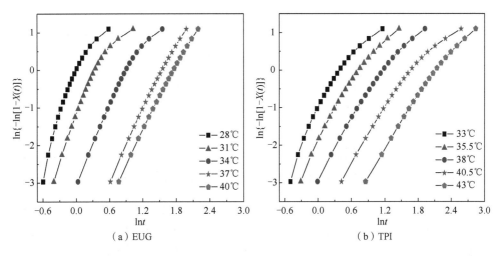

图 1.11 EUG 和 TPI 的 $\ln\{-\ln[1-X(t)]\}$ 与 $\ln t$ 的关系曲线

阿夫拉米指数 n 与结晶过程中的成核机理和晶体生长方式有关,其值等于成核过程的时间维数和晶体生长的空间维数之和。表 1.2 中,EUG 的 n 在 3.00~3.95 范围内;而 TPI 的 n 在 2.13~2.68 范围内。可以认为,EUG 以均相成核为主,三维方向生长,而 TPI 以异相成核为主。结晶速率方面,EUG 和 TPI 的结晶速率常数 $K(T)$ 都随着等温结晶温度升高而逐步减小,$t_{1/2}$ 逐渐增大,即随着结晶温度升高,结晶速率下降。相比而言,随着等温结晶温度升高,EUG 的 $K(T)$ 急剧下降,当温度达到 37℃后,$K(T)$ 平稳;而对于 TPI,随着等温结晶温度升高,$K(T)$ 降低幅度较平稳。上述结果说明,EUG 的结晶行为要比 TPI 具有更高的温度敏感性。这不仅与两者的链规整性(反式-1,4 结构含量)有关,还与两者的分子量、化学组成及纯度有关。生物合成的 EUG 分子链是以酯基封端的[18],这一化学组成差异决定了 EUG 的分子间作用力和熔体黏度要高于 TPI。另外,工业生产所得 TPI 中催化剂残渣等灰分质量分数约为 0.3%,这些灰分在其结晶过程中可以充当成核剂。综上,EUG 和 TPI 不同的化学组成和结构导致两者结晶行为对温度的敏感性不同。

表 1.2 EUG 和 TPI 的等温结晶的动力学参数

样品	T_c/℃	n	$K(T)$/min^{-1}	$t_{1/2}$/min
	28	3.95	0.98	0.9
	31	3.53	0.30	1.2
EUG	34	3.15	0.06	2.2
	37	3.02	0.01	4.1
	40	3.00	0.01	5.0

样品	T_c/℃	n	$K(T)$/min^{-1}	$t_{1/2}$/min
	33	2.68	0.35	1.3
	35.5	2.43	0.17	1.8
TPI	38	2.27	0.07	2.7
	40.5	2.13	0.03	4.4
	43	2.19	0.01	6.9

结晶聚合物等温结晶活化能可以通过阿伦尼乌斯方程来求得

$$K(T)^{\frac{1}{n}} = K_0 \exp\left[-\Delta E / (RT_c)\right] \tag{1.4}$$

式中，K_0 为与温度无关的前置因子；ΔE 为等温结晶活化能；R 为气体常数；$K(T)$ 为温度为 T 时的结晶速率常数。由$(1/n)\ln K(T)$ 对 $1/T_c$ 作图（图 1.12），由直线的斜率求出 EUG 的结晶活化能为ΔE=147.2kJ/mol，TPI 的活化能为ΔE=114.8kJ/mol，EUG 的结晶活化能明显高于 TPI 的。这主要是 TPI 中含有异相成核剂的结果。

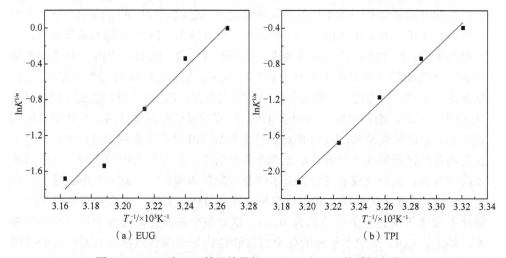

（a）EUG　　　　　　　　　（b）TPI

图 1.12　EUG 和 TPI 等温结晶的$(1/n)\ln K(T)$-$1/T_c$关系拟合线

图 1.13（a）和（b）分别为 EUG 和 TPI 在 37℃下等温结晶过程中球晶生长过程的偏光显微镜（polarization microscope，POM）照片。EUG 熔体结晶所得主要为黑十字消光球晶，即β-晶［图 1.13（a）］[21]。而 TPI 则是α-晶（树枝状球晶）和β-晶（黑十字消光球晶）共存。对比图 1.13（a）和（b）可以看出，一方面，EUG 体系成核晚（8min40s 观察到晶体开始形成），且视野范围内球晶数量很少，基本可认为是均相成核，而 TPI 成核早（2min 40s 晶体已经开始形成），且晶核数量众多，大多数空间都被晶核所占据，可判断为异相成核。证实催化剂残渣等灰分确实发挥了成核剂的作用。另一方面，在所用的结晶温度 37℃下，EUG 球晶生

长速率明显低于 TPI。在 19min 30s 时观测到 EUG 的球晶直径为 200μm，26min 时球晶的直径为 370μm；而对于 TPI，9min 30s 时观测到的球晶直径为 200μm，11min 48s 时球晶的直径已经高达 370μm。另外，对于 TPI 体系，由于球晶数量众多，且生长速率很快，因此很早就开始出现球晶间的相互碰撞。这一结果与 DSC 结果相符。

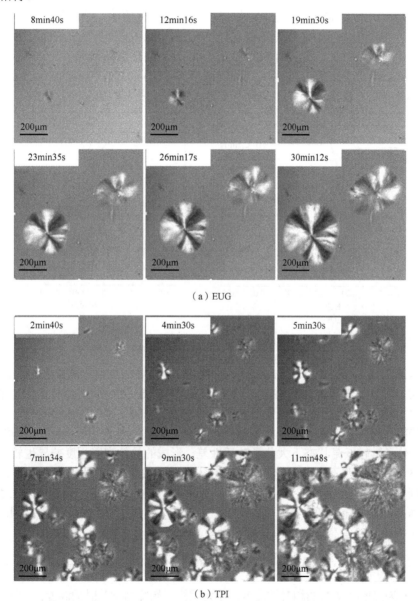

（a）EUG

（b）TPI

图 1.13　EUG 和 TPI 在 37℃下等温结晶过程中球晶生长过程的 POM 照片

综上，在影响 EUG 和 TPI 等温结晶行为的分子量、链规整性（反式 1,4-结构单元含量）、链化学组成和纯度几个要素中，纯度（异相成核剂的存在与否）的影响至关重要。

3. EUG 和 TPI 的非等温结晶行为对比

在聚合物的实际加工过程中，如挤出、注射、模压等工艺均是在非等温条件下进行的，因此研究 EUG 和 TPI 微观链结构和化学组成对非等温结晶动力学的影响不仅具有理论意义，更具有实践意义。本书用 DSC 方法研究了 EUG 和 TPI 的非等温结晶动力学。图 1.14 为不同降温速率下 EUG 和 TPI 结晶的 DSC 曲线。起始结晶温度 T_i、放热温度 T_P、总结晶热晗 ΔH_c 列于表 1.3 中。

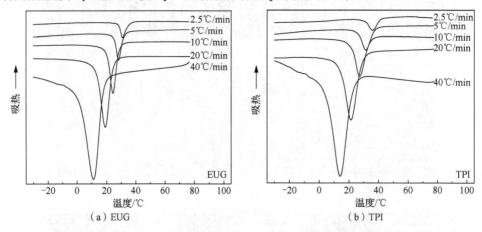

（a）EUG　　　　　　　　　（b）TPI

图 1.14　不同降温速率下的非等温结晶的 DSC 曲线

从图 1.14 和表 1.3 可看出，EUG 和 TPI 的结晶峰的宽度均随降温速率的增大而增大，而且随着降温速率增大，结晶峰逐步向低温方向移动，T_i、T_P 依次降低。这是由于降温速率较小时，大分子链向晶核扩散及规整排列的时间够充分，所以小降温速率比大降温速率体系开始结晶早，即起始结晶温度 T_i 较高；反之，降温速率过大，分子链较低温状态下大分子链活性差，形成的晶体完善程度差异也较大，部分体系大分子链跟不上降温速率的变化，从而需要更大过冷程度促使其结晶，故结晶峰形变宽且结晶峰温 T_P 变小。图 1.14 中所有结晶峰的形状基本呈对称形式，结晶后期拖尾现象并不严重，表明 EUG 和 TPI 的二次结晶现象并不明显。

对于非等温结晶过程，样品的相对结晶度为

$$X_t = \int_{T_0}^{T}(\mathrm{d}H / \mathrm{d}T)\mathrm{d}T / \int_{T_0}^{T_\infty}(\mathrm{d}H / \mathrm{d}T)\mathrm{d}T \tag{1.5}$$

式中，X_t 为温度为 T 时的相对结晶度；T_0 为试样开始冷却结晶时的温度；T 为结晶时间为 t 时的温度；T_∞ 为试样结晶完毕的温度；$\mathrm{d}H$ 为在温度区间 $\mathrm{d}T$ 所释放的热量。

表 1.3　EUG 和 TPI 非等温结晶过程中 T_i、T_P、ΔH_c 和 $t_{1/2}$ 值

降温速率/（℃/min）	T_i/℃		T_P/℃		ΔH_c/（J/g）		$t_{1/2}$/min	
	EUG	TPI	EUG	TPI	EUG	TPI	EUG	TPI
40	17.85	22.65	11.20	13.87	41.26	46.46	0.205	0.253
20	24.19	28.71	18.93	21.27	42.88	38.89	0.295	0.389
10	28.38	33.80	24.30	27.30	39.82	40.69	0.443	0.685
5	31.78	37.21	28.15	31.40	40.08	40.34	0.742	1.226
2.5	34.97	40.80	30.95	35.91	39.14	37.67	1.460	2.036

对 EUG 和 TPI 非等温结晶 DSC 曲线的结晶峰进行积分可得到相对结晶度与温度或时间的函数。在非等温结晶过程中，时间 t 与温度 T 有如下关系：

$$t = \frac{T_i - T}{\varphi} \tag{1.6}$$

EUG 和 TPI 非等温结晶过程中相对结晶度 X_t 与温度 T 的关系如图 1.15 所示。通过图 1.15 可看出，EUG 和 TPI 在不同降温速率下，相对结晶度与结晶时间之间均呈反 "S" 形变化。

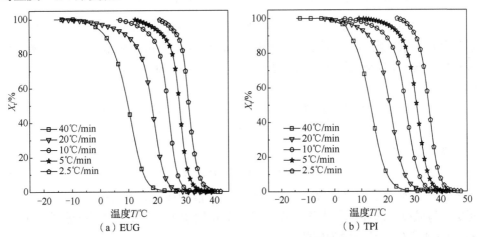

图 1.15　EUG 和 TPI 的温度 T 与非等温相对结晶度 X_t 的关系曲线

通过式（1.6）计算可求得某一相对结晶度所用的结晶时间 t，以 t 对相对结晶度 X_t 作图，可得 EUG 和 TPI 的结晶时间与非等温相对结晶度的关系曲线（图 1.16）。由图 1.16 可看到 EUG 和 TPI 的相对结晶度与时间之间呈 "S" 形曲线变化，随着降温速率增大，达到某一相对结晶度时所需的结晶时间减少。通过图 1.16 可知 EUG 和 TPI 的半结晶时间 $t_{1/2}$，列于表 1.3 中。各体系中，$t_{1/2}$ 随降温速率的增大

而减小，说明随降温速率增大，结晶速率增大，这是由于由熔融态向结晶转变过程中，降温速率增大促使转变过程加快，由此导致相应结晶速率增大。从表 1.3 可看出，在相同降温速率下，EUG 的半结晶时间 $t_{1/2}$ 明显小于 TPI，表明 EUG 的结晶速率较快，这与前面 EUG 和 TPI 非等温结晶放热曲线所得结晶速率、结晶温度等变化相一致。

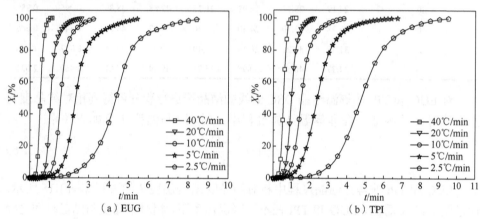

图 1.16　EUG 和 TPI 的结晶时间 t 与非等温相对结晶度 X_t 的关系曲线

目前已有多种模型方程描述研究聚合物的非等温结晶动力学，这些模型方程多是利用 DSC 测试，从等温结晶出发，考虑非等温结晶的特点，对阿夫拉米方程进行修正推广，分别采用 Jeziorny 法[25]和莫志深法对 EUG 和 TPI 非等温结晶动力学进行研究。

对于聚合物的等温结晶过程一般可采用阿夫拉米方程进行描述：

$$1 - X_t = \exp(-Z_t \cdot t^n) \tag{1.7}$$

两边取对数可得

$$\ln[-\ln(1-X_t)] = \ln Z_t + n \ln t \tag{1.8}$$

式中，Z_t 为动力学速率常数，与结晶温度、扩散和成核速率有关；n 为阿夫拉米指数，与成核机理和结晶生长方式有关，考虑不同的晶体形态和不同的成核机理，n 在 1～4 变化，且一般为整数。

聚合物的非等温结晶过程的理论处理更为复杂。Jeziorny[25]法是基于等温动力学的假设，考虑到非等温结晶过程的特点对阿夫拉米方程进行推广，对动力学速率常数进行参数修正：

$$\ln Z_c = \ln Z_t / \varphi \tag{1.9}$$

Z_c 为用冷却速率 φ 对 Z_t 作出修正后得到的非等温结晶速率常数。

根据阿夫拉米方程,分别对 EUG 和 TPI 的 DSC 测试得到的试验数据进行处理,在不同降温速率下的结晶主期阶段,以 $\ln[-\ln(1-X_t)]$ 对 $\ln t$ 作图,结果如图 1.17 所示。

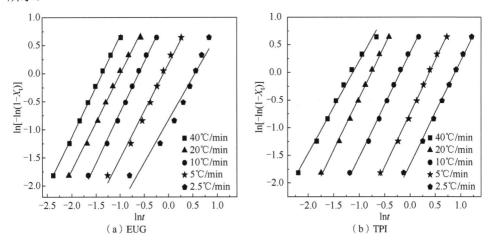

（a）EUG　　　　　　　　　（b）TPI

图 1.17　不同降温速率下 EUG 和 TPI 的 $\ln[-\ln(1-X_t)]$-$\ln t$ 关系曲线

从图 1.17 可以看出,曲线的线性拟合较为理想,说明采用 Jeziorny 修正的阿夫拉米方程在对一定降温速率下的 EUG 和 TPI 的非等温结晶处理是可行的。由直线的斜率和截距可分别求出阿夫拉米指数 n 和 $\ln Z_t$,采用式（1.9）对 Z_t 作出冷却速率 φ 修正后得到非等温结晶速率常数 Z_c,结果列于表 1.4。

表 1.4　非等温结晶过程中 EUG 和 TPI 的 n 和 Z_c 值

降温速率/（℃/min）	n		Z_c /（min^{-n}/℃）	
	EUG	TPI	EUG	TPI
40	1.80	1.67	1.06	1.05
20	1.71	1.89	1.09	1.07
10	1.79	1.88	1.11	1.06
5	1.68	1.92	1.03	0.86
2.5	1.51	1.87	0.72	0.51

从表 1.4 中可以看出,在 EUG 和 TPI 中,Z_c 随降温速率增大呈现增大的趋势,而在同一降温速率下 EUG 的 Z_c 和 TPI 比较,EUG 的 Z_c 均大于 TPI,表明随降温速率增加,各体系的结晶速率也增加,且 EUG 的结晶速率大于 TPI。一般阿夫拉米指数 n 反映聚合物结晶成核的机理和生长方式的情况,考虑不同的晶体形态和不同的成核机理,n 在 1~4 变化,且一般为整数。Cheng 等[26]考虑了结晶体生长

过程中线速率的变化对阿夫拉米方程进行了修正，从而可解释一些情况下阿夫拉米指数较小的现象。EUG 和 TPI 求得的阿夫拉米指数 n 均接近 2，则结晶过程受扩散控制时，在散现成核下三维生长。整体上看，在相同降温速率下求得的 EUG 的 n 小于 TPI 的，表明 TPI 的结晶更完善，这是由于 TPI 的结晶速率较慢，分子链向晶核扩散和链段规整排列的时间充分，从而 TPI 的晶体完善程度高于 EUG。

Liu 等[27]考虑了非等温结晶过程中结晶时间与温度的关系（莫志深法），将阿夫拉米方程［式（1.8）］和 Ozawa[28]方程［式（1.10）］结合，得到如下方程式：

$$\ln\left[-\ln(1-X_t)\right] = \ln K(T) - m\ln\varphi \tag{1.10}$$

$$\ln\varphi = \ln F_T - a\ln t \tag{1.11}$$

式中，$K(T)$为动力学参数，与温度有关；φ 为降温速率；m 为 Ozawa 指数。$F_T = \left[K(T)/Z_t\right]^{1/m}$，$F_T$ 在数值上等于单位结晶时间内体系达到给定结晶度所需的降温速率，表征样品结晶速率的快慢；$a = n/m$。

根据式（1.11），在给定的某相对结晶度 X_t 下，以 $\ln\varphi$ 对 $\ln t$ 作图，得到关于 $\ln\varphi$-$\ln t$ 的曲线。图 1.18 为选定不同相对结晶度下得到的 EUG 和 TPI 的 $\ln\varphi$-$\ln t$ 关系曲线。从图 1.18 中可以看出 $\ln\varphi$ 与 $\ln t$ 有良好的线性关系，说明用莫志深法处理 EUG 和 TPI 的非等温结晶过程是可行的。

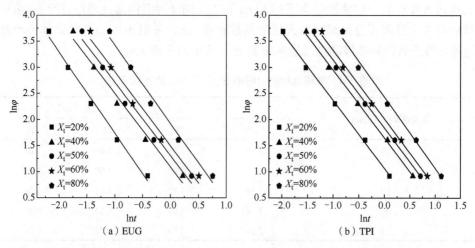

图 1.18　不同相对结晶度下 EUG 和 TPI 的 $\ln\varphi$-$\ln t$ 的关系曲线

由直线的斜率和截距可分别求得不同相对结晶度下 EUG 和 TPI 的 a 和 F_T 值，列于表 1.5 中。

表 1.5 EUG 和 TPI 的 a 和 F_T 值

X_t/%	a		F_T	
	EUG	TPI	EUG	TPI
20	1.55	1.30	1.20	2.90
40	1.40	1.30	2.98	5.20
50	1.41	1.30	3.70	6.29
60	1.42	1.31	4.46	7.49
80	1.50	1.37	6.83	11.38

根据表 1.5，不同的相对结晶度下，EUG 和 TPI 中的 a 都在一个很小的范围内变化，表明莫志深法适用于本研究体系。随相对结晶度的增大，F_T 增大，表明单位时间内各试样达到某一相对结晶度所需的降温速率在增大。同时，在相同相对结晶度下，EUG 的 F_T 值均小于 TPI，表明 EUG 的结晶速率快于 TPI，与前述结论一致。

有研究表明，根据 n 级化学反应质量定律导出的基辛格方程可用于求取聚合物在非等温结晶过程中的结晶活化能[29]：

$$\ln\left(\varphi / T_P^2\right) = \ln\left(A \cdot R / \Delta E\right) - \Delta E / \left(R \cdot T_P\right) \tag{1.12}$$

式中，ΔE 为结晶活化能；R 为气体常数；A 为频率因子。

采用 Kissinger 方程，即式（1.12），可求出体系在非等温结晶过程中的结晶活化能 ΔE。图 1.19 为 EUG 和 TPI 的 $\ln\left(\varphi / T_P^2\right)$-$1 / T_P$ 关系曲线。从图 1.19 中可以看出，两者呈现良好的线性关系，由直线的斜率可求得 $\Delta E/R$，进而可求出 EUG 和 TPI 的结晶活化能。根据图 1.19 求出 EUG 的结晶活化能为 102.8kJ/mol，TPI 为 97.4kJ/mol。EUG 的结晶活化能略高于 TPI，说明 TPI 较 EUG 结晶容易。这也是 EUG 为酯基封端的结果[18]。分子链极性较大，链段排列阻碍较大，满足结晶条件所需要的能量就高，而 TPI 为烷基封端，极性小，所以导致其结晶活化能小于 EUG。

综上，EUG 和 TPI 的分子链微观结构和化学组成不同，导致两者的非等温结晶行为也不完全相同。采用 Jeziorny 法和莫志深法处理 EUG 和 TPI 的非等温结晶动力学数据发现，EUG 的结晶速率快于 TPI，EUG 的结晶活化能（102.8kJ/mol）高于 TPI（97.4kJ/mol）[24]。

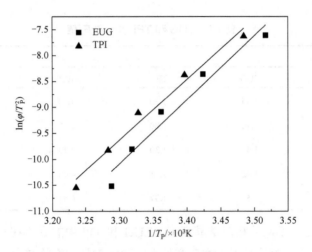

图 1.19　EUG 和 TPI 的 $\ln\left(\varphi / T_{\mathrm{p}}^{2}\right)$-$1 / T_{\mathrm{p}}$ 的关系曲线

1.4　杜仲胶的基本化学性能

　　杜仲胶的每个重复单元上有两个化学反应活性点，为碳碳双键和 α-H。双键的每个碳原子的 2s 轨道与两个 2p 轨道发生杂化生成三个 sp² 杂化轨道，其形状与 sp³ 杂化轨道相似，在空间以碳原子为中心指向平面三角形的三个顶点，剩余一个 2p 轨道垂直于杂化轨道的平面。三个 sp² 杂化轨道与未杂化的 2p 轨道各有一个未成对电子。两个碳原子分别以一个 sp² 杂化轨道互相重叠形成 σ 键，两个碳原子的另外两个 sp² 杂化轨道分别与氢原子结合。所有碳原子和氢原子在同一平面上，而两个碳原子未杂化的 2p 轨道垂直于这个平面，它们互相平行，彼此肩并肩重叠形成π键。所以，双键由一个 σ 键与一个π键构成。σ 键成键原子的电子云沿键轴（两原子核的连线）方向以"头碰头"的方式发生重叠，重叠部分呈现圆柱形，重叠程度大、稳定。而π键从垂直于键轴的方向接近，以"肩并肩"的方式发生电子云重叠而成键，重叠程度小、不稳定，容易发生断键，引发化学反应。另外，由于异戊二烯单元中侧甲基具有推电子作用，从而使双键的电子云密度增大，并使 α-H 易于发生取代反应。

1. EUG 的硫化反应

　　与 NR 类似，EUG 分子主链含有大量碳碳双键和 α-H，可以采用硫黄、过氧化物等硫化体系进行硫化交联。

　　1984 年，严瑞芳首创了"反式-聚异戊二烯硫化橡胶制法"，并取得了德国专利[2]。这一突破改变了杜仲胶不能制成弹性体的历史，标志着杜仲胶的研究与开发进入了一个新的阶段。进一步深入研究发现，杜仲胶具有硫化过程临界转变规律和受交联度控制的三阶段特性，并据此开发出性能及用途迥然不同的三种材料：热塑性材料、热弹性材料及橡胶材料。随着交联度提高，杜仲胶有序柔性链交联网络有两种微观形态，即存在结晶的交联网络及不存在结晶的交联网络，两种结构导致了迥然不同的宏观力学性能。临界交联度值为有效抑制结晶的交联度值，遵从严格的定量规律。杜仲胶硫化过程三阶段规律的阐述，是继刚性链高分子，如热固性酚醛树脂固化过程三阶段原理之后对有序柔性链高分子交联过程认识的新进展。

研究发现，杜仲胶的焦烧时间 t_{10} 和正硫化时间 t_{90} 都明显低于 NR 的 t_{10} 和 t_{90}，这说明，反式-1,4-聚异戊二烯的碳碳双键或 α-H 硫化反应化学活性高于顺式-1,4-聚异戊二烯的化学活性。

2. EUG 的氧化反应

杜仲胶主链碳碳双键中的 π 键不稳定，在氧气、光照、热等作用下，很容易断键，发生氧化降解等反应。在高能量的紫外光照射下，π 键电子吸收能量发生跃迁而引发断链，发生自由基的降解反应[30]。空气中的氧也能与双键发生氧化生成三元氧环，使分子量下降，分子量分布变宽[31]。在存储过程中，杜仲胶常在热、氧、光存在的情况下氧化变脆，甚至出现粉化现象。因此，杜仲胶的制备过程中应加入抗氧剂，并储存于避光处或水中。

3. EUG 的氯化反应

目前，单烯烃聚合物，如聚乙烯、聚丙烯、聚氯乙烯和乙烯-醋酸乙烯酯共聚物等的氯化改性通常采用气固相法、氯化物氯化和原位接枝氯化等方法，是通过取代反应实现的。杜仲胶的氯化反应则是通过碳碳双键与卤族化合物之间的亲电加成反应实现的。反式-1,4-聚异戊二烯主链中的碳碳双键与氯化氢气体发生亲电加成反应，得到氢氯化的反式-1,4-聚异戊二烯[32]。

4. EUG 的环氧化反应

橡胶的环氧化是在过氧酸等氧化剂的作用下将碳碳双键氧化成环氧基团的一种化学改性反应。溶液法、乳液法、反相悬浮法可用于制备环氧化橡胶。环氧化杜仲胶相对于杜仲胶而言，由于其分子链中引入了极性的环氧基团而明显提高了胶料的耐油性、抗湿滑性、气密性、黏合性等，可用于绿色轮胎制造。环氧化反应使杜仲胶的链结构规整性下降，导致杜仲胶的结晶度下降甚至消失，杜仲胶由硬皮革态逐步向高弹态转变[33]。

5. EUG 的磺化反应

磺化改性是橡胶的化学改性方法之一。常用的磺化剂有多种，最简单的是硫酸和三氧化硫，但由于反应剧烈、放热量大，易导致橡胶分解或焦化。三氧化硫和磷酸酯、胺、酰胺或羧酸的配合物可在一定程度上避免上述问题。最常用的橡胶磺化剂是浓硫酸和乙酸酐原位形成的乙酰硫酸，反应温和且方便操作，广泛用于低不饱和度橡胶，如丁基橡胶和三元乙丙橡胶的磺化反应中。但对于高不饱和度的橡胶，如顺丁橡胶和异戊橡胶，选用上述磺化剂磺化时容易生成凝胶。利用对苯乙烯磺酸钠双键和杜仲胶主链双键或邻近双键的亚甲基之间的反应，将磺酸盐基团引入杜仲胶分子链中，实现对杜仲胶的磺化改性。极性、亲水的磺酸基团的引入和均匀分布还可能赋予杜仲胶特有的功能性[34]。

6. EUG 的环化和异构化反应

EUG 在四氯化钛和乙醇催化剂作用下，在一定的温度下，发生一位、二位、三位及四位的次序取代，产生环化反应，生成具有环状结构的弹性体[35]，环化可以破坏杜仲胶有序结晶结构。

在硫醇酸或氧化硫作用下，EUG 或 TPI 的部分碳碳双键由反式转变为顺式，实现异构化反应。同时，EUG 聚集态结构由结晶态向类似天然橡胶的无定形态转变[36]。

7. EUG 的巯基-烯点击化学反应

巯基-烯点击化学反应是引发剂在光或热的条件下吸收光子被激发，裂解形成初级自由基，初级自由基夺取巯基上的一个氢原子，产生巯基自由基，巯基自由基进攻碳碳双键，产生烷基自由基，烷基自由基夺取巯基化合物上巯基的氢原子，再次产生巯基自由基，如此循环反复。巯基-烯点击化学反应凭借光化学反应的快速、简单、不受氧的影响等优点，在固化反应和高分子改性中成为一种高效的工具。利用巯基-烯点击化学反应将巯基化合物接枝在杜仲胶的碳碳双键上，通过破坏杜仲胶分子链的对称规整性，将杜仲胶的结晶结构转变为无定型结构，制备了杜仲胶弹性体。通过特定官能团的引入，可制得具有宽温域、高阻尼和耐油性能的杜仲胶弹性体[37]。与传统的自由基反应相比，使用巯基-烯点击化学反应对杜仲胶进行化学改性，具有简单、快捷、高效和无副反应的优点。

1.5　本 章 小 结

　　物理上,杜仲胶对称有序、柔性的链结构特点赋予其良好的结晶性能。杜仲胶存在两种晶型,α-晶型和β-晶型,且可相互转化。独特的链结构和结晶聚集态结构赋予其独特的橡-塑二重性。化学上,反式-1,4-聚异戊二烯显示出比顺式-1,4-聚异戊二烯结构更高的化学反应活性,硫化时间明显低于传统橡胶。利用杜仲胶主链上碳碳双键或α-H,可对杜仲胶进行接枝、共聚等多种化学改性,实现其结晶聚集态结构逐步向无定型结构的转变。通过调控分子链规整性程度和结晶动力学条件可调控晶型转换,可应用于由此引发的相关材料特性研究中。杜仲胶的高效、高质量提取是控制杜仲胶成本的关键,相关研究具有重要意义,一些关键技术还有待进一步突破。

参 考 文 献

[1] 张学俊, 王庆辉, 宋磊. 不同温度条件下溶剂循环溶解-析出提取杜仲胶[J]. 天然产物研究与开发, 2007, 19(6): 1062-1066.

[2] Yan R F. Verfahern zum Hershel Ian Gummyaus *trans*-PolyisoPrene: DE3227757[P]. 1984-01-26.

[3] 严瑞芳. 杜仲胶的开发及应用概况[J]. 橡胶科技市场, 2011, 8(10): 9-13.

[4] 严瑞芳. 杜仲胶研究进展及发展前景[J]. 化学进展, 1995, 7(1): 65-71.

[5] 方庆红. 我国杜仲胶产业发展及其在轮胎中的应用展望[J]. 轮胎工业, 2020, 40(7): 387-393.

[6] 付文, 刘安华, 王丽. 杜仲胶的提取与应用研究进展[J]. 弹性体, 2014, 24(5): 76-80.

[7] 张朝晖, 张永康, 李加兴. 一种提取杜仲精胶的方法: CN103131024 A[P]. 2013-06-05.

[8] 任钊. 微生物发酵对杜仲胶提取的影响[D]. 咸阳: 西北农林科技大学, 2010.

[9] 杨凤, 胡世睿, 李东翰, 等. 杜仲胶的提取方法研究进展[J]. 高分子材料科学与工程, 2020, 36(4): 177-182.

[10] 游东宏, 吴媛媛. 杜仲翅果壳中杜仲胶的提取工艺探讨[J]. 宁德师范学院学报(自然科学版), 2014, 26(3): 273-275.

[11] 许振川, 方庆红, 杨凤, 等. 杜仲籽壳过氧化氢预处理对杜仲胶提取率的影响[J]. 橡胶工业, 2021, 68(7): 508-515.

[12] Li D, Ruan T, Yuan J. Inspection of reinforced concrete interface delamination using ultrasonic guided wave non-destructive test technique[J]. Science China Technological Sciences, 2012, 55(10): 2893-2901.

[13] 张月, 王素素, 李辉, 等. 聚焦微波助脱除纤维素提取杜仲籽壳中杜仲胶[J]. 天然产物研究与开发, 2016, 28(6): 904-909, 942.

[14] 严瑞芳, 薛兆弘, 杨道安. 杜仲胶综合提取方法: CN90101268. 8A[P]. 1991-10-02.

[15] Zhang X, Cheng C, Zhang M. Effect of alkali and enzymatic pretreatments of eucommia ulmoides leaves and barks on the extraction of gutta percha[J]. Journal of Agricultural & Food Chemistry, 2008, 56(19): 8936-8943.

[16] 刘贵华, 张永康, 肖美凤. 纤维素酶解预处理法提取杜仲胶的工艺研究[J]. 林产化学与工业, 2010, 30(2): 77-82.

[17] 朱铭强, 苏印泉, 李飞舟. 一种提取分离杜仲胶的方法: CN104231281A[P]. 2014-12-24.

[18] 张继川, 薛兆弘, 严瑞芳, 等. 天然高分子材料-杜仲胶的研究进展[J]. 高分子学报, 2011, 10(10): 1105-1116.

[19] 张蕊, 杨凤, 方庆红. 天然杜仲胶/天然橡胶共混硫化胶的性能研究[J]. 特种橡胶制品, 2015, 36(2): 36-39.

[20] 黄宝琛, 李旭东, 姚薇, 等. 反式-1,4-聚异戊二烯硫化胶的动态粘弹性能及其在绿色轮胎中的应用[C]. 2004 年国际橡胶会议论文集, 2004.

[21] 黄宝琛, 宋景社, 姚薇. 胎面胶用反式-1,4-聚异戊二烯的动态力学性能[C]. 2000 年全国高分子材料工程应用研讨会, 2000.

[22] Futamura S. Deformation index-concept for hysteretic energy-loss proces[J]. Rubber Chemistry Technology, 1991, 64(1): 57-64.

[23] 王足远, 卜少华, 关敏. ^{1}H-NMR 谱表征聚异戊二烯和聚间戊二烯及异戊二烯间戊二烯共聚物的微观结构[J]. 化学分析计量, 2013(3): 40-43.

[24] 刘奇, 杨凤, 方庆红. 杜仲胶与合成反式 1,4-聚异戊二烯非等温结晶性能对比[J]. 橡胶工业, 2017, 64(4): 207-212.

[25] Jeziorny A. Parameters charactering the kinetics of the non-isothermal crystallization of poly(ethylene terephthalate)determined by DSC [J]. Polymer, 1978, 19(10): 1142-1144.

[26] Cheng S Z D, Wunderlich B. Modification of the Avrami treatment of crystallization to account for nucleus and interface [J]. Macromolecules, 1988, 21(11): 3327-3328.

[27] Liu T, Mo Z, Wang S. Nonisothermal melt and cold crystallization kinetics of poly(aryether ether ketone ketone)(PEEKK)[J]. Polymer Engineering and Science, 1997, 37(3): 568-575.

[28] Ozawa T. Kinetics of non-isothermal crystallization [J]. Polymer, 1997, 12(3): 150-158.

[29] Wu T M, Hsu S F, Chien C F. Isothermal and nonisothermal crystallization kinetics of syndiotactic polystyrene/clay nanocomposites [J]. Polymer engineering and science, 2004, 44(12): 2288-2297.

[30] 张超, 康海澜, 杨凤. 杜仲胶/天然橡胶并用胶的热氧老化性能[J]. 弹性体, 2019, 29(1): 16-21.

[31] 周烜平, 张鑫宇, 郎巧文, 等. 天然杜仲胶的自然老化性能研究[J]. 合成材料老化与应用, 2020, 49(6): 17-19.

[32] Tischler F, Woodward A E. Hydrochlorination of *trans*-1,4-polyisoprene lamellas[J]. Macromolecules, 1986, 19(5): 1328-1333.

[33] 杨凤, 姚琳, 刘奇. 环氧化改性杜仲胶与合成反式-1,4-聚异戊二烯的性能对比[J]. 高分子材料科学与工程, 2017, 33(10): 45-52.

[34] 代丽, 王文远, 周金琳, 等. 杜仲胶接枝对苯乙烯磺酸钠的研究[J]. 沈阳化工大学学报, 2019, 33(2): 145-150.

[35] Cunneen J I, Watson W F. *cis-trans* isomerization in polyisoprenes. Part Ⅳ. Conversion of Gutta-Percha to a polymer which is rubber-like at room temperature[J]. Journal of Polymer Science, 1959, 38(134): 533-538.

[36] Qi X, Xie F, Zhang J, et al. Bio-based cyclized Eucommia ulmoids gum elastomer for promising damping application[J]. RSC Advances, 2019, 9(72): 42367-42374

[37] 李娜. 功能化杜仲胶弹性体的制备及性能研究[D]. 北京: 北京化工大学, 2019.

第 2 章   杜仲胶改性天然橡胶

杜仲胶与天然橡胶并用，不仅可以改善硫化胶的强度和模量，还可以作为功能材料有效改善硫化胶的耐疲劳性、动态升温和耐磨性能。所制备的硫化胶可应用于高寿命输送带、汽车轮胎和航空轮胎等大宗橡胶产品。

杜仲胶与天然橡胶具有较好的相容性，而与合成橡胶的相容性较差[1,2]。现有研究表明，杜仲胶及其与其他橡胶并用的混炼胶常温硬度大，难以成型加工。杜仲胶的结晶结构对硫化助剂和填料分散性的影响研究较少，硫化胶中杜仲胶结晶结构的精确表征及其与各项理性能关系还未明晰。因此，研究杜仲胶与天然橡胶共混体系的相容性、结晶结构和相结构及其对硫化特性、流变行为、力学性能和动态性能的影响尤为重要。很多学者研究了杜仲胶多相体系、多层次结构与提高载重、轿车轮胎耐磨性，降低微粒排放，降低滚动阻力的关系[3]，为建立杜仲胶共混多相体系与填充理论打下了基础。

2.1   EUG/NR 硫化胶的结构与性能

2.1.1   EUG 用量对 EUG/NR 硫化胶加工性能的影响

1. 硫化胶的制备及硫化特性

室温下，在通有冷却水的开炼机上塑炼天然橡胶（用量分别为 100phr、90phr、80phr、70phr、60phr、50phr），塑炼完毕后，适当调大辊距加入补强剂（N330 炭黑 40phr，白炭黑 20phr）和增塑剂（芳烃油 5phr）混炼均匀。同时，在辊温 65℃的开炼机上塑炼杜仲胶（用量分别为 10phr、20phr、30phr、40phr、50phr），适当薄通后包辊，将开炼机辊距增大，依次混入硬脂酸 2phr、氧化锌 4phr、防老剂 2phr、硫化剂 2phr、促进剂 1.2phr 等助剂，混炼均匀。将混炼好的杜仲胶和天然橡胶加入开炼机中继续混炼至均匀，调整合适的辊距出片，得到 EUG/NR 硫化胶。停放 12h 以上，在 143℃、15MPa 条件下硫化成型。

t_{10} 和 t_{90} 分别是指扭矩达到最大扭矩的 10%和 90%所需的时间，M_H-M_L 即最高扭矩与最低扭矩的差值，间接反应材料的交联程度。由表 2.1 可知，随着 EUG 用量增加，混炼胶的 M_L 和 M_H 值比纯 NR 的值高，这是由于在硫化温度下 EUG 发生结晶熔融，熔体黏度增加。当 EUG 用量低于 40phr 时，硫化胶的 t_{10} 与 NR

相差不大，M_H-M_L 值即交联程度高于 NR；当 EUG 用量高于 50phr 时，t_{10} 显著降低，M_H-M_L 值进一步提高。EUG 用量超过 50phr 时，硫化过程中杜仲胶的硫化反应占主导地位，这说明 EUG（反式-1,4-聚异戊二烯）比 NR（顺式-1,4-聚异戊二烯）具有更高的硫化反应活性。

表 2.1　EUG/NR 硫化胶的硫化特性参数

样品	t_{10}	t_{90}	M_L/（dN·m）	M_H/（dN·m）	M_H-M_L/（dN·m）
0EUG/100NR	8min20s	31min05s	0.8	10.55	9.75
10EUG/90NR	8min56s	34min59s	1.55	13.61	12.06
20EUG/80NR	8min30s	33min49s	1.53	13.86	12.33
30EUG/70NR	7min17s	33min52s	1.11	13.88	12.77
40EUG/60NR	9min57s	33min26s	1.55	13.67	12.12
50EUG/50NR	1min03s	32min04s	0.83	14.31	13.48
60EUG/40NR	2min29s	32min28s	1.18	15.46	14.28

2. 硫化胶的橡胶加工分析仪分析

佩恩（Payne）效应是指填充橡胶的动态模量随着应变增加而急剧下降的现象。具体来说，当试样受到动态应变时，其储能模量在应变振幅大约 0.1%附近产生突变，并随应变的增大而急剧下降，当应变振幅增大到一定程度时，储能模量不再依赖于应变。储能模量急剧下降至应变振幅内，损耗模量出现最大值。储能模量下降的原因在于填料或填料聚集体之间相互作用形成的填料-填料网络和填料与橡胶基体之间相互作用形成的填料-聚合物网络被破坏；而损耗模量增加则是由于网络结构的不断破坏重组。Payne 效应经常被用来评价填料在橡胶基体中分散性的优劣。最大应变和最小应变下储能模量的差值越小，填料分散越均匀，Payne 效应越弱。

图 2.1（a）和（b）分别是 EUG/NR 硫化胶的储能模量 G' 与应变以及损耗因子 $\tan\delta$ 与应变的关系曲线。图 2.1（a）比较了 EUG 用量对 EUG/NR 硫化胶储能模量的影响。可见，EUG/NR 硫化胶 G'-应变曲线呈现出明显的 Payne 效应，即随应变的增大，G' 逐渐减小。图中 $\Delta G'$ 是储能模量的差值，$\Delta G'$ 越大说明 Payne 效应越明显。当 EUG 用量为 10phr 和 20phr 时，$\Delta G'$ 高于 NR 体系的 $\Delta G'$，Payne 效应明显；当 EUG 用量超过 30phr，随着 EUG 用量增加，$\Delta G'$ 值降低，低于 NR 体系的 $\Delta G'$。这是由于随着体系内 EUG 有序结构增加，炭黑分散性变好，Payne 效应减弱。

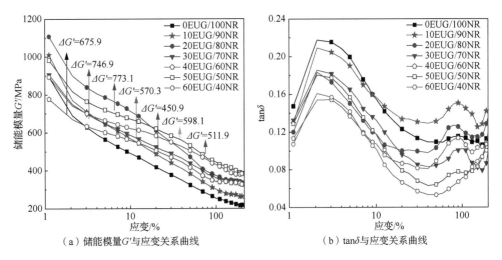

（a）储能模量 G' 与应变关系曲线　　　　　　　（b）tanδ 与应变关系曲线

图 2.1　EUG/NR 硫化胶的橡胶加工分析仪曲线

根据图 2.1（a），G'-应变曲线上在应变为 1%～2% 和 60%～100% 范围内 G' 变化率较大。与之相对应，在图 2.1（b）中，tanδ 值在对应的应变处出现两个峰值。在小应变情况下，填料聚集体网络破坏，导致储能模量急剧下降，内耗增加，tanδ 出现峰值[4]；随应变增加，分子链逐渐伸展，填料粒子和分子链运动阻力减小，内耗降低。在较大应变（60%～100%）作用下，tanδ 出现第二个峰值，是由橡胶-填料的网络和 NR-EUG 相互作用网络的破坏重组过程导致的。当 EUG 用量为 10phr 和 20phr 时，EUG/NR 硫化胶的 tanδ 峰值明显高于 NR 体系的 tanδ 峰值。这是因为 EUG 与 NR 有良好的相容性，EUG 可以在 NR 中均匀分散，分子链间相互缠结，相互作用强，在动态交变应力下发生较大形变时，NR-EUG 相互作用网络破坏重组，内耗增加。当 EUG 用量超过 30phr，tanδ 峰值低于 NR 体系，此时更多的 EUG 会发生团聚，与 NR 的相互作用减弱，同时有序结构增加，内耗降低。

3. 硫化胶交联密度

图 2.2 为 EUG/NR 硫化胶的交联密度曲线。可以看出，EUG 用量为 10phr 和 20phr 时，硫化胶的交联密度略有增加。根据前文，EUG 的硫化反应活性高于 NR 的硫化反应活性，在同样的反应条件下，EUG 具有更快的硫化速率和更高的交联程度。对于 EUG 用量为 10～30phr 的体系，EUG 均匀分散在 NR 中，硫化过程以 NR 的硫化反应为主，因此 EUG 的存在对交联密度的提高作用不明显。当 EUG 用量为 40phr 时，交联密度略有降低。这是因为随着 EUG 用量增加，EUG 难以在 NR 中均匀分散，出现团聚，硫化胶相结构的改变影响了 EUG 交联反应的发生。随着 EUG 用量继续增加至 50phr 和 60phr，硫化胶中 EUG 占主体，硫化过程以

EUG 的硫化为主，因此交联密度增大。

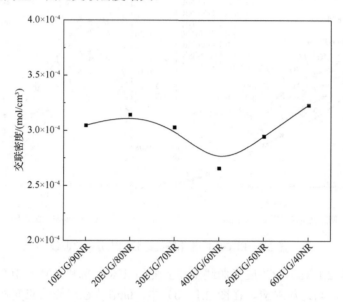

图 2.2　EUG/NR 硫化胶的交联密度曲线

2.1.2　EUG 用量对 EUG/NR 硫化胶相结构与结晶的影响

1. DSC 分析

图 2.3 是 EUG/NR 硫化胶的 DSC 曲线。在降温曲线中，所有样品都没有结晶峰出现，说明交联网络抑制了 EUG 的结晶。而在二次升温过程中，随着温度升高，EUG 用量低于 30phr 的 EUG/NR 硫化胶既没有出现结晶峰也没有出现熔融峰，说明硫化胶中 EUG 没有结晶现象产生，而 EUG 用量超过 40phr 的 EUG/NR 硫化胶都先出现一个结晶峰，而后出现一个熔融峰。随着 EUG 用量增加，其结晶峰和熔融峰更加明显。这说明发生了冷结晶现象[5,6]，并随着温度的进一步升高，冷结晶熔融。在 EUG 用量低于 30phr 时，EUG 均匀分散在 NR 中，NR 分子链和 EUG 分子链相互缠结，抑制了 EUG 分子链的运动，妨碍了其有序排列。随着 EUG 用量增加，硫化胶中 EUG 团聚，EUG 分子链易于排列到晶格中形成结晶。

2. X 射线衍射分析

图 2.4 是在 5°～40° 条件下，以 5°/min 的速度扫描所得的硫化胶的 X 射线衍射（X-ray diffraction，XRD）曲线。由图可知，EUG 用量在 30phr 以下时，谱图在 20° 左右出现一个驼峰，表明硫化胶中 EUG 为无定型结构。当 EUG 用量超过 40phr，2θ 在 19.1° 和 23.1° 处出现了尖锐的衍射峰，并且随着 EUG 用量增加，衍

射峰强度增加。根据文献[4]，19.1°和 23.1°的衍射峰为 EUG 的 β-晶型特征峰。这一结果与前文 DSC 结果相符，进一步证实 EUG 用量较少时，EUG 在 NR 中均匀分散，由于分子链相互缠结，NR 大分子链对 EUG 分子链的运动限制作用明显，EUG 无法结晶。当 EUG 用量超过 40phr 以后，EUG 聚集并结晶，表现出明显的结晶衍射峰[4]。

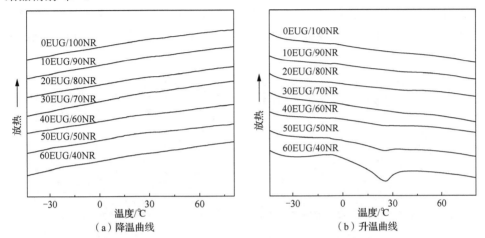

（a）降温曲线　　　　　　　　　　　　　（b）升温曲线

图 2.3　EUG/NR 硫化胶的 DSC 曲线

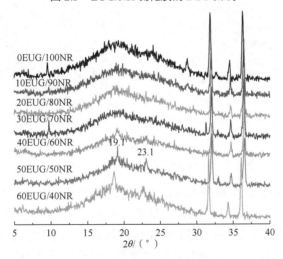

图 2.4　EUG/NR 硫化胶的 XRD 曲线

3. 硫化胶拉伸断面微观形貌

为了研究 EUG 用量对 EUG/NR 硫化胶的相态结构的影响，分别对硫化胶的淬断面和拉伸断面进行了扫描电子显微镜（scanning electron microscope，SEM）

分析。图 2.5 是不同 EUG 用量的 EUG/NR 硫化胶的淬断面 SEM 照片。纯 NR 的
SEM 表面比较平整。EUG 用量为 20phr 时，硫化胶的 SEM 断面变得粗糙，可见
白色片状物均匀分布，应为未充分硫化的 EUG 聚集体在断裂过程中形变产生的。
EUG 用量增加到 40phr 以后，白色片状物明显增多，说明 EUG 聚集体明显增多，
并发生团聚[4]。在硫化过程中，EUG 聚集体内 EUG 分子链有序排列，硫黄、促
进剂等硫化助剂难以进入，不能充分交联，导致 EUG 以结晶的形式存在。在淬断
过程中，未充分交联 EUG 聚集体产生形变，形成白色片状物。这与前文 DSC 和
XRD 的结果一致。

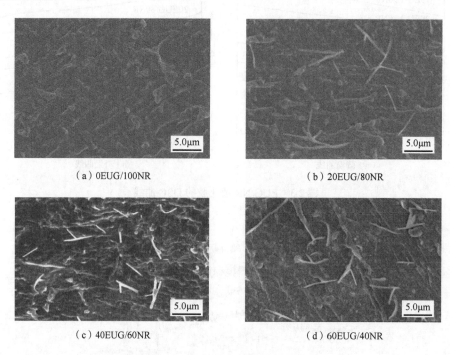

（a）0EUG/100NR　　　　　　　　　　　（b）20EUG/80NR

（c）40EUG/60NR　　　　　　　　　　　（d）60EUG/40NR

图 2.5　EUG/NR 硫化胶的淬断面 SEM 照片

　　图 2.6 是不同 EUG 用量的 EUG/NR 硫化胶拉伸断面的 SEM 照片。图 2.6（a）
是纯 NR 硫化胶拉伸断面的 SEM，断面相对平整。对于 EUG/NR 硫化胶，拉伸断
面出现白色卷曲厚片状物质，且随着 EUG 用量增加，卷曲厚片状物质越多。这些
厚片状物质应是结晶的 EUG 聚集体在拉伸断裂过程中变形所导致的。

　　4. 硫化胶动态力学性能

　　图 2.7（a）和（b）分别是不同 EUG 用量的 EUG/NR 硫化胶的 $\tan\delta$-温度曲
线以及储能模量 E'-温度曲线。从图 2.7（a）可以看出，随着 EUG 用量从 10phr

增加到 50phr，EUG/NR 硫化胶的 T_g 逐步向低温方向移动，$\tan\delta$ 值与 NR 相近，变化不大。当 EUG 用量为 60phr 时，$\tan\delta$ 峰值明显降低。这说明此时 EUG/NR 硫化胶中 EUG 为连续相，由于 EUG 晶区对无定型区分子链段的限制作用，导致玻璃化转变减弱。

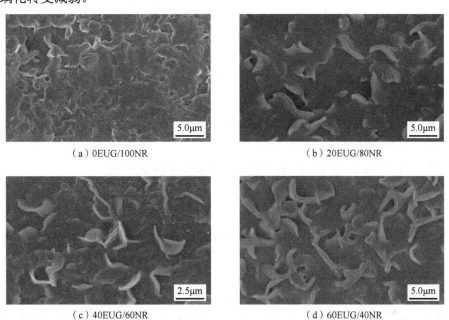

（a）0EUG/100NR　　　　　　　　　　　　　　（b）20EUG/80NR

（c）40EUG/60NR　　　　　　　　　　　　　　（d）60EUG/40NR

图 2.6　EUG/NR 硫化胶的拉伸断面 SEM 照片

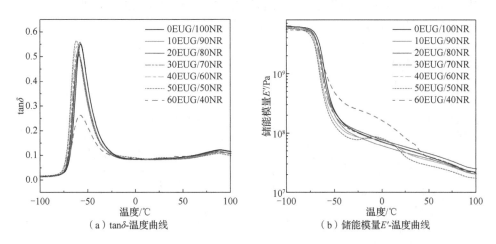

（a）$\tan\delta$-温度曲线　　　　　　　　　　　　　（b）储能模量 E'-温度曲线

图 2.7　EUG/NR 硫化胶的动态力学性能

根据图 2.7（b），EUG 用量为 10～30phr 的 EUG/NR 硫化胶的储能模量 E'-温度曲线与 NR 几乎相同。说明此时 NR 为连续相，EUG 均匀分散在 NR 中，硫化胶主要显示 NR 的动力学行为。随着 EUG 用量从 40phr 增加到 60phr，储能模量 E'-温度曲线在玻璃化转变后出现弹性平台，并且在 40～50℃出现了第二个模量下降台阶，EUG 用量越高，弹性平台区和模量下降台阶越明显。这是 EUG 晶区熔融的结果。

结合 DSC 和 SEM 结果，可以得出结论：当 EUG 用量小于等于 30phr 时，EUG/NR 硫化胶的相结构为 NR 连续相，EUG 为分散相的"海-岛"结构；当 EUG 用量为 60phr 时，EUG/NR 硫化胶的相结构是以 EUG 为连续相，以 NR 为分散相的"海-岛"结构；当 EUG 用量为 40phr、50phr 时，EUG/NR 硫化胶的相结构为上述两种相结构的过渡形态。

2.1.3 EUG 用量对 EUG/NR 硫化胶物理性能的影响

1. 硫化胶拉伸性能

图 2.8 是不同 EUG 用量 EUG/NR 硫化胶的应力-应变曲线，表 2.2 给出了拉伸性能数据。从中可以看出，NR 的拉伸强度和断裂伸长率均为最大值。这是因为在高应变的情况下，NR 发生拉伸诱导结晶现象，具有自补强效应。随着 EUG 质量分数增加，硫化胶的断裂伸长率和拉伸强度都呈下降趋势。这是因为 EUG 的拉伸强度和断裂伸长率都低于 NR。另外，随着 EUG 用量增加，100%定伸应力和 300%定伸应力呈上升趋势，尤其是当 EUG 用量达到并超过 40phr 以后，100%定伸应力和 300%定伸应力明显增加。这是因为未完全交联的 EUG 仍然保持结晶结构，抵抗变形的能力高，使得材料的定伸应力增加。

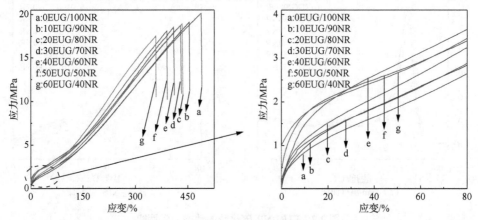

图 2.8　EUG/NR 硫化胶的应力-应变曲线

表 2.2　EUG/NR 硫化胶拉伸性能

样品	拉伸强度/MPa	断裂伸长率/%	100%定伸应力/MPa	300%定伸应力/MPa
0EUG/100NR	20.2	464	3.3	12.5
10EUG/90NR	19.1	433	3.4	12.8
20EUG/80NR	18.9	413	3.9	13.2
30EUG/70NR	18.8	411	3.6	13.5
40EUG/60NR	18.6	392	4.2	13.8
50EUG/50NR	18.1	374	4.0	14.3
60EUG/40NR	17.7	343	4.2	15.5

2. 硫化胶应力软化效应

应力软化效应也称马林斯效应。炭黑增强的橡胶在单轴拉伸、压缩或剪切加载后,在卸载过程中表现出明显的滞回性效应,即卸载的应力明显小于相同载荷下的加载应力。对于没有变形历史的炭黑填充橡胶,伸长比逐渐增大的加载、卸载循环应力-应变曲线中,卸载曲线明显比加载曲线低很多,而重加载时,又稍高于卸载线[7];而对于没有伸长比的循环应力-应变曲线,重加载曲线仍低于卸载曲线。

图 2.9 是 EUG/NR 硫化胶的应力软化效应曲线。由图可知,不同 EUG 用量的硫化胶的应力软化效应变化趋势基本一致,但变化程度不同。根据图 2.9 (a),在 200%应变内,NR 未发生明显的拉伸诱导结晶现象。图 2.9 (b) ~ (d) 曲线均与图 2.9 (a) 曲线相似,说明 EUG 用量较少时,EUG 均匀分散在 NR 中,对硫化胶的应力软化效应曲线影响不明显,硫化胶的性能以连续相 NR 为主。当 EUG 用量达到或超过 40phr,第一次循环曲线发生明显变化。从图 2.9 (e) ~ (g) 中都可以明显观察到,随着载荷增加,硫化胶先发生弹性形变,然后出现结晶高分子特有的屈服现象,并随即发生应变硬化,导致拉伸强度增加,不可逆形变增加,应力软化效应明显。这一结果再次证实,当 EUG 用量超过 40phr 时,硫化胶中 EUG 聚集体中存在 EUG 结晶,可用作吸能缓冲材料。

3. 硫化胶硬度

图 2.10 是不同 EUG 用量 EUG/NR 硫化胶的硬度曲线。从图中可以看出,EUG 用量从 10phr 增加到 30phr,硫化胶的硬度线性缓慢增加,当 EUG 用量从 30phr 增加到 50phr,硫化胶的硬度急剧增加,当 EUG 用量达到 60phr,硬度变化不明显。当 EUG 用量在 30phr 以下时,NR 为连续相,随着高硬度 EUG 的添加,

硫化胶的硬度缓慢增加。当 EUG 用量从 30phr 增加到 50phr，EUG 聚集并存在结晶，甚至 EUG 为连续相，因此硫化胶的硬度急剧增加[8]，硫化胶的硬度值体现为 EUG 连续相的硬度。在这种情况下，进一步将 EUG 从 50phr 增加至 60phr，硫化胶的硬度不会发生明显改变。EUG/NR 硫化胶硬度的变化结果与其相结构变化一致。

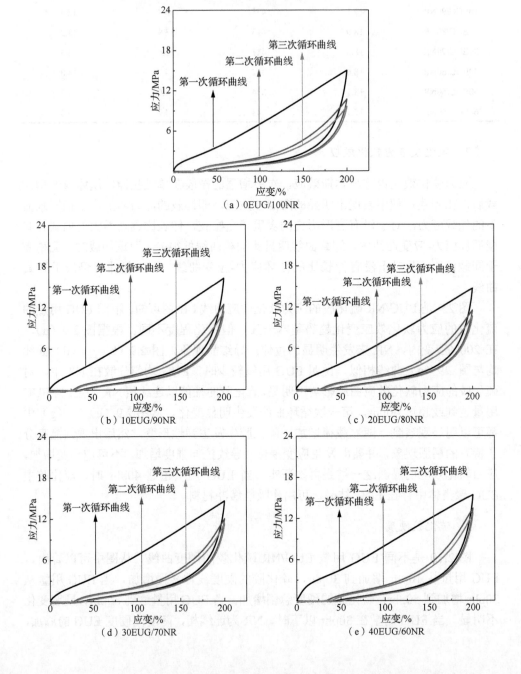

（a）0EUG/100NR

（b）10EUG/90NR

（c）20EUG/80NR

（d）30EUG/70NR

（e）40EUG/60NR

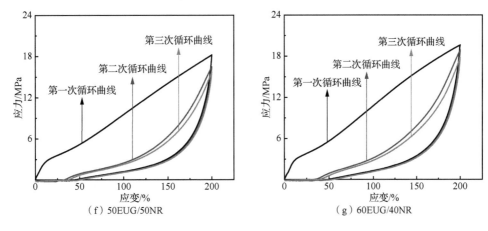

图 2.9　EUG/NR 硫化胶应力软化效应曲线

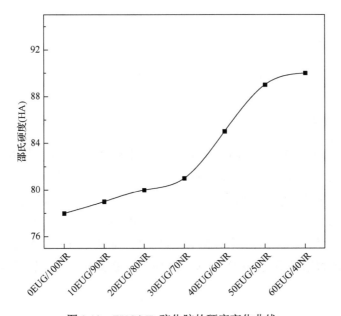

图 2.10　EUG/NR 硫化胶的硬度变化曲线

4. 硫化胶压缩生热性能

图 2.11 为 EUG 的用量对硫化胶压缩生热性能的影响。如图所示，在压缩生热试验中，当 EUG 的用量为 30phr 时，EUG/NR 硫化胶的试样升温出现一个下降台阶。随着 EUG 的用量增多，硫化胶中有序结构含量增多，分子运动内摩擦减小，导致生热降低[9]。

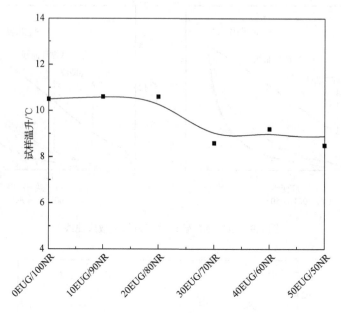

图 2.11　EUG/NR 硫化胶压缩生热性能

5. 硫化胶磨耗性能

图 2.12 为 EUG 的用量对 EUG/NR 硫化胶磨耗性能的影响。与 NR 相比，EUG 的用量为 10phr 的 EUG/NR 硫化胶的阿克隆磨耗体积大幅减小，磨耗性能明显改善。EUG 的用量从 10phr 增加到 50phr，磨耗性能变化不大。根据前文，随着 EUG 的加入，硫化胶的硬度增加，定伸应力升高，改善了硫化胶的耐磨性。另外，随着 EUG 的用量增大，硫化胶中存在 EUG 结晶，可以充当物理交联点，相当于在保持体系中硫黄用量不变的情况下使硫化胶的交联密度提高，从而提高了硫化胶的耐磨性能[9]。

6. 硫化胶的疲劳性能

图 2.13 为 EUG 的用量对 EUG/NR 硫化胶疲劳寿命的影响。由图可知，当 EUG 用量从 10phr 增加到 40phr，EUG/NR 硫化胶的疲劳寿命提高了一倍，EUG 的加入可显著提高硫化胶的抗疲劳性能。原因在于，EUG 分子链的有序结构和晶区可有效阻碍裂纹的扩展，提高了材料吸收能量的能力，增加了它的疲劳寿命[9]。

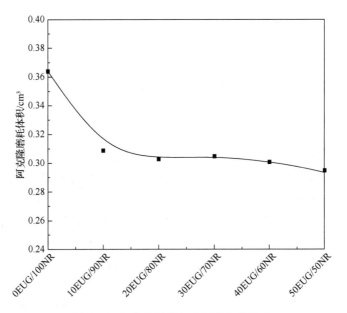

图 2.12　杜仲胶用量与磨耗体积的关系

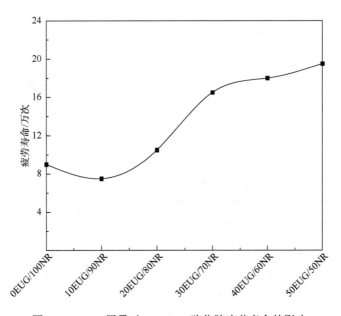

图 2.13　EUG 用量对 EUG/NR 硫化胶疲劳寿命的影响

2.2　混炼温度对 EUG/NR 硫化胶结构与性能的影响

2.2.1　EUG/NR 混炼胶的制备与硫化特性

1. 混炼胶的制备

室温下用开炼机塑炼天然橡胶（70phr），塑炼完毕后适当调大辊距加入炭黑N330（50phr）和环烷油（5phr），混炼均匀，得到天然橡胶母胶。同时，在辊温65℃开炼机上塑炼杜仲胶（30phr），适当薄通后包辊，将开炼机辊距增大，按顺序加入氧化锌（4phr）、硬脂酸（2phr）、防老剂（2phr）、硫黄（2.5phr）、促进剂 N-（氧化二亚乙基)-2-苯并噻唑次磺酰胺（NOBS）（1.2phr）等助剂，混炼均匀，得到杜仲胶母胶。在 25℃、35℃、40℃、50℃、60℃ 的混炼温度下，将混炼好的杜仲胶以及天然橡胶母胶加入开炼机中，待其混匀后调小辊距打三角包 5～7 次，调整辊距至 2～3mm，出片，得到不同混炼温度下的 EUG/NR 混炼胶，停放 12h。使用硫化仪测定硫化曲线，由硫化曲线确定硫化时间，然后在平板硫化机上进行硫化，设定硫化温度为 145℃，硫化压力为 10MPa，将混炼胶硫化制成标准试样。

2. 混炼胶的硫化特性

表 2.3 给出了不同混炼温度下 EUG/NR 混炼胶的硫化特性参数。从表中可以看出，随着混炼温度的升高，t_{10} 和 t_{90} 都略有增加。原因可能是随着混炼温度升高，杜仲胶的晶区逐渐熔融，无定型区域增多，无定型区域硫黄浓度随之下降，使得硫化时间延长。t_{10} 增加也说明混炼温度升高可以提升 EUG/NR 的加工安全性。

表 2.3　不同混炼温度下 EUG/NR 混炼胶的硫化特性参数

混炼温度/℃	t_{10}	t_{90}	M_L/ (dN·m)	M_H/ (dN·m)	M_H-M_L/ (dN·m)
25	8min19s	13min28s	0.27	1.34	1.07
35	8min21s	13min40s	0.24	1.39	1.15
40	8min29s	14min11s	0.25	1.51	1.26
50	8min34s	14min47s	0.46	2.43	1.97
60	8min31s	14min33s	0.54	3.74	3.2

混炼温度在 25～40℃ 范围内，M_L 值略有降低，M_H 和转矩差值（M_H-M_L）呈缓慢增加趋势。此时混炼温度低于 EUG 熔限（50～60℃），M_H 值缓慢增加来源于 EUG 的高硬度和改善的交联程度，M_H-M_L 缓慢增加是由于 EUG 的高硫化反应活性。

当混炼温度从 50℃ 提高到 60℃，M_L、M_H 和 M_H-M_L 都呈现显著增加趋势。此时混炼温度在 EUG 熔点范围内，因此随着混炼的进行，EUG 晶区逐渐熔融，混炼胶黏度增加，同时交联程度增加，因此 M_L 和 M_H 大幅增加。鉴于硫黄和硫化助剂难以扩散进入 EUG 晶区，硫黄和硫化助剂应主要分布在杜仲胶的无定形区域和 NR 中。为了实现硫黄和硫化助剂在 EUG 中的充分分散，在混炼加工过程中，预先将所有硫黄和硫化助剂与 EUG 一起预先混炼，然后再与 NR 及其他助剂共同混炼。伴随着混炼过程中 EUG 晶区的熔融，晶区对 EUG 和 NR 分子链运动的限制作用消失，EUG 和 NR 分散更趋均匀，填料和助剂在 EUG/NR 混炼胶中分散更均匀。EUG/NR 硫化胶相结构由“海-岛”结构逐渐转变为“双连续”结构（2.2.2 证实相结构的转变）。在硫黄用量一定的前提下，硫黄在 EUG 和 NR 中的良好分散和 EUG 的高硫化反应活性使得硫化胶交联程度改善，交联密度增大，如图 2.14 所示。随着混炼温度增加，EUG/NR 硫化胶的交联密度先略有降低后增加。可见，混炼温度的提高促进了硫化助剂的扩散，使得混炼胶的硫化反应更加充分、均匀，硫化胶的交联密度提高。

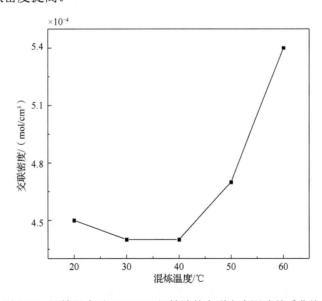

图 2.14   混炼温度对 EUG/NR 混炼胶的交联密度影响关系曲线

3. 混炼胶的结晶行为分析

采用 DSC 和 XRD 研究了混炼温度对 EUG/NR 混炼胶中 EUG 的结晶行为和晶体结构的影响。

图 2.15（a）是不同混炼温度下 EUG/NR 混炼胶的降温 DSC 曲线。从图中可看出，混炼温度低于 50℃时，降温曲线都在 12℃左右出现明显的结晶峰，且随着混炼温度升高，结晶峰面积逐渐减少。当混炼温度为 50℃和 60℃时，混炼胶几乎没有结晶峰出现。当混炼温度低于 50℃时，EUG 晶区无法熔融，EUG 保持结晶结构，难以均匀分散在 NR 中，杜仲胶以聚集体分散在天然橡胶基体当中，即形成 "海-岛" 结构。混炼温度越低，杜仲胶聚集体越多，结晶峰越强。当混炼温度高于 50℃时，达到 EUG 的熔点，杜仲胶晶区开始熔融，EUG 在 NR 中的分散更加均匀，NR 分子链与 EUG 分子链相互缠结，NR 大分子链阻碍 EUG 大分子链的运动，使其在 10℃/min 的降温速率下来不及结晶，没有结晶峰出现。图 2.15（b）是不同混炼温度下 EUG/NR 混炼胶的二次升温 DSC 曲线。纯杜仲胶出现了明显的熔融峰，且为多峰，说明 EUG 存在多种晶型，分别为 α-晶型、β-晶型和 γ-晶型[10]。混炼温度低于 40℃的混炼胶体系与 EUG 类似，在相应温度出现两个熔融峰。混炼温度为 50℃和 60℃的混炼胶体系，在升温过程中先出现一个结晶峰，后出现了熔融峰。这是由于体系中 NR 分子链对 EUG 分子链运动的限制作用导致的冷结晶现象，降温过程 EUG 来不及结晶，但在后续升温过程中发生结晶，所生成的晶体在后续升温过程中熔融。

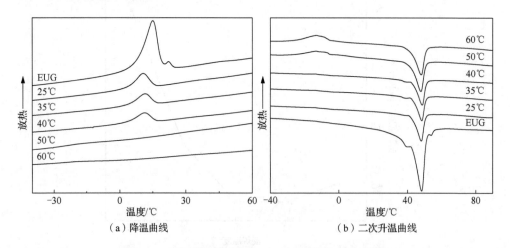

（a）降温曲线　　　　　　　　　　（b）二次升温曲线

图 2.15　不同混炼温度下 EUG/NR 混炼胶 DSC 曲线

图 2.16 为 EUG/NR 混炼胶的 XRD 曲线，从图中可以看出混炼胶在 18°和 22°两处出现两个明显的衍射峰，说明杜仲胶结晶以 β-晶型为主，与 DSC 结果一致[10]。

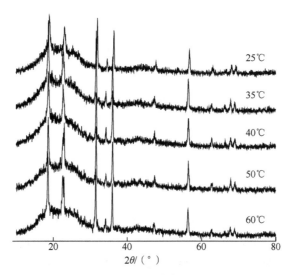

图 2.16　EUG/NR 混炼胶的 XRD 曲线

4. 混炼胶的穆尼黏度及硬度

图 2.17（a）为混炼温度对 EUG/NR 硫化胶的穆尼黏度的影响。从图中可以看出，随着混炼温度升高，混炼胶的穆尼黏度逐渐升高。在较低温度混炼时，混炼胶呈现"海-岛"结构，杜仲胶以岛相分散于天然橡胶中，因此混炼胶的穆尼黏度更多地表现为连续相天然橡胶的黏度特性。另外，杜仲胶晶区的存在限制了炭黑的分散，对混炼胶的黏度也有影响。当混炼温度升高至 EUG 熔点，随着 EUG 的晶区熔融，混炼胶的穆尼黏度由两相共同作用决定，杜仲胶高穆尼黏度明显提高了混炼胶的整体黏度，导致加工性能下降。可见，混炼温度对 EUG/NR 硫化胶的加工性能、相结构有很大的影响，进而影响硫化胶的各项机械性能[10]。

图 2.17（b）为混炼胶的硬度随着混炼温度变化的趋势图。混炼胶的硬度随着混炼温度的提高而持续增加，这与混炼胶的相结构有关。随着混炼温度的提高，EUG/NR 硫化胶的相结构从"海-岛"结构逐渐向双连续结构转变。"海-岛"结构时胶料的硬度主要取决于 NR，相对较软；双连续相的胶料硬度取决于两种橡胶基体的共同作用，随着 EUG 连续相的逐步形成，胶料硬度逐步增大。

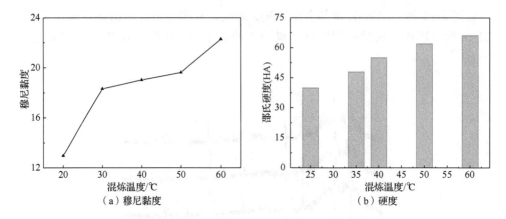

图 2.17　混炼温度对 EUG/NR 硫化胶的穆尼黏度和硬度的影响

5. 混炼胶的动态机械性能

图 2.18 为不同混炼温度下 EUG/NR 混炼胶的橡胶加工分析仪（rubber processing analysis，RPA）曲线。由图 2.18（a）可知，随着应变的增大，EUG/NR 混炼胶的 G' 急剧降低，表现出明显的 Payne 效应。产生 Pyane 效应的主要原因是填料或填料聚集体之间相互作用形成的填料网络遭到破坏。G' 越小，Payne 效应越弱，表明补强体系的分散性越好[9]。

在小应变范围内，高混炼温度 EUG/NR 体系中 G' 较高，随应变增加 G' 的下降趋势较缓（斜率较小），表明高混炼温度所形成的双连续相结构利于橡胶基体之间以及填料粒子在橡胶基体中的分散，填料-填料、填料-聚合物、聚合物-聚合物之间的相互作用较强，模量更高，Payne 效应较弱。低混炼温度 EUG/NR 体系中混炼胶的相结构为 NR 为连续相，EUG 为分散相的"海-岛"结构，且 EUG 中存在晶区，限制了炭黑的均匀分布，Payne 效应增强，G' 随着应变的变化下降的幅度更大[11,12]。

在相对大应变范围内，不同混炼温度的 EUG/NR 体系 G' 均随着应变增加而急剧降低。这说明，较大应变情况下，Payne 效应主要是由填料-橡胶网络结构的破坏重组所主导的，相结构的差异对其影响较小。

根据图 2.18（b），随着混炼温度升高，EUG/NR 混炼胶 $\tan\delta$ 逐渐减小，滞后降低。因为随着混炼温度升高，EUG 在 NR 中分散更趋均匀，填料粒子在橡胶基体中的分散也更加均匀，且交联网络更完善（交联密度增大），因此内耗低。大形变时，混炼胶的 $\tan\delta$ 均呈现增加趋势。橡胶基体交联网络形变和分子之间的滑移会导致摩擦生热较大，内耗增加。

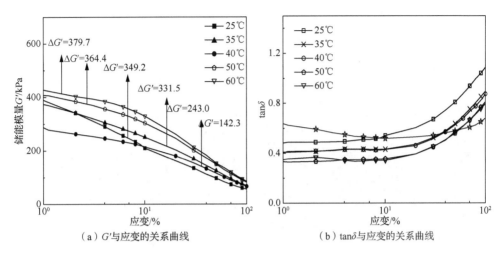

图 2.18　不同混炼温度下 EUG/NR 混炼胶的 RPA 曲线

2.2.2　EUG/NR 硫化胶的相结构

为了研究混炼温度对 EUG 在 NR 中分散性和填料在橡胶中分散性的影响，分别采用原子力显微镜（atomic force microscope，AFM）和 SEM 分析了 EUG/NR 硫化胶的相结构。

1. 硫化胶的 AFM 分析

图 2.19 为不同混炼温度下 EUG/NR 硫化胶的 AFM 照片。如图所示，在 AFM 杨氏模量分布图中，颜色越浅表示模量越高，由此判断亮白色部分为未硫化结晶的 EUG，亮白色周围灰色部分为硫化的 EUG 和 NR 共硫化区，EUG 和 NR 在此区域分子链相互缠结，以分子尺度相互分散，黑色部分为硫化的 NR。对比图 2.19（a）～（d）可以看出，随着混炼温度提高，EUG/NR 硫化胶的相结构从 EUG 为分散相、NR 为连续相的"海-岛"结构逐步向"双连续"结构转变。

当混炼温度为 35℃，远低于 EUG 的熔点，EUG 以结晶区和无定型区共存的结构存在，黏度和模量远大于无定型结构的 NR，在共同混炼过程中，剪切力的作用使杜仲胶以较大尺寸的团聚体分散在天然橡胶中，形成单连续的"海-岛"结构。当混炼温度升高为 40℃和 50℃，随着温度升高杜仲胶的黏度和模量逐渐下降，在剪切力的作用下形变逐渐增大，EUG 团聚体尺寸逐渐细化，以更小尺寸分散在 NR 中，共硫化区明显增加，形成"类双连续"结构。当混炼温度达到 60℃，混炼温度高于 EUG 的熔点，EUG 晶区熔融，杜仲胶与天然橡胶充分融合形成双连续结构[13]。但由于完全熔融的 EUG 易于聚并，导致 EUG 相尺寸增大。

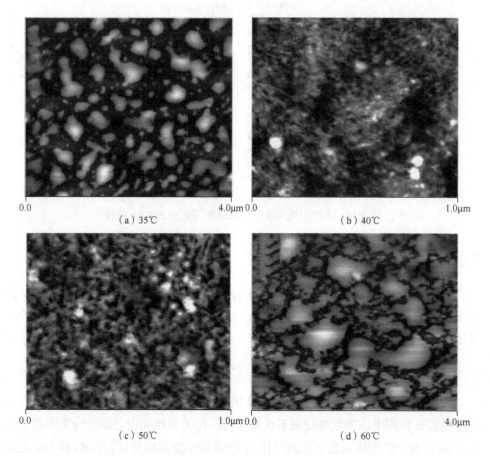

图 2.19　不同混炼温度下 EUG/NR 硫化胶的 AFM 照片

2. 硫化胶的 SEM 分析

　　甲苯是 EUG 和 NR 的溶剂，可将 EUG/NR 硫化胶中未交联的 EUG 溶出。图 2.20 是 EUG/NR 硫化胶经甲苯刻蚀后的 SEM 照片。从图 2.20 可以看出，混炼温度较低时，硫化的橡胶呈现球形，随着混炼温度的提高，硫化的橡胶从球形逐渐向椭圆形、长条形等不规则形状变化，说明硫化胶的相态结构由"海-岛"向"双连续"相结构转变。这与原子力显微镜所观察到的结果一致[13]。

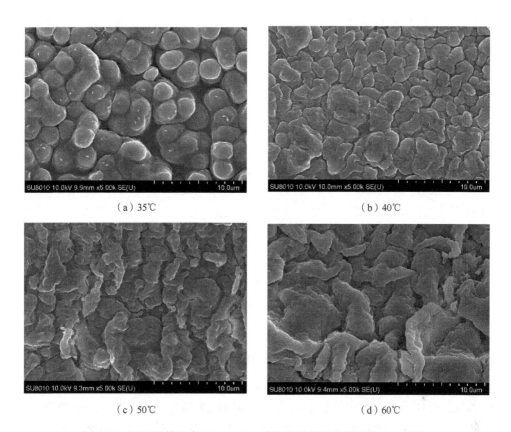

（a）35℃　　　　　　　　　　　　　　　　　　　（b）40℃

（c）50℃　　　　　　　　　　　　　　　　　　　（d）60℃

图 2.20　不同混炼温度下 EUG/NR 硫化胶甲苯处理断面的 SEM 照片

2.2.3　EUG/NR 硫化胶的结晶行为分析

为了研究混炼温度对 EUG 结晶的影响，在研究了 EUG/NR 混炼胶的结晶行
为和晶体结构基础上，进一步采用 DSC 和 XRD 研究了混炼温度对 EUG/NR 硫化
胶的结晶行为和结晶结构的影响。图 2.21（a）是不同混炼温度下 EUG/NR 硫化
胶的 DSC 降温曲线。从图可看出，混炼温度为 25℃、35℃和 40℃的 EUG/NR 硫
化胶在-8℃左右时出现结晶峰，并且混炼温度越高，EUG/NR 硫化胶的结晶峰越
弱。相应地，在图 2.21（b）的 DSC 二次升温曲线中，混炼温度为 25℃、35℃和
40℃的 EUG/NR 硫化胶在 30℃附近时出现熔融峰。混炼温度越高，EUG/NR 硫化
胶的熔融峰面积越小。这些结果说明，在"海-岛"相结构的 EUG/NR 硫化胶中，
EUG 仍然保持结晶能力。当混炼温度提高到 50℃和 60℃时，EUG/NR 硫化胶的
DSC 曲线上既无结晶峰也无熔融峰[8]。这一结果与前文混炼温度为 50℃和 60℃的

EUG/NR 混炼胶的 DSC 曲线中存在冷结晶结果不同，说明在双连续相的 EUG/NR 体系中，交联网络的形成进一步限制了 EUG 分子链的结晶能力，导致 EUG 的结晶能力消失。

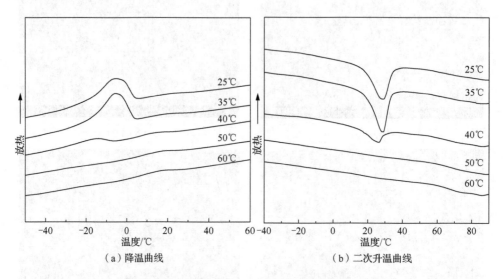

（a）降温曲线　　　　　　　（b）二次升温曲线

图 2.21　不同混炼温度下 EUG/NR 硫化胶 DSC 曲线

图 2.22 为不同混炼温度下 EUG/NR 硫化胶的 XRD 曲线。可以看出，所有 EUG/NR 硫化胶的 XRD 曲线相似，都在 18°和 22°两处出现了两个较弱的峰，为 β-晶型的衍射峰。随着混炼温度升高，EUG/NR 硫化胶的两处衍射峰逐渐变弱并宽化，说明混炼温度越高硫化胶的晶粒越微小[13]。

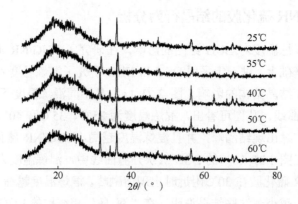

图 2.22　不同混炼温度下 EUG/NR 硫化胶的 XRD 曲线

2.2.4　EUG/NR 硫化胶的物理机械性能

1. 硫化胶的拉伸性能

图 2.23（a）为 EUG/NR 硫化胶的应力-应变曲线。从曲线中可以看出，随着混炼温度从 25℃提高到 50℃，EUG/NR 硫化胶的拉伸强度和断裂伸长率呈上升趋势，而 100%定伸应力和 300%定伸应力呈下降趋势。在混炼温度为 50℃时，拉伸强度和断裂伸长率达到最大值，而定伸应力达到最小值。低混炼温度体系中，EUG/NR 硫化胶的相结构为典型的"海-岛"结构，EUG 分散相分布在 NR 连续相中，EUG 中存在微小晶体。在小应变时，微晶起到物理交联点的作用，抵抗变形的能力高，模量较大。随着应变进一步加大，以分散相存在的 EUG 起到了应力集中的作用，材料容易在界面处断裂，导致拉伸强度和断裂伸长率低。随着混炼温度提高到 40℃和 50℃时，EUG 的团聚体逐步减少，EUG 在 NR 中的分散更均匀，EUG 和 NR 分子间相互作用逐步增加。在这种情况下，微晶增强作用逐步减弱，小应变时的定伸应力逐步降低，但应力集中作用也逐步减弱，且 EUG 分子链与 NR 分子链间强的相互作用增强了 NR 的拉伸诱导结晶，导致拉伸强度和断裂伸长率逐步增加。当混炼温度达到 60℃时，相结构仍为"双连续"结构，但 EUG 相尺寸较大，且交联密度明显高于其他体系，NR 分子链和交联网络对 EUG 分子链的限制作用过强，微晶增强和拉伸诱导结晶减弱，拉伸强度和断裂伸长率反而下降[14,15]。

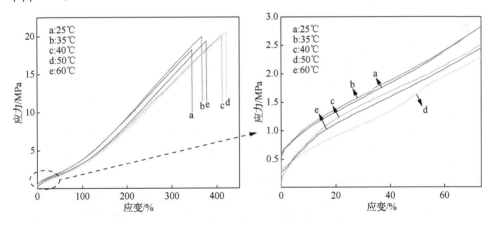

图 2.23　EUG/NR 硫化胶的应力-应变曲线

2. 硫化胶的硬度

表 2.4 中为 EUG/NR 硫化胶的硬度和结晶度数据。随着混炼温度的升高，硫化胶的结晶度逐步下降，硬度随之下降。结晶度降低既是随着混炼温度提高，EUG

晶区熔融的结果，也与交联密度提高，交联网络对分子链运动能力的限制作用增强有关。硬度降低主要是 EUG 结晶度降低的结果[16,17]。

表 2.4　EUG/NR 硫化胶的硬度和结晶度数据

混炼温度/℃	邵氏硬度（HA）	结晶度/%
25	68	12
35	68	11
40	65	6
50	62	0
60	62	0

注：结晶度由 DSC 曲线计算得出。

2.3　本章小结

杜仲胶与天然橡胶具有良好的相容性。通过控制共混比、混炼温度，可调控 EUG/NR 硫化胶的相结构从"海-岛"结构逐步转变为"双连续"结构。EUG/NR 并用体系中 EUG 结晶结构、相结构和交联网络结构的调控对硫化胶的加工性能和物理机械性能调控具有重要意义，如何进一步精准表征和调控上述多层次、多尺度的复杂网络结构，实现各项性能的最优化，还需要进一步深入研究。

参 考 文 献

[1] 王琎, 康海澜, 杨凤. 天然杜仲胶/顺丁橡胶共混胶性能研究[J]. 特种橡胶制品, 2017, 38(4): 10-14.
[2] 王琎, 康海澜, 杨凤. 不同环境下杜仲胶/丁腈橡胶共混胶的性能[J]. 合成橡胶工业, 2017, 40(4): 315-319.
[3] 张蕊, 张润篝, 杨凤. 杜仲胶改性高聚物的研究进展[J]. 高分子通报, 2015(8): 63-68.
[4] 王琎, 康海澜, 杨凤, 等. 杜仲胶/天然橡胶并用硫化胶的力学性能[J]. 高分子材料科学与工程, 2017, 33(8): 62-67.
[5] 刘天琦, 方庆红, 胡之朗. 杜仲胶硫化胶交联密度与结晶性能关系研究[J]. 橡胶工业, 2013, 60(10): 593-597.
[6] 牟悦兴, 杨凤, 康海澜. 杜仲胶/天然橡胶并用胶结晶行为与性能的关系[J]. 合成橡胶工业, 2018, 41(3): 230-234.
[7] 黄丽红. 炭黑填充橡胶 Mullins 效应研究[J]. 安徽化工, 2019, 45(5): 38-39.
[8] 张蕊, 杨凤, 方庆红. 天然杜仲胶/天然橡胶共混硫化胶的性能研究[J]. 特种橡胶制品, 2015, 36(2): 36-39.
[9] 张蕊, 杨凤, 方庆红. 杜仲/天然共混硫化胶的结晶与动态力学性能[J]. 高分子材料科学与工程, 2015, 31(9): 106-111.
[10] 邹洪丽, 康海澜, 杨凤. 混炼温度对杜仲胶/天然橡胶共混胶性能的影响[J]. 高分子材料科学与工程, 2019, 35(9): 119-125.
[11] 杨圣月, 孙豪, 钟宇. 填料分散性对生物基杜仲胶性能的影响[J]. 沈阳化工大学学报, 2019, 33(1): 58-62.
[12] 方庆红, 杨圣月, 孙豪. 钛白粉对未硫化生物基杜仲胶性能的影响[J]. 辽宁化工, 2017, 46(11): 1061-1064.
[13] 邹洪丽. 混炼工艺对杜仲胶/天然橡胶共混胶性能的影响[D]. 沈阳: 沈阳化工大学, 2019.

[14]　牟悦兴, 杨凤, 康海澜. 混炼工艺对杜仲/天然并用胶性能的影响[J]. 高分子材料科学与工程, 2018, 34(9): 108-114, 119.

[15]　宁永刚, 王珏, 康海澜. 不同温度下杜仲胶/天然橡胶共混硫化胶性能研究[J]. 弹性体, 2018, 28(1): 30-34.

[16]　牟悦兴, 杨凤, 康海澜. 环烷油对杜仲/天然并用胶性能的影响[J]. 高分子材料科学与工程, 2018, 34(1): 89-94.

[17]　张超, 康海澜, 杨凤. 杜仲胶/天然橡胶并用胶的热氧老化性能[J]. 弹性体, 2019, 29(1): 16-21.

第3章　杜仲胶改性塑料

采用生物基高分子材料替代石油基高分子材料改性塑料，已成为主要发展趋势。与其他生物基高分子材料相比，杜仲胶的独特之处在于它的橡-塑二重性。通过调控 EUG 的结晶度，可使 EUG 的性能横跨热塑性材料、热弹性材料和高弹性材料。利用 EUG 改性传统塑料，可实现增韧、补强或者形状记忆等高性能化和功能化[1]。

3.1　杜仲胶增韧改性聚丙烯

聚丙烯（polypropylene，PP）是一种十分重要的通用塑料，具有密度小、耐热性高、化学稳定性高和加工性能优良等优点，广泛应用于汽车工业、器械制造、日常用品等。但是 PP 存在低温脆性大、抗冲击性能低等缺点，严重影响了其应用在对冲击韧性要求较高的领域[2-4]。采用橡胶或弹性体增韧改性 PP 是目前研究最多、增韧效果最明显的方法，所使用的橡胶主要是传统的石油基弹性体材料，如乙丙橡胶（ethylene-propylene rubber，EPR）、顺丁橡胶（*cis*-polybutadiene rubber，BR）、苯乙烯-丁二烯-苯乙烯嵌段共聚物（styrene-butadiene-styrene block copolymer，SBS）、聚烯烃弹性体（polyolefin elastomer，POE）等。采用生物基 EUG 增韧 PP 符合绿色、可持续发展大趋势，科研人员详细研究了 EUG 的用量对 PP/EUG 共混物的热性能、力学性能及增韧效果的影响[5,6]。

3.1.1　PP/EUG 共混物的制备

将一定比例的 PP 和 EUG（EUG 的质量分数为 0、5%、10%、15%、20%、25% 和 30%）均匀混合后，用双螺杆挤出机（螺杆长径比为 34/1）挤出造粒。挤出机加热段分为输送、熔融、混炼、排气、均化五段，对应温度分别设定为 180℃、180℃、190℃、200℃、200℃，机头温度设为 180℃，螺杆转速为 100r/min。挤出物经过水冷却，干燥后，将出料用切粒机粉碎成颗粒。将粒状共混物通过注射机注塑成型得到 PP/EUG 共混物试样，其中料筒温度 190～220℃，模温 40～50℃，注射压力 120MPa。

3.1.2　PP/EUG 共混物的热性能

图 3.1 和表 3.1 为 PP 及 PP/EUG 共混物的 DSC 曲线和热性能数据。从曲线中

可以看出在 120℃左右出现了 PP 结晶峰，160℃左右出现了 PP 的晶体熔融吸热峰。并且当 EUG 质量分数超过 15%时，在 23℃左右出现了一个新的结晶峰，67℃左右出现了一个新的熔融峰，分别为 EUG 的结晶峰和晶体熔融峰，且此峰面积随着 EUG 质量分数增加而增大，表明体系中引入了更多的 EUG 相。从图 3.1（a）中可以看出，随着 EUG 质量分数增加，PP/EUG 共混物中 PP 相的结晶温度先升高后降低，但图 3.1（b）中 PP 相的熔融温度并未有明显的变化。当 EUG 质量分数较低时，EUG 在 PP 相中起到了成核剂的作用，促进了 PP 链段的结晶，使其结晶温度和结晶度提高。当 EUG 质量分数为 10%时，共混物中 PP 的结晶度 X_c 最大，为 30.4%。当 EUG 质量分数较高时，由于 PP 和 EUG 之间相容性较高，所以 PP 和 EUG 两相间物理缠结作用较强，起到物理交联的作用，导致 PP 大分子链的运动能力减弱，结晶程度下降。当添加了 30%质量分数的 EUG 时，共混物中 PP 的 X_c 由 30.4%下降到了 20.6%。但 PP/EUG 共混物整体的结晶度都比纯 PP 高，说明 EUG 的引入对 PP 相起到了成核剂的作用，促进了 PP 的结晶。

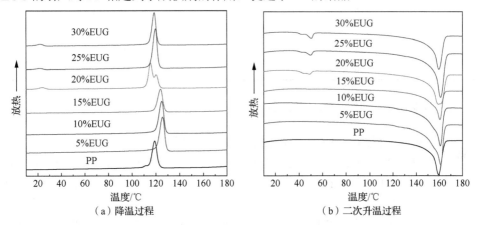

（a）降温过程　　　　　　　（b）二次升温过程

图 3.1　PP 及 PP/EUG 共混物的 DSC 曲线

表 3.1　PP 及 PP/EUG 共混物的热性能数据

EUG 质量分数/%	T_m/℃	ΔH_m/（J/g）	X_c/%
0	159.4	39.6	19.1
5	161.3	53.9	26.0
10	160.9	62.8	30.4
15	160.6	46.9	22.7
20	161.6	52.2	25.2
25	161.2	43.9	21.2
30	159.7	42.7	20.6

3.1.3　PP/EUG 共混物的熔融指数

表 3.2 为 PP/EUG 共混物的熔融指数随 EUG 质量分数的变化趋势，纯 PP 的熔融指数为 10g/10min，随着 EUG 质量分数增加，PP/EUG 共混物的熔融指数逐渐增大，共混物的熔体流动性能得到改善。当 EUG 质量分数为 30%时，PP/EUG 共混物的熔融指数达到 24.9g/10min，是纯 PP 的近 2.5 倍。这说明 EUG 的加入改善了 PP 的加工性能，使加工过程中消耗的能量降低。

表 3.2　PP/EUG 共混物的熔融指数（230℃）

EUG 质量分数/%	熔融指数/（g/10min）
0	10
5	9.42
10	12.9
15	16.2
20	20.1
25	20.7
30	24.9

3.1.4　PP/EUG 共混物的力学性能

材料韧性的提高可以通过冲击性能和拉伸性能进行判断。图 3.2 为 PP/EUG 共混物的缺口冲击强度和拉伸强度随 EUG 质量分数变化的曲线。从图 3.2（a）中可以看出 EUG 加入后，PP/EUG 共混物的冲击强度明显提高，并且随着 EUG 质量分数增加先提高后略有降低。当 EUG 质量分数为 25%时，PP/EUG 共混物的冲击强度达到最大值，为 6.9kJ/m^2，相较于纯 PP 的冲击强度（3.4kJ/m^2）提高了 100%。由此可见，PP 和 EUG 之间具有较好的相容性，EUG 的加入明显提高了 PP 的抗冲击性能。从图 3.2（b）中可以看出，PP/EUG 共混物的拉伸强度随着 EUG 质量分数增加而逐渐下降，从 30.5MPa 下降至 21.2MPa。这是因为 EUG 自身的强度较 PP 低，这和弹性体增韧聚合物体系的普遍规律一致。

图 3.3 为 PP/EUG 共混物的应力-应变曲线和拉伸断裂样品照片，从图中可以看出试样的拉伸过程有明显的屈服和冷拉现象。PP/EUG 共混物的屈服强度随着 EUG 增加而逐渐降低，而断裂伸长率先增加后降低。纯 PP 的断裂伸长率为 110%，而 PP/EUG 共混物（20%EUG）的断裂伸长率最大，为 350%。随着 EUG 用量的进一步提高，断裂伸长率下降，主要是因为引入的 EUG 相越多，EUG 颗粒之间越容易聚集，使得 EUG 的粒径变大，材料的断裂伸长率降低。由此可见，EUG

的加入明显地提高了 PP 的拉伸韧性。PP/EUG 共混物的拉伸断裂样品照片可见明显的应力发白和细颈现象，表明样品在拉伸过程中吸收了大量的能量。

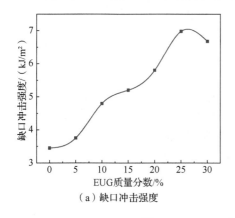
（a）缺口冲击强度

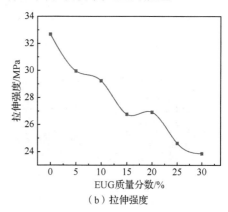
（b）拉伸强度

图 3.2　PP/EUG 共混物力学性能曲线

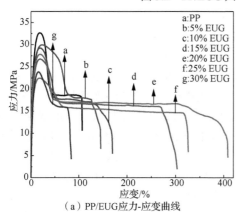
（a）PP/EUG 应力-应变曲线

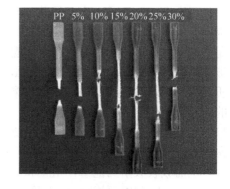
（b）PP/EUG 拉伸断裂样品照片

图 3.3　PP/EUG 共混物拉伸性能测试（拉伸速率 500mm/min）

3.1.5　PP/EUG 共混物的微观形貌

图 3.4 为不同 EUG 质量分数的 PP/EUG 共混物的拉伸断面 SEM 照片。从图 3.4（a）可以看到，纯 PP 的拉伸断裂呈平直条纹状，表面比较平滑，为典型的脆性断裂。图 3.4（b）～（d）中 PP 的拉伸断面非常粗糙，平直条纹状已经消失，断面呈现许多被拉长的纤维状，说明基体出现了明显的剪切变形，EUG 的加入起到增韧 PP 的效果。图 3.4（e）～（g）中可以观察到共混物的断面处有形状大小不规则的纤维状物产生。这表明基体在断裂前发生了大量的剪切屈服形变，从而吸收了大量的能量。

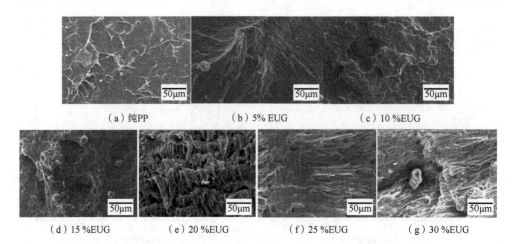

（a）纯PP　　　　　（b）5% EUG　　　　　（c）10 %EUG

（d）15 %EUG　　　（e）20 %EUG　　　（f）25 %EUG　　　（g）30 %EUG

图 3.4　不同 EUG 质量分数的 PP/EUG 共混物的拉伸断面 SEM 照片

图 3.5 为不同 EUG 质量分数的 PP/EUG 共混物的 POM 照片。由纯 PP 的 POM 照片可看出 PP 球晶较大、规整，并呈放射状生长，为典型的放射状球晶。其无定型区集中在球晶之间的边界区，晶体彼此之间的联系很少，为一个个孤立的球晶，球晶中心可能存在着很严重的应力集中，从而使应力开裂，最终造成材料的破坏，因而导致纯 PP 的缺口冲击强度较低。在 EUG 与 PP 共混中，由于两种物质的相容性较好，添加的 EUG 以微粒的形式随机分布在 PP 的连续相中，使得 PP 的球晶尺寸变小，界限模糊，无定型区增多，变成细且密的球晶，形成所谓的"海-岛"结构［图 3.5（g）］。EUG 增韧 PP 的机理遵从银纹和剪切带的增韧理论，在外力的作用下，EUG 作为应力集中点能够引发大量的银纹和产生剪切屈服形变，从而吸收大量的能量，阻止和终止银纹的发展，不至于产生破坏性的裂纹，与此同时，生长的银纹遇到分散的粒子或银纹与银纹相遇时会使银纹转向和支化。银纹的支化和分裂增加了对能量的吸收，控制了银纹的发展，阻止其扩展为裂纹，从而共混物具有优异的韧性。

以上研究表明，EUG 的加入能够明显改善 PP 的韧性，使其缺口冲击强度从 $3.4kJ/m^2$ 提高到 $6.9kJ/m^2$，断裂伸长率从 110% 提高到 350%，在外力作用下，EUG 相作为应力集中中心引发 PP 基体发生剪切屈服和银纹化，从而使 PP 基体发生脆-韧转变，进而实现了对 PP 的增韧。

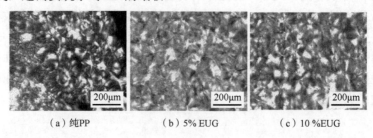

（a）纯PP　　　　　（b）5% EUG　　　　　（c）10 %EUG

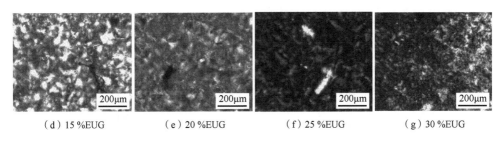

(d) 15 %EUG   (e) 20 %EUG   (f) 25 %EUG   (g) 30 %EUG

图 3.5 不同 EUG 质量分数的 PP/EUG 共混物的 POM 照片

3.2 杜仲胶增韧改性尼龙

尼龙（聚酰胺）是目前应用最广泛的一类通用工程塑料，广泛应用于汽车、家用电器及运动器材等零部件的制造[2]。尼龙 6（聚己内酰胺，PA6）是重要的尼龙品种之一，它的优点是耐磨、耐油、耐冲击、耐疲劳、耐腐蚀，自润滑性能优良，摩擦系数小，应用十分广泛。PA6 的缺点是低温冲击性能差，限制了其应用[3]。玻璃纤维（glass fiber，GF）改性 PA6 材料的机械性能、耐热性能、尺寸稳定性及耐化学腐蚀性等都会提高[4-6]，但 PA6/GF 共混体系界面相容性差，玻璃纤维加入后复合体系的脆性增加[7-9]。因此，采用 EUG 对 PA6/GF 复合材料进行增韧改性。

3.2.1 PA6/EUG/GF 复合材料的制备

将一定比例 EUG 与 PA6/GF 复合材料均匀混合后，用双螺杆挤出机（螺杆长径比为 34/1）挤出造粒，其中 EUG 的质量分数为 0、5%、10%、15%、20%、25%和 30%，GF 的质量分数为 PA6 的 30%。挤出机加热段的五段区域的温度分别设定为 220℃、230℃、240℃、240℃、240℃，机头温度为 220℃，螺杆转速为 100r/min，挤出物用水冷却，干燥后，出料用切粒机粉碎成颗粒。将粒状共混物通过注射机注塑成型得到 PA6/EUG/GF 复合材料，其中料筒温度 220～240℃，模温 40～50℃，注射压力 120MPa。

3.2.2 PA6/EUG/GF 复合材料的冲击性能

韧性是聚合物材料重要的性能之一，材料的韧性通常用冲击强度的大小来表征。如图 3.6 所示为不同 EUG 质量分数对 PA6/EUG/GF 复合材料缺口冲击强度的影响曲线。由图 3.6 可以看出，随着 EUG 质量分数增加，PA6/EUG/GF 复合材料的冲击强度先逐渐增大，然后下降，在 EUG 质量分数为 20%时出现最大值。当 EUG 质量分数为 0%时，PA6/GF 复合材料的冲击强度为 9.2kJ/m^2；当 EUG 质量分数为 20%时，PA6/EUG/GF 复合材料的冲击强度达到最大值 11.7kJ/m^2，提高了近 27%。

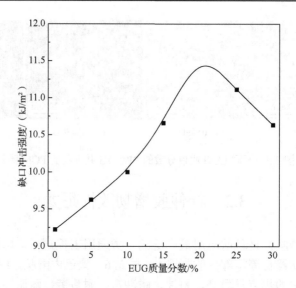

图 3.6　不同质量分数对 PA6/EUG/GF 复合材料的缺口冲击强度曲线

3.2.3　PA6/EUG/GF 复合材料的拉伸性能

　　如图 3.7 所示为不同质量分数 EUG 对 PA6/EUG/GF 复合材料的拉伸强度和断裂伸长率的影响关系曲线。从图 3.7（a）可以看出，随着 EUG 用量（质量分数）增加，PA6/EUG/GF 复合材料的拉伸强度逐渐下降，当 EUG 质量分数为 30% 时，拉伸强度下降至 86MPa，依然较高。从图 3.7（b）可以看出，PA6/EUG/GF 复合材料的断裂伸长率随着 EUG 质量分数增加而明显提高。当 EUG 质量分数为 30% 时，PA6/EUG/GF 复合材料的断裂伸长率为 4%，比未加 EUG 的 PA6/GF 复合材料提高了 3.5 倍。由此可见，添加 EUG 后，PA6/EUG/GF 复合材料的拉伸强度下降而断裂伸长率增加，说明 EUG 的添加对 PA6/GF 复合材料起到了增韧作用。

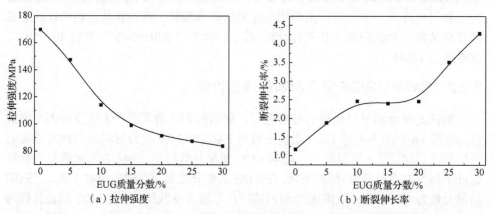

（a）拉伸强度　　　　　　　　　　（b）断裂伸长率

图 3.7　不同质量分数 EUG 对 PA6/EUG/GF 复合材料的拉伸性能（拉伸速率 500mm/min）

3.2.4　PA6/EUG/GF 复合材料的热性能

如图 3.8 所示为 PA6/EUG/GF 复合材料的 DSC 曲线。从图 3.8（a）中可以看出，所有曲线在 190℃左右出现 PA6 的结晶峰，在 220℃左右出现了 PA6 的结晶熔融峰。当 EUG 质量分数大于 10%后，在 19℃左右出现了 EUG 的结晶峰，在 51℃左右出现了 EUG 晶体熔融峰。随着 EUG 质量分数增加，PA6 的熔点基本不变，说明 EUG 与 PA6/GF 复合材料共混，仍保持了 PA6 耐高温的优点。此外，PA6 的熔融峰呈现双峰，PA6 结晶速率比较慢，因此不同的热历史可以造成不同的结晶和熔融过程。在慢速升温过程中，由于 PA6 形成的片晶部分熔化，未熔化部分可作为成核点，形成熔融再结晶，这种结晶可以在更高的温度熔化，从而形成熔融双峰。从表 3.3 中可以看出 EUG 质量分数对 PA6/EUG/GF 复合材料结晶度的影响，随 EUG 质量分数增加，PA6/EUG/GF 复合材料的结晶度有所下降，证实 EUG 大分子链的加入对 PA6 的结晶起到了一定的抑制作用。

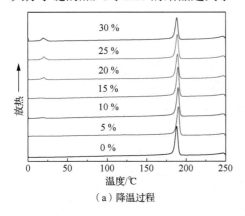 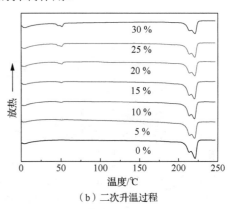

（a）降温过程　　　　　　　　　　　　　（b）二次升温过程

图 3.8　PA6/EUG/GF 复合材料的 DSC 曲线

表 3.3　PA6/EUG/GF 复合材料的 DSC 热性能数据

EUG 质量分数/%	T_{m}/℃	ΔH_{m}/（J/g）	X_{c}/%
0	221	38.0	16.5
5	220	37.3	16.2
10	220	33.9	14.8
15	220	34.2	14.9
20	220	34.2	14.9
25	220	33.6	14.6
30	220	32.8	14.2

3.2.5 PA6/EUG/GF 复合材料的微观形貌

图 3.9 是 PA6/EUG/GF 复合材料冲击断面的 SEM 照片。从图 3.9（a）可以看到纯 PA6/GF 复合材料的冲击断裂面为典型的脆性断裂，断面呈平直条纹状，表面平滑，GF 基本都被拔出。添加 EUG 后，PA6/EUG/GF 共混物的冲击断面开始变得粗糙，图 3.9（e）～（g）中 PA6/EUG/GF 复合材料的冲击断面非常粗糙，平直条纹已经消失，GF 虽有拔出，但大都被 PA6/EUG/GF 共混物所包裹。尤其是图 3.9（g）中可以观察到 PA6/EUG/GF 复合材料的断口处有丝状物，实现了脆性断裂向韧性断裂的转变，说明 EUG 的存在明显起到增韧的效果。EUG 的加入促进了玻璃纤维表面树脂包覆层的形成，从而显著提高了玻璃纤维与树脂间的界面相模量、界面黏结强度，这对复合材料力学性能的改善非常有利，与复合材料缺口冲击强度从 $9.2kJ/m^2$ 提高到 $11.7kJ/m^2$、断裂伸长率从 1%提高到 4%的结果相符。

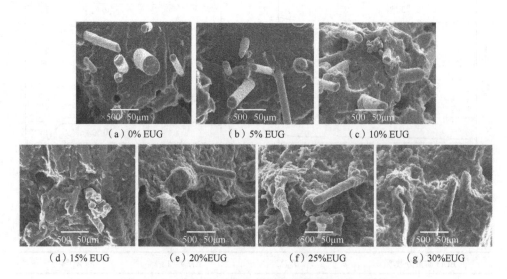

（a）0% EUG　　　　　（b）5% EUG　　　　　（c）10% EUG

（d）15% EUG　　（e）20%EUG　　（f）25%EUG　　（g）30%EUG

图 3.9　PA6/EUG/GF 复合材料冲击断面的 SEM 照片

3.3　杜仲胶改性聚乳酸

聚乳酸（polylactic acid，PLA）是目前应用潜力最大的生物降解塑料，其可以由含糖、淀粉、纤维素等生物质材料为原料，经发酵制成乳酸，再由乳酸聚合而成。PLA 因其优异的生物相容性、生物降解性，以及良好的机械性能及物理性能等，可用于包装材料、纤维、医用材料、汽车内饰件及部分结构件等领域，应用前景广阔。然而 PLA 脆性大、韧性差、抗冲击和抗撕裂强度低，这极大限制了其应用[7]，需对其进行增韧改性。目前所采用的增韧 PLA 方法包括增塑改性、共聚或共混改性等。采用传统的石油基聚合物增韧聚乳酸会使共混物失去来源的可再生性和产物的可降解性，开发一种可与石油基增韧剂效果相媲美的生物基 PLA 增韧剂至关重要。因此，采用 EUG 对 PLA 进行增韧改性，并取得了一定的成果[8,9]。

3.3.1 PLA/EUG 共混物的制备

将 PLA 和 EUG 置于 40℃真空干燥箱中干燥 24h。然后按照一定的比例（EUG 质量分数为 0%、5%、10%、15%和 20%）将干燥好的 PLA 与 EUG 混合均匀，加入转矩流变仪进行熔融共混。混炼温度为 170℃，转速为 80r/min，共混时间为 8min。最后将所得的共混物在 180℃、10MPa 压力下模压成型，用于性能测试。PLA/EUG 共混物简写成 PLA/EUG-x，其中 x 代表 EUG 的质量分数，如 PLA/EUG-10 代表 EUG 质量分数为 10%的 PLA/EUG 共混物。

3.3.2 PLA/EUG 共混物动态热机械性能

共混物的 T_g 可用于判断两组分的相容性[10,11]。若两组分完全相容，则可形成均相材料，表现出一个 T_g；若两组分完全不能相容，则发生相分离，表现出两相各自的 T_g；若两组分部分相容，两相的 T_g 相互靠近，移动的多少与两组分相容程度有关。为了表征 PLA/EUG 的相容性，对不同用量 EUG 增韧改性 PLA 共混物的动态热机械性能进行了表征，如图 3.10 所示。从图 3.10（a）中可以看出，PLA/EUG 共混物的 tanδ 随温度变化曲线在测试温度范围内出现双峰，分别为 PLA 和 EUG 的 T_g，表明 PLA/EUG 为热力学不相容体系。

图 3.10（b）为共混物 PLA/EUG 储能模量随温度的变化曲线。在测试温度范围内，共混物的储能模量 E' 出现多处变化。在低温区域 EUG 的加入导致模量下降，表明 EUG 的模量低于 PLA；在 60℃附近，PLA 发生玻璃化转变导致模量进一步下降；在 105℃，PLA 的冷结晶导致模量升高；当温度超过 130℃，PLA 的结晶熔融使得模量进一步下降。共混物的 E' 随着 EUG 质量分数增加而下降。从图中我们也可以看出 PLA/EUG 共混物的冷结晶温度向高温方向移动，这表明引入弹性粒子 EUG 使得 PLA 的冷结晶温度升高。

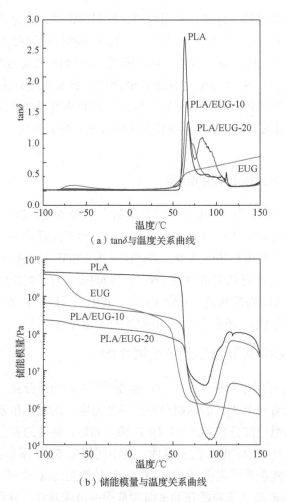

（a）tanδ 与温度关系曲线

（b）储能模量与温度关系曲线

图 3.10　PLA、EUG 及 PLA/EUG 共混物的动态热机械性能曲线

3.3.3　PLA/EUG 共混物的微观形貌

　　二元聚合物共混物最终的力学性能很大程度上依赖于两相形态，对 PLA/EUG 共混物冷冻淬断面进行观察，其 SEM 照片如图 3.11 所示。从图中可以看出，EUG 粒子较为均匀地分散在 PLA 基体中，呈现典型的"海-岛"结构，为典型的相分离体系。

　　随机选取了 100 个 EUG 粒子，通过粒径分析软件计算得到了分散相 EUG 的平均粒径及粒径分布，如图 3.12 所示。EUG 质量分数为 10%、15%、20%、25% 和 30% 的 PLA/EUG 共混物平均粒径分别为 2.03μm、2.36μm、2.17μm、2.65μm 和 3.72μm。由此可见 PLA/EUG 共混物中 EUG 的分散相尺寸为微米级，随着 EUG

质量分数增加，EUG 的粒径逐渐增大，粒径尺寸分布变宽，这是由于在共混物中引入了更多的分散相 EUG，分散相 EUG 发生聚集。

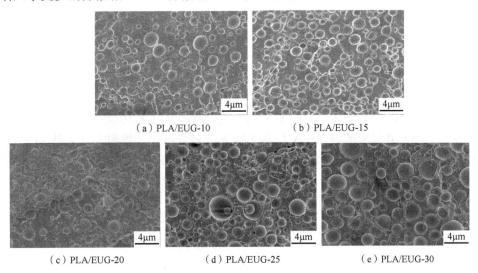

（a）PLA/EUG-10　　　　　　　　　　　（b）PLA/EUG-15

（c）PLA/EUG-20　　　　　（d）PLA/EUG-25　　　　　（e）PLA/EUG-30

图 3.11　PLA/EUG 共混物冷冻淬断面的 SEM 照片

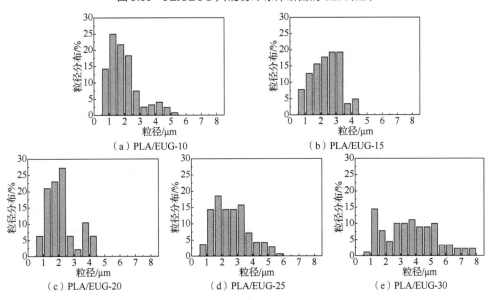

（a）PLA/EUG-10　　　　　　　　　　　（b）PLA/EUG-15

（c）PLA/EUG-20　　　　　（d）PLA/EUG-25　　　　　（e）PLA/EUG-30

图 3.12　PLA/EUG 共混物中 EUG 的粒径尺寸及其分布图

3.3.4　PLA/EUG 共混物的热性能及结晶性能

图 3.13 和表 3.4 为 PLA、EUG 及 PLA/EUG 共混物的 DSC 曲线及相关热性

能数据。降温曲线中，纯 PLA 在约 58℃处表现出明显的玻璃化转变台阶，无明显结晶峰出现；而升温曲线中，PLA 在约 61℃时也出现明显的玻璃化转变，在 112.9℃处出现冷结晶峰，在 149℃处出现熔融峰。纯 EUG 在-50℃附近表现出明显的 T_g，在 26℃处呈现出非常尖锐的结晶峰，在 49℃处出现熔融峰。从升温曲线中可以看出，所有的 PLA/EUG 共混物都表现出 EUG 和 PLA 各自的转变温度，分别为 EUG 的熔融峰（$T_{m, EUG}$，49～53℃）、PLA 的玻璃化转变（$T_{g, PLA}$，62～63℃）、PLA 的冷结晶峰（$T_{cc, PLA}$，126～130℃）、PLA 的熔融峰（$T_{m, PLA}$，152～154℃）。随着 EUG 质量分数增加，共混物中 PLA 的冷结晶温度 T_{cc} 和熔点 T_m 都向高温方向移动，而且其对应的峰面积ΔH_{cc}和ΔH_m随之逐渐减少，说明大分子链 EUG 的加入限制了 PLA 分子链的运动，降低了 PLA 的冷结晶能力，使得 PLA 的冷结晶程度降低。

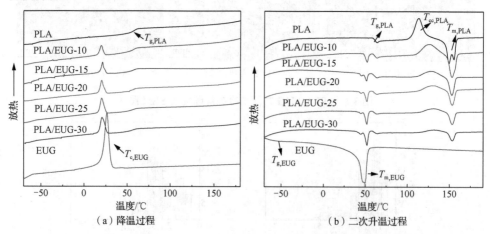

（a）降温过程　　　　　　　　　（b）二次升温过程

图 3.13　PLA、EUG 及 PLA/EUG 共混物的 DSC 曲线

表 3.4　PLA、EUG 及 PLA/EUG 共混物的 DSC 热性能数据

样品	EUG	PLA				
	T_m/℃	T_g/℃	T_{cc}/℃	ΔH_{cc}/（J/g）	T_m/℃	ΔH_m/（J/g）
PLA	—	61.4	112.9	27.6	149.0	27.2
PLA/EUG-10	52	62.2	126.2	23.1	153.0	22.6
PLA/EUG-15	52.2	62.8	129.2	13.5	152.8	15.4
PLA/EUG-20	52.0	62.6	126.0	10.1	153.3	14.9
PLA/EUG-25	51.9	62.6	130.3	7.9	153.3	11.6
PLA/EUG-30	52.1	62.7	129.7	4.9	153.5	10.2
EUG	49.3	—	—	—	—	—

图 3.14 为 PLA、EUG 及 PLA/EUG 共混物的 XRD 曲线，从图中可以看出纯
PLA 在 15°~25°是一个大的宽峰，说明 PLA 以无定型结构存在。纯 EUG 在 18.8°
和 22.8°处附近出现非常明显的衍射峰，这是典型的杜仲胶结晶衍射峰，对应 β-
晶型[12]。PLA/EUG 共混物的 XRD 谱图中都出现了 EUG 的特征衍射峰，说明 EUG
以结晶态存在于 PLA 基体中，简单的共混并没有改变 EUG 结晶状态。

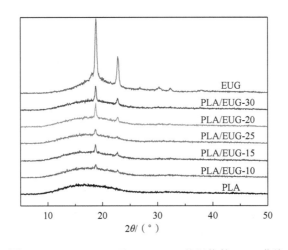

图 3.14　PLA、EUG 及 PLA/EUG 共混物的 XRD 曲线

3.3.5　PLA/EUG 共混物的流变性能

为了进一步研究 EUG 对 PLA/EUG 共混物流变性能的影响，我们采用拓展流
变仪对其进行表征。图 3.15 为纯 PLA、EUG 及其共混物的复合黏度 η^*、储能模
量 G' 随频率的变化关系。从图 3.15（a）中可以看出，对于纯 PLA，η^* 对频率的
依赖性很小，显示出牛顿流体的特征，而对于纯 EUG，η^* 随着频率增加而降低，
表现出明显的假塑性流体行为，具有非常明显的切力变稀现象，这是典型的聚合
物分子链解缠绕特征。PLA/EUG 共混物的 η^* 随着 EUG 质量分数增加而逐渐增加，
这是由于 EUG 具有相对较高的 η^*。

图 3.15（b）为共混物的储能模量 G' 随频率变化的曲线。从图中可以看出，
PLA/EUG 共混物的 G' 随着频率增加而增加。在低频区，G' 随着 EUG 质量分数增
加而逐渐增加，表现出低频率依赖性，为典型的非末端行为。而这种非末端行为
是由弹性的橡胶粒子在剪切过程中发生变形、恢复所产生的。在高频区，PLA/EUG
共混物的 G' 与两基体的区别不大。

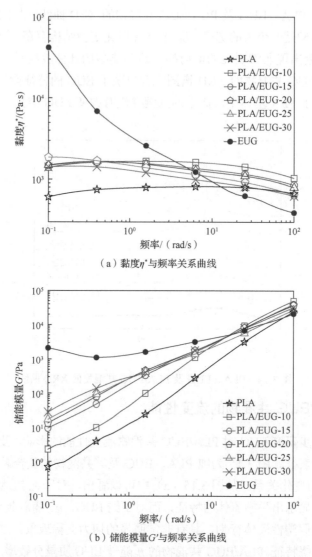

（a）黏度 η^* 与频率关系曲线

（b）储能模量 G' 与频率关系曲线

图 3.15　PLA、EUG 及 PLA/EUG 共混物的流变性能曲线

3.3.6　PLA/EUG 共混物的力学性能

　　PLA 及 PLA/EUG 共混物的应力-应变曲线如图 3.16 所示。从图中可以看出，纯 PLA 的拉伸强度为 58.2MPa，断裂伸长率为 5%，在拉伸过程中无明显的屈服现象，表现出脆性断裂。随着 EUG 的加入，PLA 基体材料的拉伸行为发生了明显的变化。PLA/EUG 共混物的应力-应变曲线表现出明显的屈服和冷拉现象，共混试样在拉伸过程中有明显的应力发白和瓶颈收缩现象，拉伸断面粗糙不规则，

说明材料由脆性断裂向韧性断裂转变。随着 EUG 质量分数增加，PLA/EUG 共混物的拉伸强度、拉伸模量逐渐下降，断裂伸长率先升高后降低。共混物的拉伸强度和拉伸模量明显低于纯 PLA，这是因为 EUG 具有低的拉伸强度和模量；但共混物的断裂伸长率先增加后降低，这是引入过多的 EUG 导致其在 PLA 基体中的分散性变差所致。当 PLA/EUG 共混物中 EUG 的质量分数为 15%时，PLA/EUG 共混物的断裂伸长率达到最大值 81%，比纯 PLA 提高了 15.2 倍。

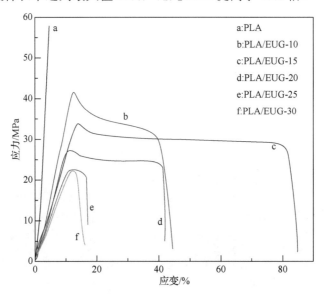

图 3.16　PLA 及 PLA/EUG 共混物的应力-应变曲线

　　PLA 具有缺口敏感性，因此材料的缺口冲击强度的提高能够充分表征这种材料的韧性[11]。图 3.17 为 PLA/EUG 共混物的缺口冲击强度，可以看出随着 EUG 质量分数增加，冲击强度先升高后下降，当 PLA/EUG 共混物中 EUG 的质量分数为 10%时，共混物的缺口冲击强度达到了最高值，为 21.1kJ/m^2，是纯 PLA 的 5.8 倍。

　　通过观察 PLA/EUG 共混物冲击断面的形貌推断其性能的变化原因，从 SEM 照片（图 3.18）中可以看出纯 PLA 的断面平整光滑，为明显的脆性断裂。而 PLA/EUG 共混物的断面比较粗糙，且在断面表面存在大量分布相对均匀的孔洞，为 EUG 粒子。在断裂过程中，球形的 EUG 粒子起到应力集中的作用，吸收和耗散了更多的断裂能，从而提高了 PLA/EUG 共混材料的韧性。随着 EUG 质量分数增加，断裂面的粗糙度加剧，EUG 更易于聚集在一起形成更大的颗粒，导致 PLA 与 EUG 两相界面结合力更差，更容易变形以及从 PLA 基体中脱除。由于相分离严重，EUG 质量分数过高不利于提高共混物的力学性能。

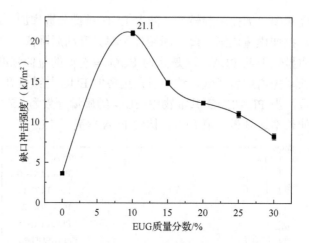

图 3.17　PLA/EUG 共混物的缺口冲击强度图

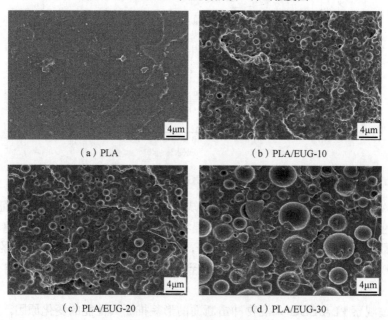

（a）PLA　　　　　　　　　　（b）PLA/EUG-10

（c）PLA/EUG-20　　　　　　　（d）PLA/EUG-30

图 3.18　PLA/EUG 共混物的冲击断面 SEM 照片

　　以上研究表明，PLA/EUG 共混物是典型的不相容体系，EUG 的加入能够有效提高 PLA 的韧性，使其从脆性断裂向韧性断裂转变，PLA/EUG 共混物的断裂伸长率可以从 5%提高到 81%，缺口冲击强度由纯 PLA 的 3.6kJ/m^2 提高到 21.1kJ/m^2，EUG 可以作为一种新型的 PLA 增韧改性剂。

3.4　环氧化杜仲胶改性聚乳酸

在之前的研究中发现 EUG 明显地改善了 PLA 的韧性，但两者是典型的不相容体系，PLA 是极性高分子材料，而 EUG 是非极性高分子材料，因此将 EUG 进行环氧化改性，在 EUG 中引入环氧基团，这些极性环氧基团的引入可以与 PLA 的极性基团产生相互作用，促进 PLA 和 EUG 大分子链之间的相互作用，进一步改善 PLA 的韧性。因此，制备了不同环氧度的环氧化 EUG（EEUG）[13]，其环氧度分别是 21%、37% 和 63%，文中之后用 EEUG-x 简写，其中 x 代表 EUG 的环氧度，如 EEUG-21 代表环氧度为 21% 的 EEUG。PLA/EEUG 共混物中 EEUG 的质量分数为 15%。关于 EEUG 的制备方法和结构表征见本书 4.1、4.2 节。

3.4.1　PLA/EEUG 共混物的微观形貌

图 3.19 为 PLA/EEUG 共混物淬断面的 SEM 照片。从图中可以观察到 PLA/EEUG 呈现典型的"海-岛"结构，EEUG 以球状颗粒分散于 PLA 基体中。与 PLA/EUG 共混物相比，分散的 EEUG 颗粒尺寸更小，分布更加均匀，这主要是因为 EEUG 中含有大量的环氧基团，显著提高了 PLA 和 EEUG 之间的相容性，使其分布粒径更小。

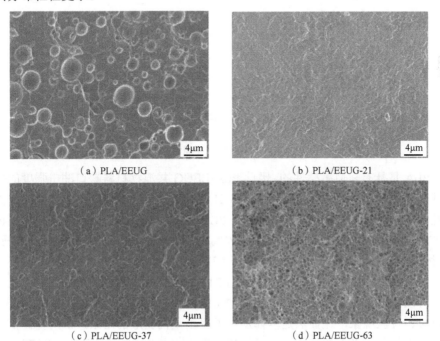

（a）PLA/EEUG　　　　　　　　　（b）PLA/EEUG-21

（c）PLA/EEUG-37　　　　　　　　（d）PLA/EEUG-63

图 3.19　PLA/EEUG 共混物淬断面的 SEM 照片

3.4.2　PLA/EEUG 共混物的力学性能

PLA 及 PLA/EEUG 共混物的应力-应变曲线如图 3.20 所示。从图中可以看到，EEUG 的加入使得 PLA 基体材料的拉伸行为发生了十分显著的变化。PLA/EEUG 共混物的试样在拉伸过程中存在明显的屈服现象，拉伸断面粗糙且不均匀，共混试样在拉伸过程中有明显的应力发白，说明共混物的柔性在提高，材料从脆性断裂向韧性断裂发生了转变。随 EEUG 环氧度增加，共混试样断裂伸长率先增加再减小后增加。当 EEUG 的环氧度为 21%时，断裂伸长率达 45%，而拉伸强度为 38.5MPa。当 EEUG 的环氧度为 63%时，断裂伸长率已达 71%，而拉伸强度为 33.2MPa。

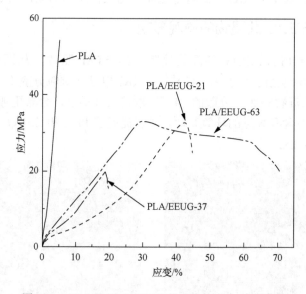

图 3.20　PLA 及 PLA/EEUG 共混物的应力-应变曲线

PLA 是具有缺口敏感性的，因此 PLA/EEUG 共混物材料缺口冲击强度的提高能够充分地表征这种材料的韧性。图 3.21 为 PLA 及 PLA/EEUG 的缺口冲击强度的柱状图。随着 EEUG 环氧度的提高，PLA/EEUG 共混物的冲击强度先提高再下降之后又提高。当 EEUG 的环氧度为 21%时，PLA/EEUG 共混物的缺口冲击强度相对于纯 PLA 约提高了 23 倍，达到了 $93kJ/m^2$。

图 3.22 为 PLA/EUG 和 PLA/EEUG-21 共混物的冲击断面 SEM 照片。从图中对比可以看出，PLA/EEUG 共混物的冲击断面较为粗糙，断面的形貌有非常明显的拉长、拉丝现象，这显然是基体发生了严重塑性变形的结果，说明基体在断裂过程中吸收了相当大的能量，从而使共混物的冲击韧性在很大程度上提高。

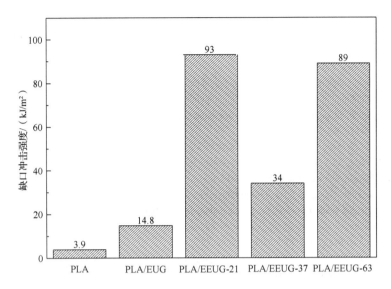

图 3.21　PLA 及 PLA/EEUG 共混物的缺口冲击强度柱状图

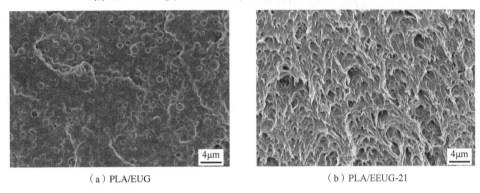

（a）PLA/EUG　　　　　　　　　　　（b）PLA/EEUG-21

图 3.22　PLA/EUG 和 PLA/EEUG-21 共混物的冲击断面 SEM 照片

3.5　本章小结

　　杜仲胶具有优异的高柔顺性和低温可塑加工性，与其他脆性塑料共混后，能明显改善聚丙烯、尼龙 6 和聚乳酸等共混物的拉伸韧性和冲击韧性，扩宽了塑料共混物的应用范围。生物基杜仲胶作为塑料的增韧改性材料可以减少传统的石油基增韧材料的使用，对于节能减排具有重要意义。

参 考 文 献

[1]　严瑞芳. 杜仲胶研究进展及发展前景[J]. 化学进展, 1995, 7(1): 65-70.

[2]　张群, 史政海. 弹性体增韧聚丙烯共混体系的研究[J]. 化工新型材料, 2010, 38(10): 126-127.

[3]　李洋, 于彦存, 韩常玉. 聚丙烯的增韧改性研究进展[J]. 塑料包装, 2018, 28(1): 17-21.

[4]　周中玉, 潘泳康, 唐颂超, 等. 增塑增韧聚丙烯的制备及其性能研究[J]. 中国塑料, 2010, 24(11): 35-38.

[5]　Fang Q, Jin X, Yang F, et al. Preparation and characterizations of Eucommia ulmoides gum/polypropylene blend[J]. Polymer Bulletin, 2016, 73(2): 357-367.

[6]　张润箐, 杨凤, 康海澜, 等. 天然杜仲橡胶/聚丙烯热塑性硫化胶的性能与微观形貌[J]. 合成橡胶工业, 2016, 39(3): 234-238.

[7]　Yu L, Deana K, Li L. Polymer blends and composites from renewable resources[J]. Progress in Polymer Science, 2006, 31(6): 576-602.

[8]　姚蕾, 郭姝, 康海澜, 等. 杜仲胶对聚乳酸的增韧改性[J]. 高分子材料科学与工程, 2017, 33(10): 39-44.

[9]　Kang H, Yao L, Li Y, et al. Highly toughened polylactide by renewable Eucommia ulmoides gum[J]. Journal of Applied Polymer Science, 2018, 135(12): 46017.

[10]　Liu T Y, Lin W C, Yang M C, et al. Miscibility, thermal characterization and crystallization of poly(l-lactide)and poly(tetramethylene adipate-co-terephthalate)blend membranes[J]. Polymer, 2005, 46(26): 12586-12594.

[11]　Li Y, Shimizu H. Toughening of polylactide by melt blending with a biodegradable poly(ether)urethane[J]. Macromolecular Bioscience, 2007, 7(7): 921-928.

[12]　Zhang J, Xue Z. A comparative study on the properties of Eucommia ulmoides gum and synthetic *trans*-1, 4-polyisoprene[J]. Polymer Testing, 2011, 30(7): 753-759.

[13]　Yang F, Liu Q, Li X, et al. Epoxidation of Eucommia ulmoides gum by emulsion process and the performance of its vulcanizates[J]. Polymer Bulletin, 2017, 74(9): 3657-3672.

第4章　杜仲胶的可控环氧化

环氧化是橡胶的重要化学改性方法之一。所谓环氧化就是将橡胶分子链的部分双键氧化为环氧基团。由于主链上环氧基团的引入，增加了橡胶分子的极性，分子间的作用力加强，从而赋予环氧化橡胶许多独特的性能，如优异的气密性、优良的耐油性、与其他材料间良好的黏合性、与其他高聚物较好的相容性等。

对于杜仲胶来说，环氧化改性的意义并不仅限于此。当前，杜仲胶的应用开发研究主要是基于杜仲胶的橡-塑二重性，将其与工业中常用橡胶、塑料共混，以改善橡胶、塑料基材的加工和使用性能，尤其是部分替代天然橡胶作为"绿色轮胎"胎面胶材料。首先，由于杜仲胶分子链柔软，且主链中富含双键，因此具有和天然橡胶类似的高弹性；然后，杜仲胶分子链对称有序，因此内摩擦小，生热低；最后，杜仲胶分子链的有序性赋予其易结晶的能力，在硫化胶中以微晶存在，可明显提高硫化胶的耐磨、耐撕裂、耐穿刺、耐屈挠龟裂、抗湿滑等力学性能[1]。但是，下述问题限制了其工业化进程。第一，由于结晶结构，杜仲胶熔点为52～63℃，常温下处于玻璃态，为硬皮革质地。在现有的橡胶加工设备下，杜仲胶与软质传统橡胶共混的过程中无法做到工艺同步，需增加加工工序，同时增加能耗。第二，硬皮革质地杜仲胶的引入使硫化胶的加工性能变差[2]，难以实现物料的良好分散，致使硫化胶性能不稳定。第三，硫化胶中杜仲胶的结晶度、晶体结构的可控性及其与硫化胶性能的对应关系仍有待进一步深入研究。环氧化改性可以通过调控环氧度和环氧基团的均匀分布实现对杜仲胶分子链的规整性和有序性的调控，进而调控杜仲胶的结晶度和晶体结构，从而实现高弹性和塑性的调控以及杜仲胶的常温加工。另外，高活性环氧基团的引入也为后续杜仲胶的功能化改性提供了化学基础。

4.1　环氧化杜仲胶的合成

环氧化橡胶的合成方法主要有溶液法和水相悬浮法。溶液法是将橡胶先溶解到烃类或芳烃类溶剂中配成一定浓度的溶液，然后再加入有机过氧酸进行环氧化。此法虽然可以实现很高的环氧化程度，但这种反应体系黏度大，传热及后处理困难，而且需采用大量昂贵的溶剂[3]。水相悬浮法虽然可以克服溶液法高黏度带来的一系列问题，但是由于液固两相反应，难以实现高环氧度，且环氧基团分布不均匀[4]。生物合成的杜仲胶分子链以亲水性的酯基封端[5]，这一结构特点赋予杜仲胶一定的水溶性。鉴于此，采用乳液法，以过氧化氢和甲酸原位生成的过氧甲酸为氧化剂对杜仲胶进行了环氧化改性，反应机理见图 4.1。环氧化产物环氧度可调控，环氧基团均匀分布[6]。为了对比，也采用溶液法对杜仲胶进行了环氧化改性。

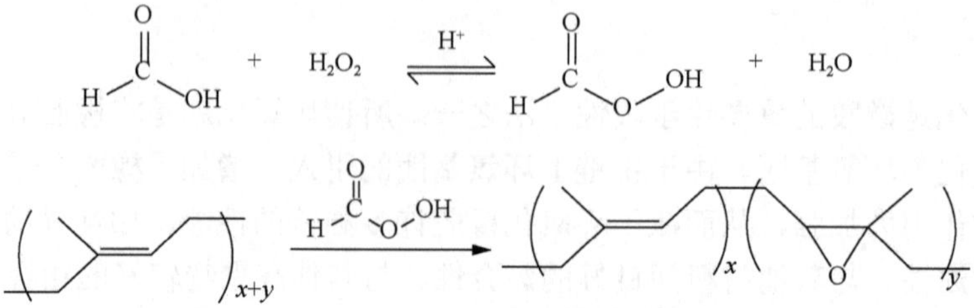

图 4.1　杜仲胶环氧化反应示意图

4.1.1　乳液法合成 EEUG

1. 溶剂的影响

根据杜仲胶的溶解性，分别采用甲苯（PhMe）-H_2O、石油醚（MSO）-H_2O、己烷（Hex）-H_2O、四氢呋喃（THF）-H_2O 四种体系配置了杜仲胶的乳液。表 4.1 对比了不同溶剂对乳液稳定性和产物环氧度的影响。可以看出，PhMe、MSO 和 Hex 均可形成稳定的乳液，但环氧化程度有所差异。其中 MSO 为溶剂体系产物环氧度最高，可达到 24.2%。其次是 PhMe 体系，环氧度为 20.6%，而且体系黏度较低，利于传质传热。Hex 体系所得环氧度值最低，为 18.2%。THF 体系不能形成稳定的乳液。因为 THF 与 H_2O 互溶，H_2O 加入 THF/EUG 溶液时，杜仲胶迅速从溶液中沉淀出来。

表 4.1　溶剂种类对乳液稳定性和产物环氧度的影响

溶剂	乳液稳定性	E/%
PhMe	稳定	20.6
MSO	稳定	24.2
Hex	稳定	18.2
THF	分相	—

环氧度 E 是指 EEUG 中环氧基团的物质的量占反应前 EUG 的碳碳双键总物质的量的比例，计算公式为

$$E = \frac{A_{2.70}}{A_{5.14} + A_{2.70}} \times 100\%　　　　（4.1）$$

式中，$A_{2.70}$ 为 ^{1}H-NMR 谱图中环氧基团碳上质子吸收峰面积；$A_{5.14}$ 为双键碳上不饱和质子吸收峰面积。

2. EUG-PhMe-H₂O 体系分析

乳化程度的改善不仅有利于提高乳液的稳定性，而且有利于提高环氧化反应的效率和均匀性。因此对 EUG-PhMe-H$_2$O 乳液体系进行了分析。图 4.2 为 EUG-PhMe-H$_2$O 乳液分别滴入 PhMe 和 H$_2$O 中扩散后的照片。可以看出，在 PhMe 中乳液仍然呈液滴状，而滴入 H$_2$O 中液滴则迅速扩散开，说明 EUG-PhMe-H$_2$O 乳液为水包油（oil in water，O/W）型。图 4.3 为固含量为 10% 的 EUG-PhMe-H$_2$O 乳液放置 24h 后的粒径分布图，可以看出，粒径分布在 700～1100nm，多分散性为 0.005，即为单分散分布，证实 EUG-PhMe-H$_2$O 体系为稳定的乳液。

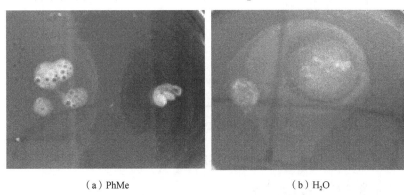

（a）PhMe　　　　　　　　　　　　　　（b）H₂O

图 4.2　EUG-PhMe-H₂O 乳液分别滴在 PhMe 和 H₂O 中扩散后的照片

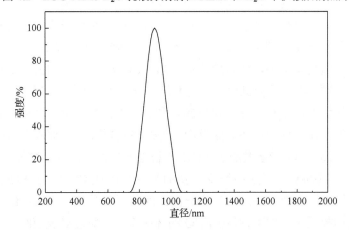

图 4.3　固含量为 10% 的 EUG-PhMe-H₂O 乳液放置 24h 后的粒径分布图

图 4.4 给出 EUG-PhMe-H$_2$O 乳液体系示意图，EUG 溶解在甲苯溶液中，EUG 的甲苯溶液以球形液滴的形式均匀分散在水相中。EUG 分子链端的酯基具有亲水性，分布在甲苯和水的界面处，起到乳化作用。过氧化氢和甲酸均为水溶性，且浓度低，以单分子状态均匀分布在水相中，并原位反应生成过氧化试剂过氧甲酸。由于乳胶粒的粒径小，表面积大，且数目巨大，利于 EUG 与过氧甲酸相互接触并发生环氧化反应。

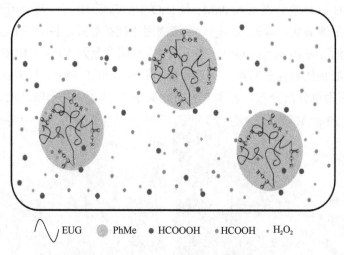

图 4.4　EUG-PhMe-H$_2$O 乳液体系示意图

3. 反应条件对环氧度的影响

杜仲胶环氧化反应是过氧化氢和甲酸原位生成过氧甲酸，过氧甲酸将杜仲胶主链中的碳碳双键氧化为环氧基团。在这个过程中，反应温度、反应时间、反应物用量等不仅会影响环氧度，还可能导致环氧基团的开环等副反应[7]。如表 4.2 所示，随着甲酸用量增加，环氧度增加，当[HCOOH]：[H$_2$O$_2$]大于 0.8：1，环氧度增加幅度变缓。根据反应机理，甲酸不仅是反应物，还是过氧化反应的催化剂，适当用量的甲酸有助于加速环氧化反应，利于得到高环氧度。然而，过量的甲酸也会催化环氧基团开环或扩环等副反应，导致环氧含量降低。随着 EUG 用量增加，环氧度增加，高 EUG 用量增加了 EUG 乳胶粒子的数目，进而增加了 EUG 乳胶粒子与过氧化试剂发生反应的概率，从而加快反应速率。但当 EUG 用量达到 12%，乳液体系失去稳定性，发生相分离。随着温度升高，环氧度线性增加，因此可以通过调控反应温度来调控 EEUG 的环氧度。环氧度对反应时间不敏感，但反应时间过长会促进降解等副反应的发生，从而导致分子量明显下降。

表 4.2　反应条件对环氧度的影响

[HCOOH]∶[H₂O₂]	EUG 用量/%	T/℃	t/h	E/%
0.4∶1	8.0	40	5	8.3
0.5∶1	8.0	40	5	13.6
0.6∶1	8.0	40	5	19.6
0.8∶1	8.0	40	5	24.1
1.0∶1	8.0	40	5	25.6
0.6∶1	6.0	40	5	10.8
0.6∶1	8.0	40	5	19.6
0.6∶1	10.0	40	5	26.2
0.6∶1	12.0	40	5	—
0.6∶1	8.0	25	5	0
0.6∶1	8.0	30	5	3.8
0.6∶1	8.0	35	5	9.9
0.6∶1	8.0	40	5	19.6
0.6∶1	8.0	45	5	24.8
0.6∶1	8.0	50	5	27.2
0.6∶1	8.0	40	2	14.7
0.6∶1	8.0	40	4	16.9
0.6∶1	8.0	40	5	19.6
0.6∶1	8.0	40	6	20.1

4.1.2　溶液法合成 EEUG

为了与乳液法合成环氧化杜仲胶对比，采用溶液法合成了环氧化杜仲胶，考察了反应温度、[C═C]∶[HCOOH]∶[H₂O₂]等反应条件对环氧度的影响。

从图 4.5 中可以看出，随着反应温度升高，环氧度持续增大，当温度达到 45℃ 后，环氧度增大幅度变缓。这是因为提高反应温度可降低体系黏度，有利于杜仲胶在溶剂中的溶解与扩散，从而提高反应速率和环氧度。但杜仲胶溶液体系黏度大，环氧化反应为放热反应，高的体系黏度不利于温度控制和体系稳定，而且，在酸和热的作用下环氧基团极易发生开环、扩环等副反应，高的反应温度会增大副反应的发生概率，加速副反应进行，甚至使副反应占据主导地位。

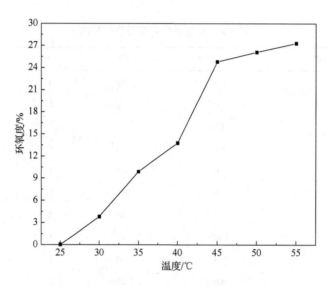

图 4.5　反应温度对环氧度的影响关系曲线

[C=C]∶[HCOOH]∶[H₂O]对 EEUG 环氧度的影响见图 4.6。可以看出，随着甲酸用量的增大，环氧度逐渐增大，当[C=C]∶[HCOOH]∶[H₂O] = 1∶0.8∶1 时，环氧度达到最大值。其后。随着甲酸的用量继续增大，环氧度急剧下降，这是由于甲酸浓度过高，环氧基团开环和扩环副反应速率增加，甚至超过了环氧化反应速率，导致环氧度急剧降低。

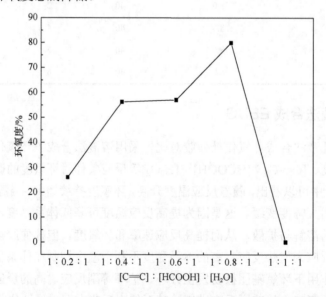

图 4.6　[C=C]∶[HCOOH]∶[H₂O]对 EEUG 环氧度的影响关系曲线

图 4.7 为 EUG 与不同环氧度 EEUG 的照片。从图 4.7 可以看出，EUG 为白色不透明硬皮革状。随着环氧度增大，EEUG 颜色逐渐变深，EEUG 的宏观状态由硬质皮革逐步转变为柔软的弹性材料。

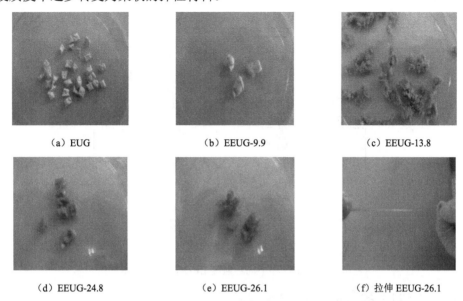

(a) EUG　　　　　　　(b) EEUG-9.9　　　　　　(c) EEUG-13.8

(d) EEUG-24.8　　　　(e) EEUG-26.1　　　　(f) 拉伸 EEUG-26.1

图 4.7　EUG 与不同环氧度 EEUG 的宏观形态对比图

综上，采用乳液法和溶液法都可以成功制备 EEUG。对比可以看出，溶液法所得 EEUG 的环氧度较高，但乳液法环氧化反应均匀，环氧度易控，并且乳液体系易于散热，反应速率和反应剧烈程度适中，反应体系平稳易控制，副反应少。

4.2　乳液法所得环氧化杜仲胶的结构

4.2.1　EEUG 的 IR 谱图分析

用 IR 和 ^{1}H-NMR 研究了环氧化反应和产物。图 4.8 为 EUG 和 EEUG 的 IR 谱图。在 EUG 的 IR 谱图中，1734cm^{-1} 处的吸收峰归属于羧基，说明生物合成的天然杜仲胶分子链中的确存在亲水性的羧基，证实了杜仲胶是以酯基封端的[6]；1666cm^{-1} 处的吸收峰归属于碳碳双键的伸缩振动；1000～1500cm^{-1} 范围内的吸收峰归属于碳氢、碳碳单键的伸缩振动和变形振动以及它们之间的振动耦合；875cm^{-1}、796cm^{-1}、751cm^{-1}、594cm^{-1} 和 466cm^{-1} 处的五个吸收峰与 EUG 链段构象有序性密切相关。与 EUG 相比，EEUG 在 1262cm^{-1} 处出现一个新的吸收峰，为环氧基 C—O—C 键的对称伸缩振动[8]。1666cm^{-1} 处碳碳双键的伸缩振动吸收峰明显减弱。这些结果表明，部分碳碳双键已成功地被氧化成环氧基团。此外，与EUG链段有序结构相关的五个峰明显减弱甚至完全消失。环氧基团的引入破坏了EUG链结构的对称性和规整性，从而破坏了其有序结构。

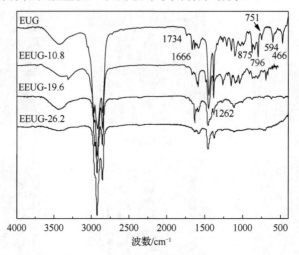

图 4.8　EUG 和不同环氧度 EEUG 的 IR 谱图

4.2.2　EEUG 的 ^{1}H-NMR 谱图分析

图 4.9 为 EUG 和不同环氧度 EEUG 的 ^{1}H-NMR 谱图。从 EUG 谱图中可以看出，化学位移 δ 在 1.60ppm 处的吸收峰为 *trans*-1,4-结构甲基的质子特征峰，δ 在 1.9ppm～2.1ppm 处的吸收峰为 *trans*-1,4-结构上与双键相邻的 2 个亚甲基上的质子

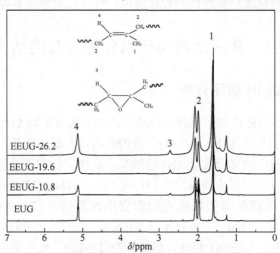

图 4.9　EUG 和不同环氧度 EEUG 的 ^{1}H-NMR 谱图

峰。δ 5.14ppm 处的吸收峰为 *trans*-1,4-结构上烯烃质子的特征峰[9]。在 EEUG 谱图中，δ 在 2.70ppm 处出现了 1 个新的很弱的吸收峰，归属于环氧基团上质子共振峰[10,11]。EEUG 的 ^{1}H-NMR 谱图上没有出现二醇峰（δ=3.0ppm 和 δ=1.0ppm）和环醚峰（δ=3.9ppm 和 δ=1.1ppm），证实了本试验条件下，环氧化反应过程中没有发生环氧基开环或扩环等副反应[8]。

4.2.3　环氧度对 EEUG 聚集态结构的影响

与三叶天然橡胶不同，杜仲胶分子链对称有序，具有独特的结晶行为。通过 DSC 对比研究了 EUG 和不同环氧度 EEUG 的熔融结晶行为（图 4.10 和表 4.3）。图 4.10 为杜仲胶和乳液法所得不同环氧度的 EEUG 的 DSC 曲线。根据图 4.10 和表 4.3，降温过程中 EUG 在 20~30℃范围内有一个尖锐的结晶峰，说明 EUG 具有很好的结晶能力，最大结晶速率的温度为 24.4℃。与 EUG 相比，EEUG-10.8 的结晶峰值要弱得多，峰值温度移动到更低的温度（-6.6℃）。对于 EEUG-19.6 或 EEUG-26.2，结晶峰完全消失。根据图 4.10（b）和表 4.3，EUG 在二次升温过程中显示两个熔融峰，较高的 49.3℃ 归因于 α-晶型的熔融，较低的 45.2℃ 归因于 β-晶型的熔融[1]。EEUG-10.8 与 EUG 类似，出现两个熔融峰，但这两个峰都向低温方向移动；对于 EEUG-19.6，只出现一个非常弱的熔融峰；当环氧度进一步提高，EEUG-26.2 曲线上没有熔融峰出现。可见，随着环氧度增加，EEUG 的熔融-结晶行为发生了明显变化。这是因为碳碳双键的环氧化破坏了 EUG 分子链的对称性和有序性，随着环氧度增加，有序结构的破坏程度逐渐增加，结晶能力逐步降低，结晶度依序下降，甚至为零。

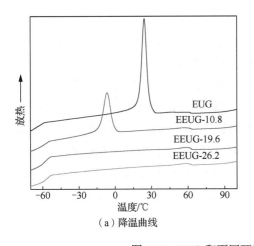

（a）降温曲线

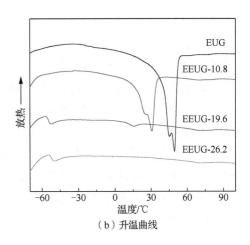

（b）升温曲线

图 4.10　EUG 和不同环氧度 EEUG 的 DSC 曲线

　　值得注意的是 EEUG-19.6 的 DSC 曲线，降温曲线上未出现结晶峰，但二次升温曲线上出现了弱的熔融峰。这是分子链运动能力减弱导致的二次结晶的结果。环氧基团的引入不仅破坏了 EEUG 链结构的有序性，而且极性的环氧基团增加了分子链的刚性，从而减弱了分子链的运动能力。在冷却过程中，分子链的运动滞后于冷却速率，分子链没有足够的时间有序排列进入晶格，因此在降温过程中只有晶核形成，所以降温曲线中无结晶峰出现。在随后的升温过程中，晶核生长形成少量的微晶并熔融。根据图 4.10，19.6%被认为是 EUG 从结晶聚集态结构向无定型聚集态结构转变的临界环氧度。

表 4.3　EUG 和不同环氧度 EEUG 的熔点、结晶温度和结晶度

$E/\%$	$T_{m1}/℃$	$T_{m2}/℃$	$T_c/℃$	$\Delta H_m/$（J/g）	$X_c/\%$
0	49.3	45.2	24.4	37.8	30.0
10.8	30.9	21.6	−6.6	23.0	18.3
19.6	15.5	—	—	1.3	1.0
26.2	—	—	—	0	0

4.3　乳液法环氧化杜仲胶硫化胶的性能

4.3.1　EEUG 的硫化特性

　　选择相同的配方对 EUG 与 EEUG 进行硫化：100 份的杜仲胶或环氧化杜仲胶、2 份硬脂酸、5 份氧化锌、2 份防老剂、1 份石蜡、50 份炭黑、5 份芳烃油、2 份硫黄、1 份促进剂。

　　橡胶化合物的硫化特性对其最终性能起着关键作用。因此，本节研究了环氧度对 EEUG 化合物硫化特性的影响，硫化特性参数见表 4.4。如表所示，随着环氧度增加，EEUG 的焦烧时间 t_{10} 有所减少，硫化时间 t_{90} 变化不大。这是因为 EEUG 分子链中存在一定量的极性环氧基团，促进了极性硫化助剂的分散[12]。最小扭矩 M_L、最大扭矩 M_H 以及 M_H-M_L 值都有所增加。M_L 和 M_H 增加应是炭黑与极性 EEUG 基体之间界面作用增强的结果。M_H-M_L 值通常与 EEUG 硫化胶的交联度相关。随着环氧度增加，交联度逐渐增加。这是由于硫化剂和促进剂等难以扩散进入 EEUG 的晶区，随着环氧度增加，晶区含量降低，无定型区含量增加，因此交联密度增加。

表 4.4　EUG 和 EEUG 的硫化特性

样品	t_{10}	t_{90}	M_L/(dN·m)	M_H/(dN·m)	M_H-M_L/(dN·m)
EUG	3min24s	9min58s	0.95	10.60	9.65
EEUG-10.8	2min15s	9min50s	1.42	13.45	12.03
EEUG-19.6	3min00s	8min57s	2.26	14.98	12.72
EEUG-26.2	2min03s	9min14s	1.94	14.84	12.90

4.3.2　EEUG 硫化胶的力学性能

图 4.11 和表 4.5 分别为 EUG 硫化胶与 EEUG 硫化胶的拉伸应力-应变曲线和力学性能对比。从图 4.11 中可以看出，EUG 硫化胶的应力-应变曲线表现出典型的结晶塑料的拉伸行为。第一，出现明显的屈服现象；第二，由于冷拉，EUG 原有的结晶结构破坏，片晶被拉开，分裂成更小的结晶单元，且沿着拉伸方向定向排列，甚至发生应变诱导结晶，因此应力-应变曲线上出现明显的应变硬化。与EUG 硫化胶相比，EEUG-10.8 硫化胶在拉伸过程中也出现了明显的屈服行为，但拉伸强度和屈服强度都较 EUG 硫化胶的低，断裂伸长率稍有增加。EEUG-19.6和 EEUG-26.2 硫化胶的应力-应变曲线表现为典型弹性体的拉伸行为，杨氏模量显著降低，没有屈服行为，断裂伸长率最高达 635%。这是因为杜仲胶柔性、富含双键的分子链结构特点，使其具有潜在的和天然橡胶一样的高弹性。但 EUG 分子链对称有序，易于结晶，其结晶结构遏制了高弹性的发挥。环氧化改性可以破坏EEUG 分子链的有序程度和结晶结构，调控 EEUG 的聚集态结构。一旦 EEUG 从结晶结构转变为无定型结构，其应力-应变曲线由典型的结晶聚合物拉伸行为逐步转变为弹性体的拉伸行为。

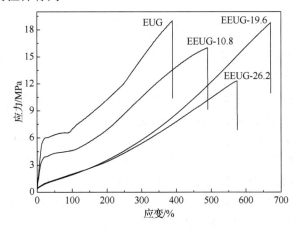

图 4.11　EUG 硫化胶和 EEUG 硫化胶的应力-应变曲线

　　根据表 4.5，EEUG-10.8 硫化胶的邵氏硬度几乎与 EUG 相同，随着环氧度增加，邵氏硬度显著降低。与 EUG 硫化胶相比，随着环氧度增加，EEUG 硫化胶的拉伸强度 100%和 300%定伸应力都逐渐降低，但断裂伸长率明显增加。这是结晶度降低的结果。

表 4.5　EUG 硫化胶和 EEUG 硫化胶的力学性能对比

	邵氏硬度（HA）	100%定伸应力/MPa	300%定伸应力/MPa	拉伸强度/MPa	断裂伸长率/%
EUG	90	7.5	22.0	23.0	324
EEUG-10.8	89	5.2	16.4	18.2	345
EEUG-19.6	58	2.1	5.6	17.4	635
EEUG-26.2	57	1.9	7.7	12.5	619

　　值得注意的是，EEUG-19.6 硫化胶显示出与 EUG 硫化胶一样较高的拉伸强度，这与 EEUG-19.6 结晶结构与无定型结构之间的临界聚集态结构有关。在拉伸过程中，临界结构表现出独特而强的应变诱导结晶现象，从而导致高拉伸强度和高断裂伸长率。

4.3.3　EEUG 硫化胶的耐油性

　　耐油性测试选用的油为 IRM903 实验油，对比浸泡 24h 和 72h 后的体积变化率ΔV（%）和质量变化率Δm（%）。ΔV 和 Δm 的计算公式分别为

$$\Delta V = \frac{(m_3 - m_4) - (m_1 - m_2)}{m_1 - m_2} \times 100\% \tag{4.2}$$

$$\Delta m = \frac{m_3 - m_1}{m_1} \times 100\% \tag{4.3}$$

式中，m_1 和 m_3 分别为浸泡前后试样在空气中的质量；m_2 和 m_4 分别为浸泡前后试样在蒸馏水中的质量。

　　图 4.12 为 EUG 和不同环氧度 EEUG 硫化胶的耐油性比较。从图中可以看出，EEUG-16.9 和 EEUG-25.4 硫化胶的体积变化率和质量变化率都明显低于 EUG 硫化胶，EEUG-16.9 硫化胶的体积变化率和质量变化率最低，IRM903 中浸泡 24h后，EEUG-16.9 硫化胶的体积变化率和质量变化率分别为 EUG 硫化胶的 44.4%和 47.4%，浸泡 72h 后，体积变化率和质量变化率则分别为 EUG 硫化胶的 35.3%和 43.6%。这说明 EEUG 硫化胶的耐油性明显优于 EUG 硫化胶，环氧化改性可显著改善 EUG 硫化胶的耐油性。EEUG 硫化胶的耐油性与 EEUG 大分子链的化学组

成和聚集态结构密切相关。一方面，环氧化之后的杜仲胶分子链中引入了大量的极性环氧基团，根据相似相容原理，与非极性的石油类溶剂 IRM903 极性差异大，彼此间亲和力小，耐油性能增加；另一方面，EEUG-16.9 中仍然存在着晶区，其分子间作用力大，IRM903 分子难以扩散进入晶区，而 EEUG-25.4 为完全无定型聚集态结构，分子间作用力弱，IRM903 分子容易扩散进入。

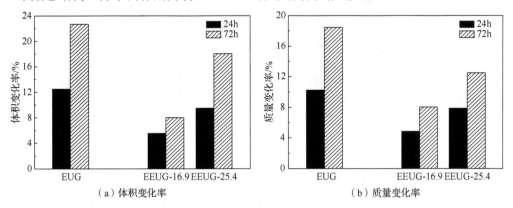

图 4.12　EUG 硫化胶和 EEUG 硫化胶的耐油性柱状图

4.3.4　EEUG 硫化胶的老化性能

与天然橡胶相同，杜仲胶分子主链上碳碳双键上连接有供电性的甲基基团，使碳碳双键以及相邻亚甲基化学活性增加，在热、氧及其他化学物质或能量的作用下，双键及其相邻亚甲基易于发生断链等化学反应，即老化。表 4.6 和图 4.13 所示为环氧度对 EEUG 硫化胶老化性能的影响。

表 4.6　EUG 硫化胶和 EEUG 硫化胶热氧老化前后的拉伸性能和硬度

	老化时间/h	邵氏硬度（HA）	拉伸强度/MPa	断裂伸长率/%
EUG	0	90	21.0	304
	24	95	22.0	220
	72	95	20.4	185
EEUG-16.9	0	90	14.8	634
	24	94	15.8	208
	72	95	14.1	118
EEUG-25.4	0	57	12.0	526
	24	72	13.0	170
	72	80	10.9	88

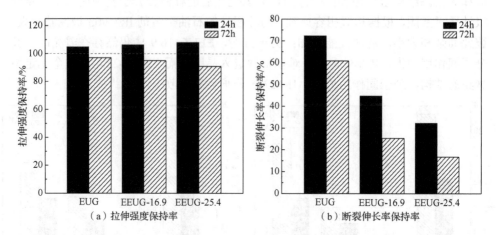

图 4.13　EUG 硫化胶和 EEUG 硫化胶老化前后性能变化图

表 4.6 为 EUG 硫化胶和 EEUG 硫化胶热氧老化前后的拉伸性能和硬度。图 4.13（a）和（b）为 EUG 硫化胶和 EEUG 硫化胶热氧老化前后的拉伸强度保持率和断裂伸长率保持率。可以看出，热氧老化后，EUG 和 EEUG 硫化胶的硬度都明显提高。热氧老化 24h 后，拉伸强度提高；热氧老化 72h 后，拉伸强度都有一定程度减小。随热氧老化时间延长，断裂伸长率持续降低，EEUG-25.4 硫化胶的断裂伸长率保持率最低。

在热氧老化过程中，环氧基团的稳定性优于碳碳双键的稳定性[13]。热氧老化反应前期以破坏碳碳双键为主，当碳碳双键的数目明显少于环氧基团数目时，环氧基团在热和氧的作用下开始断键破坏，因此 EEUG 硫化胶的老化性能明显优于 EUG 硫化胶。

在老化初期，EUG 硫化胶和 EEUG 硫化胶在热氧的作用下，以交联反应为主，导致交联密度增加（图 4.14），拉伸强度增大，硬度增大，断裂伸长率下降。交联反应包括：第一，EEUG 分子链上甲基的供电效应促使双键中 π 键断开，生成自由基并引发交联反应的发生；第二，游离硫的二次交联反应；第三，环氧基团发生开环反应，通过分子间交联形成交联醚结构。在老化后期，老化反应以主链断裂为主，导致拉伸性能下降。交联网络增加使老化反应中生成的自由基间的位阻增大，交联反应概率下降，长时间热氧作用下自由基逐步引发主链断裂。

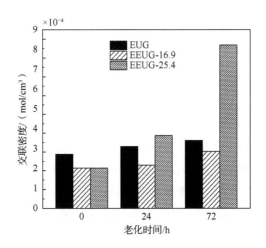

图 4.14　EUG 硫化胶和 EEUG 硫化胶的交联密度随老化时间的变化图

4.4　环氧化杜仲胶与环氧化合成反式-1,4-聚异戊二烯的结构与性能对比

　　尽管 EUG 的主要成分是反式-1,4-聚异戊二烯，但与合成反式-1,4-聚异戊二烯（TPI）相比，不同的合成机制导致两者微观链结构和化学组成上有一定差异：EUG 为全反式-1,4 结构，分子链以亲水性的酯基封端；而 TPI 中除反式-1,4 结构外，还含有少量的 3,4 结构和顺式-1,4 结构[10]。本节对比了两者的环氧化反应及在相似环氧度前提下，EEUG 硫化胶和环氧化 TPI（ETPI）硫化胶的结晶和力学性能。

4.4.1　ETPI 的合成

　　根据文献[11]，溶液法环氧化 TPI 的反应工艺条件：TPI 用量范围为 5%～10%，[C=C]：[HCOOH]范围为 0.2～0.8；反应时间 t 为 2～5h，反应温度 T 为 30～60℃。其中，[C=C]：[HCOOH]和反应温度都可用来控制环氧化反应的程度。基于此，本节选择反应工艺条件为[C=C]：[HCOOH]：[H_2O_2] =1：0.2：1；t=2h，并利用反应温度调控环氧度。

　　表 4.7 为反应温度对 ETPI 环氧度的影响。随着温度增加，环氧度增加，提高反应温度有利于提高环氧化反应速率常数，而且提高温度可促进 TPI 在溶剂中的溶解与分散，并降低体系黏度，这些都有利于提高环氧化反应速率和环氧度。另外，所得 ETPI 均能溶解于氯仿中，说明随着温度升高，并没有发生交联副反应。

表 4.7　反应温度与 ETPI 环氧度关系

样品	温度/℃	E/%
ETPI-4.7	30	4.7
ETPI-13.8	40	13.8
ETPI-27.1	50	27.1

图 4.15 为 TPI 和 ETPI 的 IR 谱图。由图可见，1661cm^{-1} 处为 TPI 中碳碳双键（—C=C—）的伸缩振动吸收峰，在 1446cm^{-1} 处为 TPI 中亚甲基的振动吸收峰；在 1384cm^{-1} 处为甲基上的碳氢键振动吸收峰。ETPI 的 IR 谱图中，在 1269cm^{-1} 处出现一个新尖锐的吸收峰，此处为环氧基团的振动吸收峰，证实 TPI 中部分双键被氧化成环氧基团。此外，1745cm^{-1} 处出现一个吸收峰，应归属于羰基，环氧化过程中有降解副反应产生[12]。

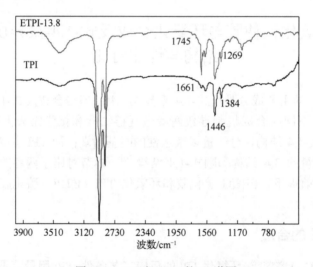

图 4.15　TPI 和 ETPI 的 IR 谱图

图 4.16 对比了不同环氧度 ETPI 的 ^{1}H-NMR 谱图。TPI 在化学位移 1.60ppm 处出现一个强烈的吸收峰，这个峰是反式-1,4-结构甲基上的质子峰。在 2.05ppm 和 1.97ppm 两处的信号峰是 *trans*-1,4-结构上与双键相邻的两个亚甲基的质子峰。在 5.14ppm 处的吸收峰为 TPI 的 *trans*-1,4-结构不饱和氢的特征峰。在 ETPI 的 ^{1}H-NMR 谱图中，2.70ppm 处出现了新的吸收峰，该吸收峰归属为环氧基中的质子峰，即环氧基团上次甲基的共振峰。

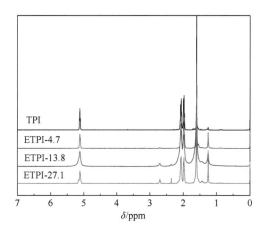

图 4.16　不同环氧度 ETPI 的 ^{1}H-NMR 谱图

4.4.2　环氧度对 EEUG 硫化胶和 ETPI 硫化胶结晶行为的影响

首先，采用 DSC 对比研究了环氧度对 EEUG 和 ETPI 结晶度的影响。图 4.17 分别是不同环氧度的 EEUG 和 ETPI 在降温过程和二次升温过程中的 DSC 曲线。在降温过程中，EUG 和 EEUG-16.6 都出现了明显的结晶峰，其最大结晶温度分别为 24.1℃和-6.2℃；当环氧度达到 20.6%后，结晶峰消失。因为环氧化破坏了杜仲胶分子链化学结构的规整性和几何结构的对称性，同时环氧基团的引入也增加了其分子链的刚性，导致其运动能力减弱，结晶能力随之显著降低甚至消失。ETPI 结果与 EEUG 结果类似，随着环氧度增加，结晶温度向低温方向移动，且峰面积减小，环氧度超过 13.8%后，结晶峰消失。不同的是，TPI 和 ETPI-4.7 的结晶温度分别为 25.7℃和 0.3℃，高于 EUG 和 EEUG-16.6。对于二次升温曲线，EEUG 体系随着环氧度升高，分别由 α-晶型和 β-晶型熔融所得到的两个熔融峰都向低温方向移动，当环氧度达到 26.2%时完全消失。类似的，ETPI 的熔融峰也随着环氧度升高向低温方向移动，峰强减弱直至环氧度为 27.1%时消失。对比 EEUG 体系和 ETPI 体系，EEUG-20.6 和 ETPI-13.8 在降温过程中都没有出现结晶峰，但在接下来的二次升温过程中都出现了冷结晶。这与此环氧度下环氧基团的数量和分布对链运动能力的阻碍作用相关。

另外，从图 4.17 中还可观察到，除 EUG 和 EEUG-16.6，其他样品在测试温度范围内都观察到玻璃化转变现象，且随着环氧度增加，玻璃化转变现象越明显，玻璃化转变温度也随之升高（表 4.8）。一方面，随着结晶结构被破坏，晶区分子对无定型区分子链段运动的限制作用减弱，无定型区分子运动增强；另一方面，极性环氧基团的引入增加了分子链的刚性。

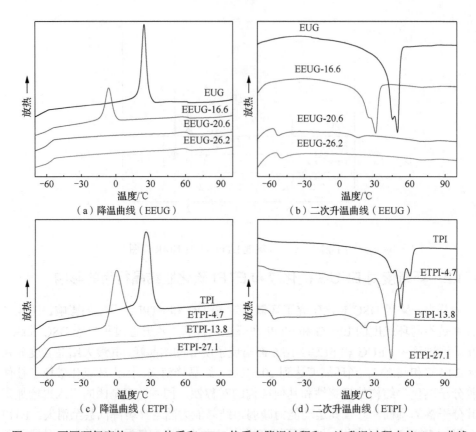

（a）降温曲线（EEUG）　　　　　（b）二次升温曲线（EEUG）

（c）降温曲线（ETPI）　　　　　（d）二次升温曲线（ETPI）

图 4.17　不同环氧度的 EEUG 体系和 ETPI 体系在降温过程和二次升温过程中的 DSC 曲线

表 4.8　环氧度对 EUG 体系和 TPI 体系 T_g、T_m 和结晶度的影响

样品	T_g/℃	T_c/℃	T_{m1}/℃	T_{m2}/℃	ΔH_m/（J/g）	X_c/%
TPI	−63.6	25.7	52.7	60.6	44.3	35.2
ETPI-4.7	−62.1	0.3	44.1	51.7	35.7	28.3
ETPI-13.8	−58.4	—	21.3	32.8	7.5	5.9
ETPI-27.1	−52.0	—	—	—	—	0
EUG	—	24.1	45.2	49.3	37.8	30.0
EEUG-16.6	—	−6.2	21.6	30.9	23.0	18.0
EEUG-20.6	−56.9	—	—	15.5	—	0
EEUG-26.2	−54.4	—	—	—	—	0

　　本书采用 POM 观察了非等温条件下两体系的结晶过程和晶体形态。样品首先升温至 120℃充分熔融，然后以 3℃/min 的速率降温，同时观察并记录结晶形态。图 4.18 为不同环氧度的 EEUG 和 ETPI 球晶充分生长后的 POM 照片。

EUG 和 TPI 在充分结晶后均形成整体大而完善的树枝状球晶,为反式-1,4-聚异戊二烯 α-晶型的特征形态[1]。随着环氧度增加,链对称性和有序性破坏程度逐渐增加,环氧化产物的结晶形态和聚集态结构都发生明显的改变。EEUG-16.6 在充分结晶后生长为大量密集的完整小球晶,其聚集态结构仍然保持整体的结晶结构。当环氧度继续增大至 20.6%时,视野范围内可见个别微小晶体,说明 20.6%为 EEUG 由结晶结构向无定型结构转变的临界环氧度。与 TPI 相比,ETPI-13.8 球晶尺寸明显减小。与 EEUG-20.6,EEUG-26.2 不同,ETPI-27.1 在 27.1%的相对高环氧度下仍出现零散的小球晶。这种情况与 TPI 环氧化反应不均匀有关,环氧基团沿分子链的不均匀分布导致 ETPI 在高环氧度下仍有局部结晶区出现。

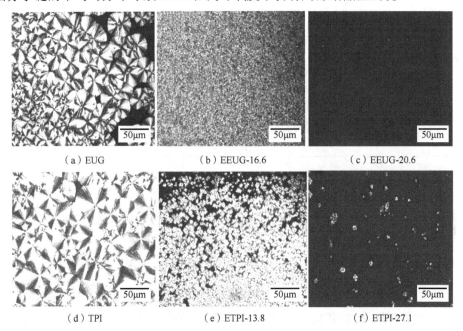

图 4.18 不同环氧度的 EEUG 和 ETPI 球晶充分生长后的 POM 照片

4.4.3 环氧度对 EEUG 硫化胶和 ETPI 硫化胶晶体结构的影响

图 4.19(a)和(b)分别为 EEUG 和 ETPI 在 5°<2θ<30°范围的 XRD 谱图。根据 Mandelkern 等[13]的研究,1、2、3、4 衍射峰对应 EUG 硫化胶的 α-晶型,2、3 衍射峰对应 EUG 的 β-晶型。从图 4.19(a)可以看出,EUG 硫化胶出现 1、2、3、4 衍射峰,说明在硫化胶所经历的热机械历史过程中,同时生成 α-晶型和 β-晶型。对于 EEUG 硫化胶,EEUG-16.6 出现了 2、3 衍射峰,说明此时以 β-晶型为主;环氧度进一步增加,对应的衍射峰强度明显减弱,当环氧度达到 26.2%时,

衍射峰完全消失。由于环氧度增加，杜仲胶分子链的有序性、化学组成与结构对称性逐步被破坏，致使其结晶能力减弱，甚至完全消失。从图 4.19（b）可以看出，TPI 硫化胶也同时存在 α-晶型和 β-晶型。对于 ETPI 硫化胶，随着环氧度增大，α-晶型对应的吸收峰强度逐步减弱。与 EEUG 硫化胶不同，当 ETPI 的环氧度达到 27.1%时，其硫化胶仍可观察到明显的衍射峰存在。这是环氧基团沿分子链分布不均匀的体现。

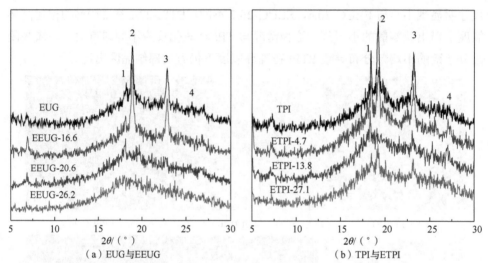

（a）EUG 与 EEUG　　　　　　　　　（b）TPI 与 ETPI

图 4.19　EUG、TPI 和不同环氧度 EEUG 硫化胶和 ETPI 硫化胶的 XRD 曲线

4.4.4　环氧度对 EEUG 硫化胶和 ETPI 硫化胶微观形貌的影响

图 4.20 和图 4.21 分别为 EEUG 硫化胶和 ETPI 硫化胶的淬断面的 SEM 照片。EUG 硫化胶淬断面的 SEM 照片中炭黑粒子团聚现象和裸露现象明显，并且可清楚看到断口表面炭黑粒子的脱落现象；而 EEUG 硫化胶中炭黑粒子团聚不明显，且都没有炭黑粒子脱落现象，炭黑粒子被橡胶基体紧密包覆。上述结果表明，环氧化改性显著改善了炭黑粒子与胶料间的界面结合力，并使炭黑在胶料中的分散更均匀、分散尺度更小。炭黑粒子表面存在羧基、羟基、醌基和内酯基等极性基团，与极性环氧基团具有较强的相互作用，从而导致相容性和界面强度的改善。TPI 和不同环氧度的 ETPI 硫化胶淬断面的 SEM 照片中，可观察到类似界面强度的改善，但炭黑局部团聚现象仍然存在。这应该也与环氧基团分布不均匀有关。

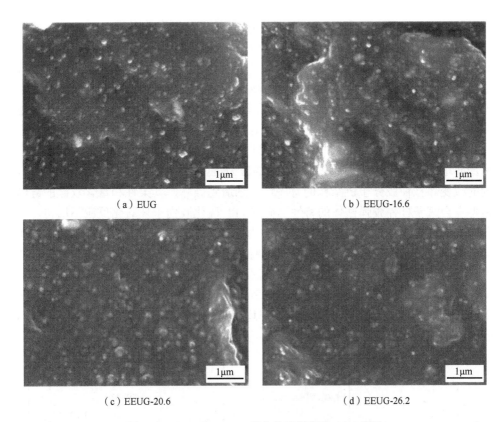

（a）EUG　　　　　　　　　　（b）EEUG-16.6

（c）EEUG-20.6　　　　　　　　（d）EEUG-26.2

图 4.20　EUG 和 EEUG 硫化胶淬断面的 SEM 照片

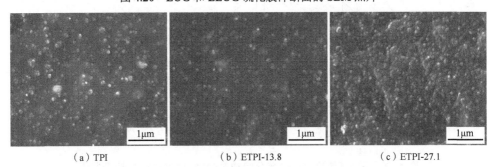

（a）TPI　　　　　　　（b）ETPI-13.8　　　　　　　（c）ETPI-27.1

图 4.21　TPI 和 ETPI 硫化胶淬断面的 SEM 照片

4.4.5　环氧度对 EEUG 硫化胶和 ETPI 硫化胶力学性能的影响

　　根据 DSC 结果，环氧化改性破坏了 EUG 和 TPI 分子链化学组成的对称性和几何结构的规整性，从而导致它们的结晶行为和聚集态结构发生改变。材料微观结构的这种变化必然会对其力学行为产生重要影响。图 4.22 和表 4.9 分别给出了环氧度对 EEUG 硫化胶和 ETPI 硫化胶的拉伸性能和硬度的影响。

　　对于拉伸性能，随着环氧度增加，EEUG 硫化胶拉伸强度减小，断裂伸长率显著增加，其中 EEUG-20.6 硫化胶的断裂伸长率明显高于其他样品，高达 671%。定伸应力随环氧度增加明显减小，EEUG-20.6 呈现出最小值。说明环氧化改性实现了 EUG 硫化胶由刚而韧的塑料向软而韧的弹性体转变。对于 ETPI 硫化胶，拉伸应力随环氧度的变化趋势与 EEUG 硫化胶类似，ETPI 硫化胶的拉伸强度均低于 TPI 硫化胶，但断裂伸长率的变化趋势与 EEUG 硫化胶不同，并没有随着环氧度增加而增加，反而是明显减少。图 4.22 的应力-应变曲线证实了上述两体系力学行为的改变。杜仲胶分子链结构的有序性一旦遭到破坏，其柔性和富含双键的链结构特点会赋予杜仲胶弹性体的特性。而 ETPI 硫化胶由于环氧化反应不均匀，在所研究的环氧度范围内并没有发生这种力学行为的转变。这一结果与文献[11]相符。对于拉伸永久变形，两体系的变化趋势类似，EEUG-16.6 硫化胶和 ETPI-4.7 硫化胶的拉伸永久变形分别高于 EUG 硫化胶和 TPI 硫化胶的值，这与其数量众多的小球晶聚集态结构有关。此后随着环氧度增加，弹性增强，拉伸永久变形逐步下降。另外，EUG 体系的拉伸永久变形均明显低于 ETPI 体系，也说明了 EEUG 的弹性优于 ETPI。

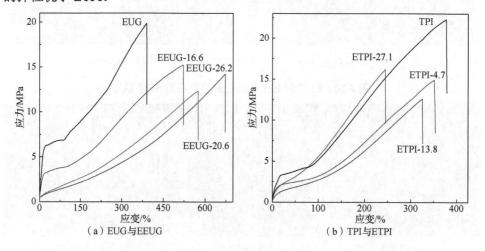

（a）EUG 与 EEUG　　　　　　　　　　（b）TPI 与 ETPI

图 4.22　不同环氧度 EEUG 硫化胶和 ETPI 硫化胶的应力-应变曲线

　　根据表 4.9，对于 EEUG，随着环氧度增加，EEUG 硫化胶的硬度先是保持不变，环氧度达到 20.6% 后直接降 57HA，此后随着环氧度继续增加至 26.2%，硬度维持在 57HA。对于 ETPI 硫化胶，硬度随环氧度的变化趋势则与 EEUG 不同，随着环氧度增加，硬度逐步减小。这应该是 EEUG 和 ETPI 环氧化反应均匀程度不同而导致聚集态结构有所差异造成的。低环氧度时，EEUG 保持整体结晶结构，因此硬度维持不变；当环氧度达到临界值后，聚集态结构转变为整体的无定型结构，硬度明显下降。而对于 ETPI，由于环氧基团分布不均匀，导致局部结晶区的出现，因此硬度随晶区的逐步减少而逐步降低。

表 4.9　环氧度对 EEUG 硫化胶和 ETPI 硫化胶力学性能的影响

	环氧度/%	邵氏硬度（HA）	100%定伸应力/MPa	300%定伸应力/MPa	拉伸强度/MPa	断裂伸长率/%	拉伸永久变形/%
EUG	0	90	7.3	15.5	19.9	390	28
EEUG	16.6	90	3.9	9.3	15.2	521	107
	20.6	57	1.6	4.4	14.2	671	21
	26.2	57	2.0	5.4	12.3	575	15
TPI	0	89	5.3	18.0	22.2	395	76
ETPI	4.7	88	3.3	12.9	15.5	362	80
	13.8	81	2.8	12.0	13.4	328	30
	27.1	78	6.0	—	17.1	242	25

4.4.6　环氧度对 EEUG 硫化胶和 ETPI 硫化胶动态力学性能的影响

为了对比环氧度对 EEUG 硫化胶和 ETPI 硫化胶动态力学性能的影响，本节分别测试了不同环氧度下 EEUG 硫化胶和 ETPI 硫化胶的 DMA 曲线，结果列于图 4.23、图 4.24 和表 4.10 中。根据图 4.23，EUG 和 EEUG-16.6 为典型结晶聚合物的动态力学性能曲线，曲线上出现两个动力学活跃温度区，分别对应玻璃化转变和晶区熔融。EUG-20.6 和 EEUG-26.2 为典型的非晶聚合物的动态力学性能曲线，仅出现玻璃化转变这一个动力学活跃区。上述结果与图 4.17 的 DSC 结果相

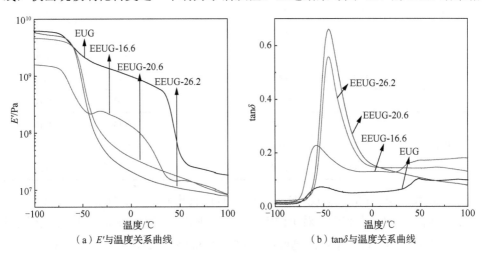

（a）E' 与温度关系曲线　　　　　　（b）tanδ 与温度关系曲线

图 4.23　EUG 和不同环氧度 EEUG 的 DMA 曲线

符。随着 E 增加，橡胶弹性平台区温度范围缩小，并逐步消失。随着环氧度增加，玻璃化转变增强，$\tan\delta$ 与温度的关系曲线上的玻璃化转变峰明显增强锐化，与文献[9]结果一致。这是由于随着环氧度增加，结晶度降低，晶区对无定型区分子链段的运动限制作用逐渐减弱，因此玻璃化转变逐渐增强。ETPI 硫化胶的动态力学行为与环氧度的对应关系与 EEUG 硫化胶的不同，这是 ETPI 分子链中环氧基团分布不均的体现。

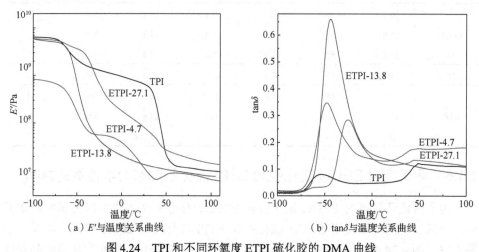

（a）E' 与温度关系曲线　　　　　　　（b）$\tan\delta$ 与温度关系曲线

图 4.24　TPI 和不同环氧度 ETPI 硫化胶的 DMA 曲线

表 4.10　环氧度对 EEUG 硫化胶和 ETPI 硫化胶的 $\tan\delta$、T_g 和 T_m 的影响

	E/%	T_g/℃	T_m/℃	0℃下的 $\tan\delta$	60℃下的 $\tan\delta$
EUG	0	−52.3	48.3	0.06	0.10
EEUG	16.6	−57.1	48.4	0.13	0.17
	20.6	−44.3	—	0.16	0.10
	26.2	−44.5	—	0.15	0.14
TPI	0	−53.2	48.8	0.05	0.12
ETPI	4.7	−48.1	47.8	0.14	0.18
	13.8	−44.2	—	0.16	0.10
	27.1	−25.9	44.5	0.14	0.13

根据表 4.10，随着环氧度增加，EEUG 硫化胶和 ETPI 硫化胶的玻璃化转变温度 T_g 普遍向高温方向移动。对于橡胶材料，一般用 0℃时的 $\tan\delta$ 值表征其抗湿滑性能，该值越高，抗湿滑性能越好；用 60℃的 $\tan\delta$ 值表征滚动阻力，该值越低，则橡胶材料的滚动阻力越低。环氧化改性普遍导致 $\tan\delta$ 值升高。主要原因在于伴

随着晶区含量减少，晶区对无定型区分子链段运动牵制作用减弱，分子运动增强，内摩擦增大。另外，分子极性增加也是导致 tanδ 增大的原因。对于 EEUG 硫化胶，EEUG-20.6 硫化胶的 0℃时 tanδ 值最高，60℃时 tanδ 值最低。表明此环氧度下的材料同时具有最佳的抗湿滑性能和滚动阻力。这主要与此环氧度下材料介于结晶-非晶转变的临界聚集态结构有关。ETPI 硫化胶 tanδ 值呈现出与 EEUG 硫化胶类似的趋势。

4.5　本 章 小 结

基于杜仲胶大分子链以亲水性酯基封端的特点，采用乳液法可成功制备环氧化杜仲胶，且环氧化反应均匀发生，环氧度可调控。随着环氧度增加，EEUG 的聚集态结构逐步由结晶结构向无定型结构转变，结晶结构向无定型结构转变的临界环氧度为 20%左右。相应的，EEUG 硫化胶的拉伸行为由刚而韧的结晶高分子转变为软而韧的弹性体。对比 EEUG 和 ETPI 发现，两者在结构和性能上都存在明显不同。EUG 环氧化反应均匀，环氧基团沿分子链均匀分布，当环氧度超过临界值，EEUG 的聚集态结构由结晶结构转变为无定型。而 TPI 环氧化反应不均匀，环氧基团分布不均匀，所以在与 EEUG 同样高的环氧度下，ETPI 仍存在局部结晶。EEUG 硫化胶的拉伸强度随环氧度增加而降低，定伸应力降低，但断裂伸长率明显增加，EEUG-20.6 实现了材料由刚而韧的塑料向软而韧的弹性体转变。ETPI 硫化胶随着环氧度增加，拉伸强度下降，定伸应力下降，断裂伸长率也明显下降。环氧基团分布均匀性的差异是导致 EEUG 和 ETPI 聚集态结构及其硫化胶力学性能不同的主要原因。环氧化反应显著改善了 EEUG 的耐油性和老化性能。

参 考 文 献

[1] 张蕊, 杨凤, 方庆红. 天然杜仲胶/天然橡胶共混硫化胶的性能研究[J]. 特种橡胶制品, 2015, (2): 36-39.

[2] 牟悦兴, 杨凤, 康海澜. 杜仲胶/天然橡胶并用胶结晶行为与性能的关系[J]. 合成橡胶工业, 2018, 41(3): 230-234.

[3] 何灿忠, 彭政, 钟杰平. 环氧化天然橡胶的研究进展[J]. 高分子通报, 2012, (2): 84-93.

[4] Shao H F, Wang C X, Xiao P. Observation of phase separation of epoxidized *trans*-1,4-polyisoprene and mechanism exploration through ^{13}C-NMR[J]. Polymer Bulletin, 2013, 70(8): 2211-2221.

[5] 张继川, 薛兆弘, 严瑞芳. 天然高分子材料-杜仲胶的研究进展[J]. 高分子学报, 2011, (10): 1105-1117.

[6] 杨凤, 王芳, 方庆红. 环氧化天然杜仲胶的合成方法: ZL 201310503727. 7[P]. 2014-02-12.

[7] 杨凤, 周金琳, 方庆红. 一种基于杜仲胶的自修复胶黏剂合成方法: CN109536097A[P]. 2019-03-29.

[8] 杨凤, 王芳, 方庆红. 乳液法环氧化改性天然杜仲胶[J]. 高分子材料科学与工程, 2015, 31(5): 56-61.

[9] Feng Y, Qi L, Li X. Epoxidation of eucommia ulmoides gum by emulsion process and the performance of its vulcanizates[J]. Polymer Bulletin, 2017, 74(9): 3657-3672.

[10]　刘奇, 于欢, 杨凤. 杜仲胶与合成反式-1,4-聚异戊二烯等温结晶行为的对比研究[J]. 高分子通报, 2015, 200(12): 71-79.

[11]　胡婧, 肖鹏, 邵华锋, 等. 用溶液法环氧化改性反式-1,4-聚异戊二烯及产物表征[J]. 合成橡胶工业, 2011, 34(1): 55-58.

[12]　杨凤, 姚琳, 刘奇. 环氧化改性杜仲胶与合成反式-1,4-聚异戊二烯的性能对比[J]. 高分子材料科学与工程, 2017, 33(10): 45-52.

[13]　Mandelkern L, QuinnJr F A, Roberts D E. Thermodynamics of crystallization in high polymers: Gutta percha[J]. Journal of the American Chemical Society, 1956, 78(5): 926-932.

第5章 基于环氧化杜仲胶的功能材料

5.1 自修复杜仲胶材料

材料在其成型加工及后续使用过程中，不可避免地受到热、机械、化学和紫外光辐照等外界刺激作用，从而引发材料内部产生局部损伤或微裂纹。这些微损伤很难被发现，因而难以得到及时修复，进一步发展则引发宏观裂纹，从而导致材料失效。因此，一些特定的领域需要材料能够自我检测，并通过一定的机制自行修复损伤，以提高材料的功能性、耐久性和安全性，减少对资源的需求和对环境的影响。材料的自修复是指在无外界作用的情况下，材料本身对缺陷自我判断、控制和恢复的一种能力。这一特性符合绿色和可持续发展的时代要求，在涂料、黏合剂、生物医药、传感器、航空航天等领域具有广阔的应用前景。

EUG 分子链以酯基封端，富含双键，兼有柔性和有序性，表现为 T_g =-70～$-60℃$，T_m=52～$63℃$，具有独特的橡-塑二重性。EUG 独特的链结构可使其在较低的温度条件下（-60～$60℃$）仍然可以实现链段甚至是整条分子链的运动，满足较低温度下自修复的要求。在此基础上，首先，通过环氧化调控其聚集态结构，实现其从硬塑性向高弹性的转变，保证材料在损伤后自行恢复形变，实现断面相互靠近并接触；然后，利用环氧基团化学反应活性接枝特定侧基或支链，制备接枝环氧化杜仲胶（grafted epoxidized EUG，GEEUG）。通过上述方法，在 EUG 本体中构造包含可调控的结晶网络、氢键网络、物理缠绕网络等多重网络结构，制备较低温度、无任何外界刺激条件下可自修复的柔性杜仲胶材料。

5.1.1 GEEUG 的合成

利用环氧化杜仲胶分子中环氧基团和正硅酸乙酯（tetraethoxysilane，TEOS）水解产生的硅羟基之间的开环接枝反应，制备自修复杜仲胶材料 GEEUG，其合成反应机理和多网络模型如图 5.1 所示。pH 值、反应温度和 TEOS 用量等反应条件不仅会影响改性程度，也会影响副反应进行的程度。改性程度 M 值代表的是反应了的双键数目占初始双键数目的比例，其中反应的双键包括未参与接枝反应的环氧基团和开环接枝的环氧基团。根据改性程度将自修复杜仲胶材料命名为 GEEUG-x，x 为改性程度（图 5.1）。

TEOS 水解过程是放热过程，同时有乙醇生成，当温度高于乙醇沸点，反应体系易形成暴沸，一般适用的反应温度为 25～$60℃$。结合环氧度对反应温度的要求以及副反应的影响，选择反应温度为 40～$60℃$[1,2]。

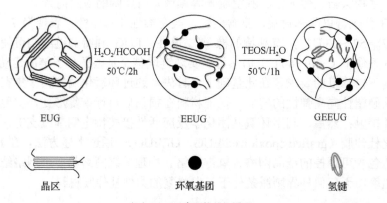

（a）GEEUG的合成反应示意图

晶区　　　　　　　　环氧基团　　　　　　　氢键

（b）GEEUG多网络结构模型

图 5.1　GEEUG 的合成反应及其多网络结构模型示意图

　　表 5.1 为反应条件对 GEEUG 改性程度和产物形态的影响。从表 5.1 可以看出，随着反应温度升高，改性程度增加，产物逐步由硬皮革态变成软皮革态，最后转变为软弹态。当反应温度超过 55℃，改性程度反而下降，这主要是高反应温度导致环氧基团开环、重排或环化等副反应增强的结果。酸性条件有利于 TEOS 水解反应进行，不利于缩合反应，水解产物以羟基为端基的线性链状分子为主；而碱性条件下，缩合反应快于水解反应，易得到交联产物[3]。为了避免 TEOS 自身的水解-缩合反应，同时兼顾改性程度，本书考察了 pH 值和 TEOS 用量对反应的影响。根据表 5.1，pH 值对改性程度和产物的宏观状态影响不大，TEOS 用量以

[TEOS]/[C=C]=0.1 为宜。依据式（5.1）进行 M 值的计算。当改性程度值 M 为 6.6%，材料保持杜仲胶的硬皮革状态和塑性特性；而当 M 超过 19.0%，呈现软弹性。这一结果与我们前期对杜仲胶的环氧化改性结果相似[4]，当环氧度达到某一临界值时，EUG 的结晶区域消失，分子链段为无定形状态。此时，柔性、富含双键和无序的链结构使 EUG 呈现出与 NR 相似的高弹性。

表 5.1　反应条件对 GEEUG 改性程度和产物形态的影响

样品	温度/℃	pH	[TEOS]/[C=C]	M/%	形态
GEEUG-6.6	40	5	0.1	6.6	硬皮革态
GEEUG-12.5	45	5	0.1	12.5	软皮革态
GEEUG-21.8	50	5	0.1	21.8	软弹态
GEEUG-26.4	55	5	0.1	26.4	软弹态
GEEUG-19.7	60	5	0.1	19.7	软弹态
GEEUG-19.0	50	4	0.1	19.0	软弹态
GEEUG-20.4	50	6	0.1	20.4	软弹态
GEEUG-23.3	50	9	0.1	23.3	软弹态
GEEUG-17.2	50	5	0.05	17.2	软皮革态
GEEUG-22.7	50	5	0.15	22.7	软弹态
GEEUG-22.4	50	5	0.2	22.4	软弹态

$$M = \frac{A_{2.7}}{A_{2.7} + A_{5.12}} \times 100\% \tag{5.1}$$

式中，$A_{5.12}$ 为双键碳上不饱和质子吸收峰的峰面积；$A_{2.7}$ 为反应后双键碳上次甲基质子共振峰的峰面积。

5.1.2　GEEUG 的结构

本节采用 IR 和 ^{1}H-NMR 研究了 EUG 的环氧化反应和后续开环接枝反应。根据图 5.2，与 EUG 相比，EEUG-20.0 在 1267cm^{-1} 和 876cm^{-1} 处出现了新的吸收峰，为环氧基团的特征峰[5]，同时 1666cm^{-1} 处的碳碳双键吸收峰强度明显减弱，证实部分双键被氧化为环氧基团。此外，EUG 的 IR 谱图中 877cm^{-1}，792cm^{-1}，752cm^{-1}，602cm^{-1}，472cm^{-1} 这五个与链段构象规整性相关的特征吸收峰消失，说明杜仲胶对称、规整的链结构被破坏，也可证实环氧化反应的发生[6]。与 EUG 和 EEUG 相比，GEEUG-21.8 在 1078cm^{-1}、1101cm^{-1} 处出现了一个新的较强的宽吸收峰，是由 Si—O 键的反对称伸缩振动引起的；972cm^{-1} 处出现一个新峰，归属为 Si—OH 振动吸收峰[7]，这些结果证实环氧基团和正硅酸乙酯水解物之间发生了接枝反应，且存在大量的硅羟基，可形成大量多重氢键，为自修复功能提供了结构基础。

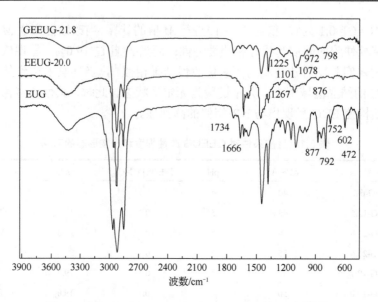

图 5.2　EUG、EEUG-20.0 和 GEEUG-21.8 的 IR 光谱图

图 5.3 为 EUG、EEUG-20.0 和 GEEUG-21.8 的 ¹H-NMR 谱图。可以看出，与 EUG 相比，EEUG-20.0 在化学位移 1.45ppm 和 2.70ppm 处各出现了一个新的吸收峰，分别归属为环氧基邻近的亚甲基和环氧基团上次甲基质子的特征吸收峰，证实部分双键发生了环氧化反应。此外，3.54ppm 处出现了一个非常弱的新的吸收峰，应是环氧基开环生成的羟基的吸收峰。在接枝后，3.54ppm 处新的弱吸收峰移动至 3.52ppm。

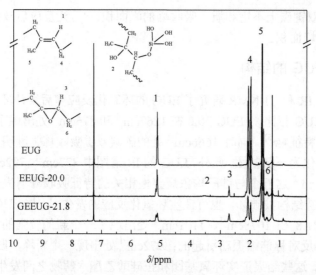

图 5.3　EUG、EEUG-20.0 和 GEEUG-21.8 的 ¹H-NMR 谱图

5.1.3　GEEUG 的性能

1. GEEUG 的结晶性能

本节利用 DSC 和 POM 研究了接枝产物的改性程度对结晶性能和聚集态结构的影响。图 5.4 为不同 M 值的接枝产物的 DSC 曲线。对比可见,环氧化以及后续的接枝破坏了杜仲胶分子链的规整性和对称性,同时环氧基团以及羟基的引入增加了分子链的刚性,导致其运动能力减弱,结晶行为和结晶能力随改性程度增加发生明显变化。当 M=12.5% 时,GEEUG 出现了结晶峰和熔融峰,与 EUG 相比,但结晶温度和熔点都明显降低,结晶度也明显减小;当 $M \geqslant 17.2\%$,DSC 曲线上既没有出现结晶峰,也没有出现熔融峰,说明在测试条件下没有结晶发生。POM 照片(图 5.5)进一步对比了 M 值对 GEEUG 晶体结构的影响。杜仲胶在充分结晶后形成了大而完善的树枝状球晶,GEEUG-12.5 在充分结晶后生长为大量密集的微小球晶;GEEUG-17.2 在充分结晶后出现零星的完整小球晶;GEEUG-21.8 视野范围内始终一片黑暗,没有观察到晶体的出现。综合 DSC 和 POM 结果,GEEUG-12.5 与 EUG 类似,聚集态结构以结晶为主,GEEUG-17.2 以无定型区为主,有少量个体晶体出现;GEEUG-21.8 完全无定型结构。从图 5.4 还可以发现,随着 M 值增加,T_g 依次升高,偏离基线向吸热方向的玻璃化转变台阶逐步增强。这是由于随着极性基团和氢键引入量增加,分子链刚性增加。随着结晶区的细化和消失,结晶区对无定型区分子链段运动的牵制作用减弱甚至消失,玻璃化转变增强。

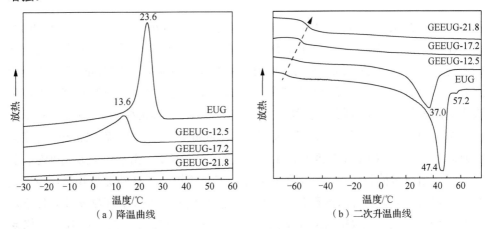

图 5.4　不同改性程度 GEEUG 的 DSC 曲线

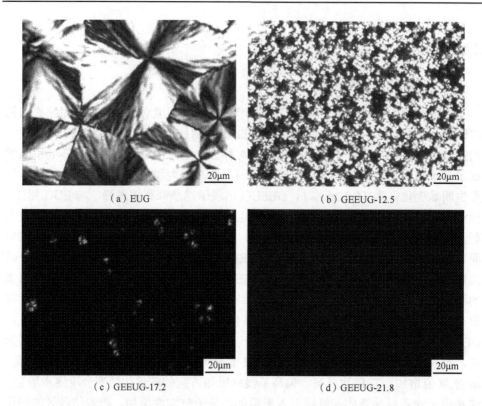

（a）EUG　　　　　　　　　　　　（b）GEEUG-12.5

（c）GEEUG-17.2　　　　　　　　　（d）GEEUG-21.8

图 5.5　EUG 和不同改性程度 GEEUG 的 POM 照片（放大倍数为 200）

2. GEEUG 的自修复性能

　　本节采用光学放大镜分别观察并记录了 EEUG-20.0（环氧度为 20.0%的 EEUG）和 GEEUG-21.8 切开面在 50℃无外力条件下随时间的变化（图 5.6）。从图中可以看出，EEUG-20.0 的切开面随时间的延长逐渐扩大，12min 后基本完全断开，可见 EEUG-20.0 无自修复性能。EEUG-20.0 为无定型态，具有高弹性，裂缝不断增大并最终完全断开是材料弹性收缩的结果。GEEUG-21.8 与 EEUG-20.0 的结果不同，随时间延长，裂缝迅速修复，16min 基本完成修复，22min 时完全修复。这是因为 GEEUG-21.8 侧链中存在大量的 Si—OH，相互间可形成可逆的多重氢键。当材料被破坏后，断面处重新生成多重氢键，使切断面被修复。根据文献[8]，对于环氧化天然橡胶硫化胶，只有在高环氧度（50%）、轻度交联条件下才具有自修复能力；而 GEEUG 在较低温度、无须交联情况下具有高效的自修复能力。

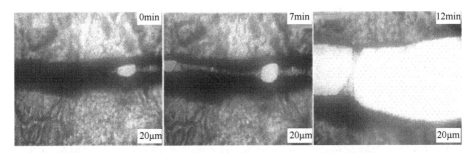

（a）EEUG-20.0

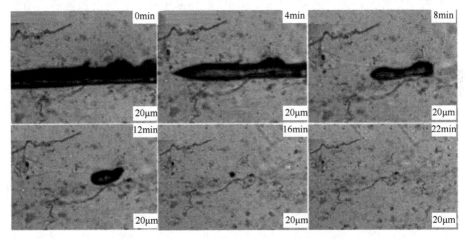

（b）GEEUG-21.8

图 5.6　EEUG 和 GEEUG 断面 50℃下接触不同时间后的光学照片

采用拉伸试验定量表征了 GEEUG 的自修复性能，修复效率计算公式见式（5.2）。图 5.7 给出了修复温度、修复时间、修复次数和改性程度对应力-应变曲线的影响，表 5.2 列出了相应的自修复效率。根据图 5.7，在拉伸过程中，GEEUG 显示出明显的拉伸诱导结晶行为。根据表 5.2，GEEUG-21.8 在较低温度条件下显示出了优异的自修复性能。室温 25℃下修复 2h，修复效率可达 72.6%；50℃修复 2h，自修复效率提高到 83.9%。进一步提高修复温度到 70℃，2h 的自修复效率反而下降到54.2%。这是由于 70℃条件下，氢键作用明显减弱。并且在此温度下材料弹性收缩明显，导致断口变形，难以充分接触和进一步修复。延长修复时间，修复效率先显著提高，2h 后平稳增加，4h 后修复效率达到 88.4%。文献[9]将二芳基二苯丙呋喃酮（DABBF）引入聚丙二醇（$T_g = -58$℃）中，以 DABBF 的动态可逆键为动态交联键，研究了不同温度条件下该体系的自修复行为。该体系在 50℃修复 12h后，修复效率可达 80%。对比可见，本体系的在较低温度（室温至 50℃之间）、无任何外界刺激条件下具有快速、高效的自修复性能。为了考察修复改性程度和修复次数对修复效率的影响，将试样 GEEUG-17.2 拉断后自然拼接，在 50℃无其他外力条件下修复 2h，再次进行拉伸试验，如此反复。根据图 5.7（a）和表 5.2 可以发现，第一次修复效率可达 76.3%，第二次修复效率下降至 55.3%，第三次修复效率明显下降至 34.8%。这主要是随着拉伸断裂次数增加，断面发生了一定形变，且断面不规则程度增加，难以充分接触，导致修复效率下降。对比 5.7（a）和（c）还可以看出，GEEUG-17.2 的自修复效率低于 GEEUG-21.8。一方面，GEEUG-17.2 仍保留一定的结晶，结晶网络的存在一定程度上限制了分子链的运动，从而制约了自修复行为；而 GEEUG-21.8 为无定型结构，分子链的运动能力强，有利于自修复。另一方面，GEEUG-21.8 体系中的多重氢键数量多，增强了自修复性能。

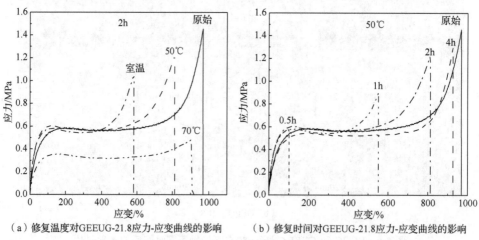

（a）修复温度对GEEUG-21.8应力-应变曲线的影响　（b）修复时间对GEEUG-21.8应力-应变曲线的影响

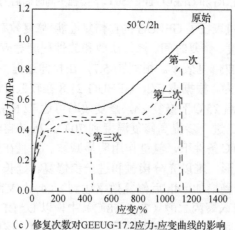

（c）修复次数对GEEUG-17.2应力-应变曲线的影响

图 5.7　GEEUG 自修复前后拉伸应力-应变曲线

表 5.2　改性程度和修复条件对自修复效率的影响

$T/℃$	t/h	n	$\eta/\%$	
			GEEUG-17.2	GEEUG-21.8
25	2	1	—	72.6
50	2	1	—	83.9
70	2	1	—	54.2
50	0.5	1	—	39.7
50	1	1	—	60.9
50	2	1	—	83.9
50	4	1	—	88.4
50	2	1	76.3	—
50	2	2	55.3	—
50	2	3	34.8	—

$$\eta = \frac{R_{m1}}{R_{m0}} \times 100\% \qquad (5.2)$$

式中，R_{m1} 为修复后的拉伸强度；R_{m0} 为修复前的拉伸强度。

3. GEEUG 的动态力学性能

材料的动态力学行为研究可为自修复机理提供有力支撑。图 5.8 为 EUG 与不同改性程度的 GEEUG 剪切模式下的频率谱。根据储能模量-角频率曲线可以看出，EUG 表现出典型的结晶聚合物的动力学行为。随着角频率增加，储能模量增加，G'-ω 曲线表现出终末区、黏流态转变区和弹性平台区。而对于不同 M 值的 GEEUG，储能模量 G' 和损耗模量 G'' 都低于 EUG 的，且随着 M 值增加，G' 和 G'' 逐步下降。这主要是随着改性程度增加，聚集态结构发生了改变造成的结果。随着结晶网络逐步被破坏甚至消失，材料由硬塑性逐渐变为软弹性，模量随之下降。对于 $\tan\delta$，GEEUG-12.5 的 $\tan\delta$ 值与 EUG 相当，但 GEEUG-17.2 和 GEEUG-21.8 的 $\tan\delta$ 都明显高于 EUG。根据前文，GEEUG-12.5 保持了结晶结构，无定型部分的链段运动受到晶区的牵制，因此 $\tan\delta$ 值变化不明显；但对于 GEEUG-17.2 和 GEEUG-21.8，随着晶区减少甚至消失，无定型区链段的运动受晶区分子链的牵制作用减弱，运动能力增强；且随着 M 值的提高，极性基团和多重氢键数量增加，分子运动过程中的内摩擦增加，因此 $\tan\delta$ 逐步增加。值得关注的是，随着角频率增加，GEEUG 体系的 G' 在低频区呈现先下降后上升的趋势，且 M 值越大，下降越明显。这应该是氢键网络结构的破坏-重建动态平衡逐步滞后于外力的变化而最终被完全破坏的结果。根据 $\tan\delta$-ω 曲线还可以看出，GEEUG 的内耗峰相对于 EUG 都明显右移，即链段的松弛时间 $\tau=1/\omega$ 都明显缩短，这有利于提高自修复效率。

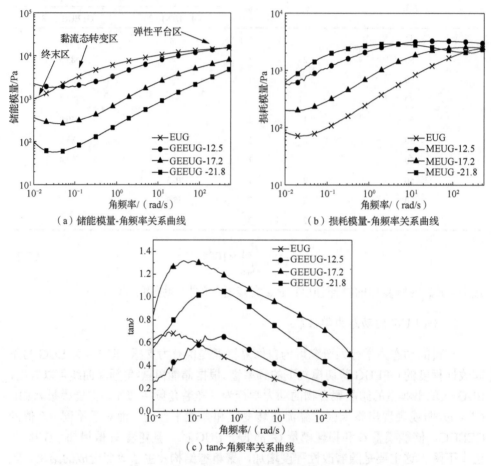

（a）储能模量-角频率关系曲线　　　　（b）损耗模量-角频率关系曲线

（c）tanδ-角频率关系曲线

图 5.8　GEEUG 的剪切模量随频率变化曲线

综上，GEEUG 在温和条件下可快速、高效自修复的机制主要有以下三点：第一，随着改性程度增加，结晶网络逐渐细化，甚至消失，结晶网络对无定型区分子运动的限制作用逐步解除，其富含双键、柔性的链结构赋予材料高弹性，保证断面在受损后，形变能够快速恢复并充分接触；第二，通过 TEOS 改性引入了大量的硅羟基，能够形成可逆的大量多重氢键，在材料受损后，断面处通过氢键的重建作用实现了自修复。这是 GEEUG 在较低温度下快速自修复的化学机制；第三，GEEUG 的 T_g 在-60℃左右，T_m 在 50℃左右，在较低温度下大分子链段和侧基都具有充分的运动能力，在断面处重新建立物理缠绕网络，通过应力松弛和能量耗散等物理机制实现自修复。

由此可见，采用乳液工艺对杜仲胶进行环氧化并进一步开环接枝，可成功调控其结晶结构，并在杜仲胶分子链中引入了多重氢键网络。接枝杜仲胶在较低温度条件下显示出快速、高效的自修复性能。损伤裂缝自然拼接后，在无任何外力作用时室温和 50℃下修复 2h，自修复效率分别可达 72.6%和 83.9%。

5.2　高阻尼磺化杜仲胶材料

磺化是橡胶常用的另一种化学改性方法。磺酸基团和离子键的引入可显著改善橡胶的加工性、耐热性、耐油性、力学性能、亲水性以及电性能，动态力学损耗在高温出现损耗峰。磺化反应中通常采用的磺化试剂是浓硫酸或三氧化硫（SO_3）。由于浓硫酸具有强酸性和强氧化性，在磺化反应过程中副反应多、反应剧烈、放热量大，易导致橡胶分解或焦化。SO_3不易储存和运输，而且气体状态的反应不均匀，应用受到限制。浓硫酸和乙酸酐可原位法形成乙酰硫酸，因该反应过程温和且方便操作，被广泛用于合成低不饱和度的橡胶，如丁基橡胶和三元乙丙橡胶的磺化反应。但对于高不饱和度的橡胶，如顺丁橡胶和异戊橡胶，在进行磺化时容易生成凝胶[10,11]。利用杜仲胶主链上的碳碳双键，可以实现多种单体与杜仲胶的接枝共聚[12,13]。采用含有磺酸或磺酸盐基团的化合物与橡胶进行共聚是橡胶磺化的另一种方法，可以避免上述问题。

采用共聚方法对杜仲胶进行磺化改性，一方面可以实现温和、易控的磺化改性，另一方面可以通过改变分子链的规整性调控分子链的结晶能力，从而调控其力学状态；极性、亲水的磺酸基团的引入，以及离子簇的形成及分布可明显增加分子间作用力，提高杜仲胶阻尼性能。分别采用自由基接枝共聚（对苯乙烯磺酸钠 NaSS 为接枝单体）和环氧基团-亚硫酸氢钠开环反应对杜仲胶进行磺化改性，所得磺化杜仲胶分别命名为 SEUG 和 SEEUG。

5.2.1　接枝共聚法制备磺化杜仲胶

本节采用乳液聚合工艺，以对苯乙烯磺酸钠为接枝单体，对杜仲胶的分子链进行自由基接枝共聚磺化改性。反应原理示意图见图 5.9。研究了合成反应的工艺条件，如引发剂的种类、引发剂的用量、反应温度以及接枝单体的用量对磺化度的影响。

$$A_{S=O} = \frac{A_{S=O}}{A_{1383}} \tag{5.3}$$

式中，$A_{S=O}$ 表示磺酸基团吸收峰的积分面积，$(NH_4)_2S_2O_8$ 引发体系中 $A_{S=O}=A_{1030+1018}$，BPO 引发体系中 $A_{S=O}=A_{1062+1051}$；A_{1383} 为 EUG 甲基的特征吸收峰

的积分面积。

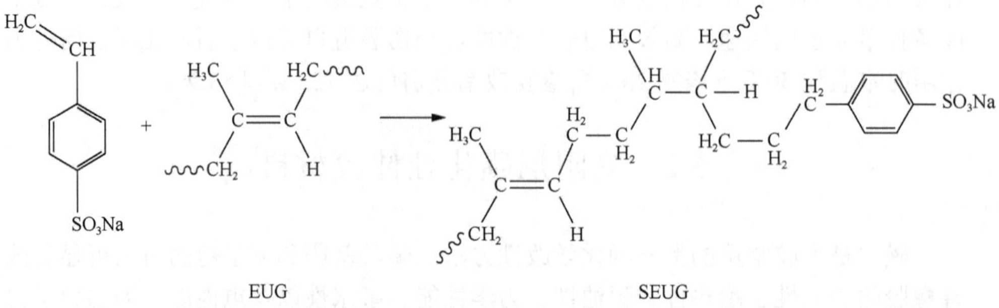

图 5.9 对苯乙烯磺酸钠接枝杜仲胶制备磺化杜仲胶（SEUG）反应示意图

本节分别研究了不同温度下水溶性引发剂过硫酸铵和油溶性引发剂过氧化苯甲酰对反应的影响，以及以水溶性过硫酸铵为引发剂时的引发剂用量和对苯乙烯磺酸钠的用量对反应的影响（表 5.3）。从表中可以看出，对于水溶性的 $(NH_4)_2S_2O_8$ 体系，得到的接枝共聚产物呈现硬皮革态，这与纯 EUG 在常温时呈现的硬皮革态相似。$(NH_4)_2S_2O_8$ 主要存在于水溶性的接枝单体 NaSS 中，接枝共聚反应主要发生在 EUG 粒子表面，接枝率不高，导致对 EUG 分子链的对称性和规整性影响不明显，分子链仍保留有较高结晶能力。但是，随着反应温度升高，SEUG 的磺化度有所提高，表明杜仲胶分子中接枝的 NaSS 单体量增加。随着引发剂用量和接枝单体 NaSS 用量增加，磺化产物宏观上保持了和杜仲胶类似的硬皮革态。

表 5.3 反应条件的影响

样品	引发剂	温度/℃	$m(I):m(EUG)$	$m(NaSS):m(EUG)$	S/%	宏观状态
SEUG-1	$(NH_4)_2S_2O_8$	55	0.1:1	0.4:1	0.3	硬皮革态
SEUG-2	$(NH_4)_2S_2O_8$	60	0.1:1	0.4:1		硬皮革态
SEUG-3	$(NH_4)_2S_2O_8$	65	0.1:1	0.4:1	1.1	硬皮革态
SEUG-4	$(NH_4)_2S_2O_8$	70	0.1:1	0.4:1		硬皮革态
SEUG-5	$(NH_4)_2S_2O_8$	65	0.07:1	0.4:1		硬皮革态
SEUG-6	$(NH_4)_2S_2O_8$	65	0.13:1	0.4:1		硬皮革态
SEUG-7	$(NH_4)_2S_2O_8$	65	0.17:1	0.4:1		硬皮革态
SEUG-8	$(NH_4)_2S_2O_8$	65	0.2:1	0.4:1		硬皮革态

续表

样品	引发剂	温度/℃	$m(I):m(EUG)$	$m(NaSS):m(EUG)$	$S/\%$	宏观状态
SEUG-9	$(NH_4)_2S_2O_8$	65	0.1:1	0.3:1		硬皮革态
SEUG-10	$(NH_4)_2S_2O_8$	65	0.1:1	0.5:1		硬皮革态
SEUG-11	$(NH_4)_2S_2O_8$	65	0.1:1	0.6:1		硬皮革态
SEUG-12	$(NH_4)_2S_2O_8$	65	0.1:1	0.7:1		硬皮革态
SEUG-13	BPO	70	0.12:1	0.67:1		颗粒
SEUG-14	BPO	75	0.12:1	0.67:1		颗粒
SEUG-15	BPO	80	0.12:1	0.67:1	5.1	软弹态
SEUG-16	BPO	85	0.12:1	0.67:1	5.7	软弹态

　　对于油溶性的 BPO 引发剂体系,所得到的接枝共聚产物的宏观状态变化明显（图 5.10）,温度在 70～75℃时为颗粒态,但当聚合温度达到 80℃后则为软弹态,说明磺化度高于$(NH_4)_2S_2O_8$体系。BPO 主要溶解于 EUG 中,NaSS 以单分子状态存在于水中,数目巨大,利于与 NaSS 接触并发生接枝共聚反应。随着反应温度升高,SEUG 的磺化度稍有提高。但是,由于 BPO 体系需要高的共聚反应温度,而杜仲胶的分子链中带有供电性的甲基,使得双键和相邻亚甲基的活性增加,因此共聚反应温度很高时容易诱发杜仲胶的降解、交联等副反应发生。

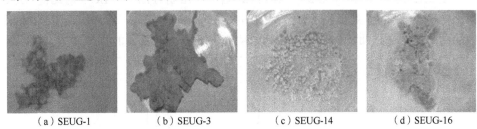

|（a）SEUG-1 |（b）SEUG-3 |（c）SEUG-14 |（d）SEUG-16 |

图 5.10　不同条件下 SEUG 产物的宏观状态图

1. SEUG 的结构分析

　　图 5.11 为 EUG 和 SEUG 的 IR 谱图。与 EUG 相比,SEUG 在 1101cm⁻¹、1030cm⁻¹、1018cm⁻¹出现新峰。1101cm⁻¹和 1030cm⁻¹归属于 S=O 的伸缩振动;1018cm⁻¹为聚苯乙烯磺酸的特征吸收峰[14],这说明磺酸基团已经成功接到杜仲胶分子链上,且一部分磺酸钠基团与体系中的水作用,转变成了磺酸基团;在 862cm⁻¹处的峰归属为杜仲胶上—CH₂—的摇摆振动吸收峰,可观察到随反应温度升高,此峰逐渐减弱,与此同时 1665cm⁻¹附近双键吸收峰没有明显减弱,说明接枝反应主要发生在双键邻近的亚甲基上。与 EUG 相比,SEUG 在 3400～3600cm⁻¹的宽

峰强度增加，且向 3425cm^{-1} 方向移动。3425cm^{-1} 处为羟基伸缩振动的特征吸收峰。本节采用乳液体系实施改性反应，磺酸钠基团中钠离子与水中的质子置换后生成磺酸基团，且磺酸基团间可形成氢键。

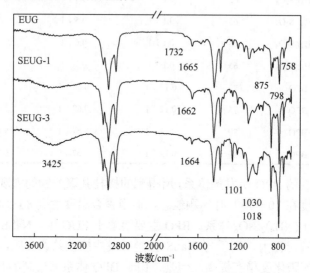

图 5.11　EUG 和 SEUG 的 IR 谱图

图 5.12 为 EUG 和 SEUG 的 ^{1}H-NMR 谱图。由图可知，与 EUG 对比，SEUG 在化学位移 3.5ppm 处出现了一个新的弱吸收峰，这个特征峰应为接枝单体 NaSS 中的磺酸钠对邻近质子的作用，由此说明产物中磺酸钠基团的存在。

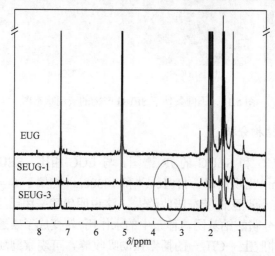

图 5.12　EUG 和 SEUG 的 ^{1}H-NMR 谱图

2. SEUG 的结晶性能分析

分子链结构变化会引发 EUG 分子链结晶能力和结晶行为变化。本节采用 DSC 方法研究了 EUG 和 SEUG 的结晶-熔融行为，结果见图 5.13 和表 5.4。图 5.13（a）为 EUG 和 SEUG 的 DSC 降温曲线。由图中可以看出，EUG 出现了峰形尖锐的结晶峰，23.6℃对应结晶速率最大的温度。与 EUG 相比，SEUG-1 和 SEUG-3 的结晶温度范围变窄，最大结晶速率所对应的结晶温度向高温方向移动，分别为 24.5℃、25.0℃，结晶峰的峰形尖锐，表明磺化产物的结晶速率增加。这一结果与杜仲胶的环氧化改性导致其结晶能力逐渐下降甚至消失完全相反[4]。磺酸基团的接枝对杜仲胶的结晶行为的影响主要有两方面：一是接枝共聚破坏杜仲胶分子链结构的规整性和对称性，使其结晶能力下降；二是不同大分子侧链上的磺酸钠离子基团之间存在较强的相互作用，促进结晶。由于 SEUG 磺化度低，对 EUG 分子链规整性影响较小，对结晶的影响以促进为主。

图 5.13（b）为 EUG 和 SEUG 的 DSC 二次升温曲线。由图中可以看出，EUG 在 57.2℃和 46.8℃出现两个熔融峰，它们分别对应 α-晶型和 β-晶型。对于磺化杜仲胶的熔融，与 EUG 相比，随着反应温度升高，SEUG 中的两个熔融峰都向低温方向移动。这是由于接枝改性导致杜仲胶分子链的规整性下降，晶体的完善程度下降，形成不完善的晶区可以在较低的温度下熔融，熔点稍有降低。

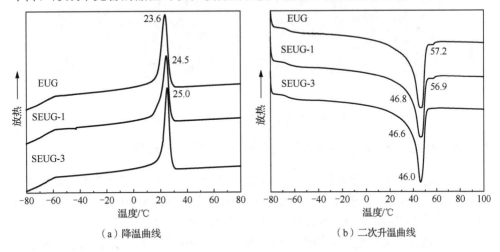

（a）降温曲线　　　　　　　　（b）二次升温曲线

图 5.13　EUG 和 SEUG 的 DSC 曲线

表 5.4　EUG 和 SEUG 的熔点、结晶温度、玻璃化转变温度和结晶度

样品	T_{m1}/℃	T_{m2}/℃	T_c/℃	ΔH_m/（J/g）	X_c/%
EUG	46.8	57.2	23.6	26.9	21.4

续表

样品	T_{m1}/℃	T_{m2}/℃	T_c/℃	ΔH_m/（J/g）	X_c/%
SEUG-1	46.6	56.9	24.5	28.3	22.5
SEUG-3	46.0	—	25.0	29.9	23.7

综上可以看出，在 EUG 分子链中接枝 NaSS 单体后，支链的存在可以破坏 EUG 分子链中的反式结构的规整性和对称性，分子运动能力减弱，在 DSC 测试的温度速率下，SEUG 的晶体完善程度减弱；但是，磺酸钠基团的极性作用和离子之间静电吸附作用可以增强大分子之间的相互作用，导致结晶速率增加和结晶温度升高。

本节采用 POM 观察了 20℃下 SEUG 的等温结晶过程。图 5.14 为 EUG 和 SEUG-3 在 20℃下充分结晶的 POM 照片。由图可见，在相同的结晶温度下，EUG 的平均半径为 24.6μm，SEUG-3 的平均半径为 33.7μm，SEUG-3 的球晶明显大于 EUG，表明苯乙烯磺酸钠基团的存在的确可以促进 SEUG 的结晶。

（a）EUG　　　　　　　　　　（b）SEUG-3

图 5.14　EUG 和 SEUG 在 20℃下充分结晶的 POM 照片

5.2.2　利用环氧基团-亚硫酸氢钠开环反应制备 SEEUG

首先，对 EUG 进行环氧化反应，将杜仲胶分子主链中的部分双键氧化成环氧基团。然后，利用环氧基团与亚硫酸氢钠之间的反应制备 SEEUG，实现在杜仲胶分子链中引入磺酸钠基团，SEEUG 反应示意图见图 5.15。

环氧基具有很高的反应活性。环氧基是由两个碳原子和一个氧原子组成的三元环。三元环张力大，热力学上有开环倾向。加上 C—O 键是极性键，富电子的氧原子易受亲电试剂的进攻；缺电子的碳原子易受亲核试剂的进攻。这样，在环氧基上就形成两个可反应的活性中心：电子云密度较高的氧原子和电子云密度较低的碳原子。当亲电试剂靠近时攻击氧原子，而当亲核试剂靠近时则攻击碳原子，并迅速发生反应，引起 C—O 键断裂，使环氧基开环。反应体系的温度、pH

值、反应时间以及反应物的用量不仅会影响环氧化反应和磺化反应的速率及程度，同时对副反应也会有明显的影响。所以，实验考察了上述反应条件对反应的影响，结果见表 5.5，其中 M 为反应程度，部分产物宏观状态见图 5.16。

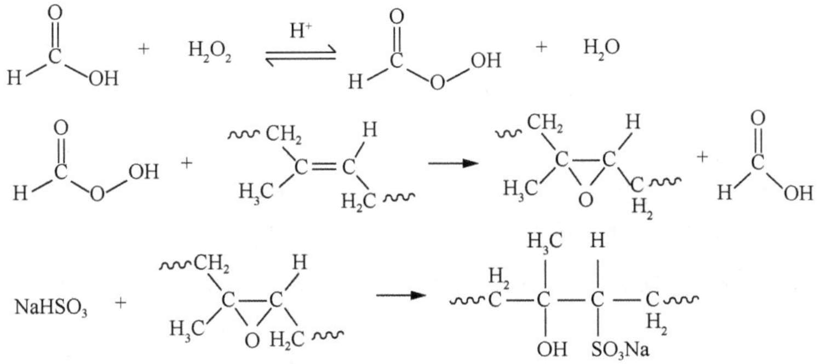

图 5.15　亚硫酸氢钠磺化杜仲胶制备 SEEUG 反应示意图

表 5.5　反应条件对磺化度和改性程度的影响

样品	$T/℃$	t/h	pH	[NaHSO$_3$]/[C=C]	$S/\%$	$M/\%$
SEEUG-1	45	2	2	0.16	1.6	18.2
SEEUG-2	50	2	2	0.16	3.6	18.3
SEEUG-3	55	2	2	0.16	7.5	19.1
SEEUG-4	60	2	2	0.16	—	—
SEEUG-5	55	2	11	0.16	6.4	20.9
SEEUG-6	55	2	9	0.16	8.6	24.4
SEEUG-7	55	2	9	0.20	5.7	17.9
SEEUG-8	55	2	9	0.18	4.3	19.2
SEEUG-9	55	2	9	0.14	3.6	20.5
SEEUG-10	55	1	9	0.16	1.8	18.7
SEEUG-11	55	3	9	0.16	3.3	20.3
SEEUG-12	55	4	9	0.16	2.4	25.5

$$M = \frac{A_{2.7}}{A_{2.7} + A_{5.11}} \times 100\% \qquad (5.4)$$

式中，$A_{2.7}$ 为双键改性后质子吸收峰的峰面积；$A_{5.11}$ 为双键不饱和质子吸收峰的峰面积。

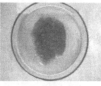 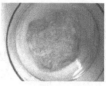

　（a）SEEUG-1　　　　（b）SEEUG-3　　　　（c）SEEUG-6　　　　（d）SEEUG-11

图 5.16　不同反应条件所得 SEEUG 的宏观状态图

从表 5.5 和图 5.16 可以看出，pH=9 环境更有利于环氧化杜仲胶与 NaHSO₃ 的反应，生成较高磺化度的磺化杜仲胶。另外，对于 pH=2 体系，当其他反应条件相同时，随着温度升高，磺化度提高。实验中发现，当反应温度达到 60℃，反应体系黏度增加，出现黏壁现象，反应难以平稳进行。磺化反应的时间为 2h 时，得到的磺化产物具有最高的磺化度。随着反应时间延长，副反应发生趋势增加。磺化剂 NaHSO₃ 的用量具有最佳值，反应体系中存在环氧化反应后剩余的过氧化氢，可与磺化剂 NaHSO₃ 发生副反应。

5.2.3　SEEUG 的结构与性能

1. EUG、EEUG 和 SEEUG 的 IR 谱图分析

图 5.17 为 EUG、EEUG 和 SEEUG-6 的 IR 谱图。与 EUG 相比，EEUG 在 $1260\mathrm{cm^{-1}}$ 处出现的新吸收峰为环氧基团 C—O—C 的对称伸缩振动的特征吸收峰；$875\mathrm{cm^{-1}}$，$796\mathrm{cm^{-1}}$，$757\mathrm{cm^{-1}}$ 处与结晶有关的链段构象规整性的特征吸收峰消失；双键 $1665\mathrm{cm^{-1}}$ 处的特征吸收峰明显减弱。这些结果可以说明分子链中的部分双键被氧化成环氧基团，且分子链的规整性减弱。

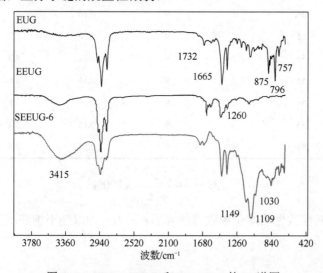

图 5.17　EUG、EEUG 和 SEEUG-6 的 IR 谱图

相比于 EUG 和 EEUG，SEEUG-6 在 1030cm^{-1}、1109cm^{-1} 和 1149cm^{-1} 处出现了新吸收峰，为磺酸钠基团硫氧双键 S=O 的伸缩振动吸收峰，说明磺酸钠基团成功接枝到了 EUG 的分子链中。另外，SEEUG-6 中的环氧基团的特征吸收峰依然存在，说明在 SEEUG-6 的分子链中仍然有环氧基团存在，亚硫酸氢钠将 EEUG 中的部分环氧基团磺化。波数在 3415cm^{-1} 处的吸收峰为羟基伸缩振动的特征吸收峰。在 SEEUG-6 中，该吸收峰的强度有所增加，可以归属为乳液中水分子和磺酸钠基团上的氧原子形成的氢键。所以，由 SEEUG-6 的红外谱图可以看出，SEEUG-6 的分子链中含有环氧基团、羟基以及极性磺酸钠基团。

2. EUG、EEUG 和 SEEUG 的 ^{1}H-NMR 谱图分析

图 5.18 为 EUG、EEUG 和 SEEUG-6 的 ^{1}H-NMR 谱图。与 EUG 相比，在 EEUG 中，化学位移在 2.7ppm 处的新的特征峰归属于与环氧基团上的碳原子相连的氢原子的质子特征峰，这个特征峰说明了分子链中环氧基团的存在。而且，在 EEUG 的谱图中，EUG 的 *trans*-1,4-结构的质子特征峰仍然存在，说明 EEUG 的分子链中仍为反式结构。

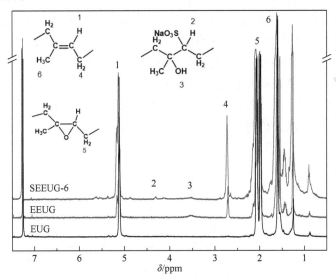

图 5.18　EUG、EEUG 和 SEEUG-6 的 ^{1}H-NMR 谱图

与 EUG 和 EEUG 相对比可知，SEEUG-6 在 3.52ppm 和 4.31ppm 处出现了两个新的质子吸收峰，分别归属为与磺酸钠基团相连的碳原子的相邻碳上的羟基氢和次甲基上氢的共振峰。5.1~5.5ppm 处的吸收峰归属为 EUG 的 *trans*-1,4 结构双键上的不饱和质子由于磺酸钠基团和羟基的静电作用、分子间氢键而产生的质子特征峰。另外，在 SEEUG-6 的谱图中，仍然存在 EUG 的 *trans*-1,4-结构的质子特

征峰和 EEUG 的连有环氧基团的碳的质子特征峰，这说明了 SEEUG-6 的分子链仍为反式结构，而且分子链中仍然含有环氧官能团。SEEUG-6 的 ^{1}H-NMR 谱图也说明了反式结构、环氧基团、磺酸钠基团和羟基的存在。

3. SEEUG 的结晶行为

图 5.19（a）为 EUG 和 SEEUG 的 DSC 降温曲线，图 5.19（b）为 DSC 二次升温曲线。从 EUG 和 SEEUG 的 DSC 降温曲线可以看出，EUG 降温曲线中的最大结晶速率出现在 23.6℃，结晶峰的峰形尖锐，这说明 EUG 的分子链具有良好的结晶能力，可以形成比较完善的晶体。对于 SEEUG-10 的 DSC 降温曲线，它的最大结晶速率出现在 7.2℃，而且也具有尖锐的结晶峰，这说明它同样具有良好的结晶能力。但是，与 EUG 相比较，SEEUG-10 最大结晶速率的温度明显降低，同时结晶峰强度降低。这说明环氧基团和磺酸钠基团的存在改变了分子链的对称有序性，结晶能力受到一定破坏。而对于其他磺化产物的 DSC 降温曲线，都没有结晶峰出现，说明改性程度高，分子链规整性破坏严重，结晶能力完全丧失。这一结果与我们前期环氧化改性研究结果相符[4]。此外，将磺化杜仲胶的降温结晶行为（表 5.6）与表 5.5 中样品的改性程度和磺化度进行对比可以发现，高改性程度的样品 DSC 降温曲线中没有结晶峰的出现，而低改性程度的磺化杜仲胶的 DSC 降温曲线中有尖锐的结晶峰，具有较强的结晶能力和结晶行为。这说明改性程度 M 值，即发生反应了的双键与初始双键的比例可以反映链段规整性下降的程度对结晶行为有明显影响，而 SEEUG 分子链中所引入的磺酸钠基团是在环氧化基础上进行的，因此磺化度 S 值对分子链规整性的影响不占主导地位。

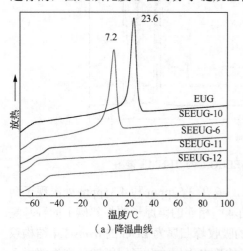

（a）降温曲线

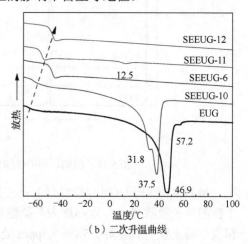

（b）二次升温曲线

图 5.19　EUG、SEEUG 的 DSC 曲线

由图 5.19 可知，EUG 在 57.2℃和 46.9℃出现了两个熔融峰，它们分别对应 α-晶型和 β-晶型的熔融温度。随着 M 值和 S 值增加，SEEUG 熔融峰强度逐渐减弱，甚至消失。随着 M 值增加，分子链的对称性和有序性被破坏程度增加。随着 S 值增加，磺酸钠基团数量增加，磺酸钠基团间的离子作用增强，大分子链间相互运动能力减弱。因此，随着 M 值和 S 值增加，结晶能力逐步减弱，甚至消失。

与纯 EUG 相比，SEEUG 的玻璃化转变台阶明显增高，T_g 向高温方向移动。在高改性程度下，晶区消失，晶区对非晶区分子链运动的限制作用消失，玻璃化转变现象明显。T_g 是高聚物链段运动开始发生（或被冻结）的温度，T_g 的提高说明 SEEUG 链段的运动需要在更高的温度下才能开始发生。SEEUG 分子链中引入的磺酸钠基团使其分子链刚性增加，而且不同分子链上磺酸钠基团间可形成离子静电作用，增强了分子间作用力，因此 T_g 提高。

表 5.6　EUG 和 SEEUG 的熔融-结晶行为

样品	$S/\%$	$M/\%$	$T_c/℃$	$T_{m1}/℃$	$T_{m2}/℃$	$\Delta H_m/$（J/g）	$X_c/\%$
EUG	0	0	23.6	57.2	46.9	37.0	29.4
SEEUG-10	1.8	18.7	7.2	37.5	31.8	25.8	20.5
SEEUG-6	8.6	24.4	—	—	—	0	0
SEEUG-11	3.3	20.3	—	12.5	—	1.0	0.8
SEEUG-12	2.4	25.5	—	—	—	0	0

图 5.20 为 EUG 和 SEEUG 的 XRD 曲线。根据文献[15]，对于 EUG，在 I、IV、V 处的衍射峰为纯 EUG 中的 α-晶型特征衍射峰，II、III、VI 为 β-晶型的特征衍射峰。EUG 的衍射曲线上，这六个衍射峰都明显呈现，说明 EUG 中 α-晶型和 β-晶型共同存在。

对于 SEEUG，α-晶型的 I、IV、V 衍射峰消失，而 β-晶型的 II、III、VI 衍射峰仍然明显，说明 SEEUG 以 β-晶型为主。随着 M 值增加，α-晶型和 β-晶型的衍射峰都逐渐减弱，甚至转变成无定型结构的弥散峰；对于 SEEUG，均出现了新衍射峰 VIII 和 IX，且衍射峰强度随着 S 值增加而增强。随着 M 值增加，大分子链的对称有序性逐步减弱，结晶能力减弱，所以衍射峰强度减弱。随着 S 值增加，磺酸钠基团数目增加，磺酸钠基团之间的离子作用可以促进分子链的局部有序排列，导致 SEEUG 分子链形成了新的晶型。

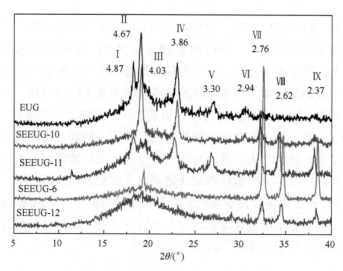

图 5.20　EUG、SEEUG 的 XRD 曲线

4. SEEUG 的热稳定性分析

　　SEEUG 分子链中引入的极性—SO_3Na 基团可以增加分子链之间的作用，提高 SEEUG 样品的热稳定性。所以，本节对 EUG、SEEUG 进行了热稳定性测试，结果见图 5.21 和表 5.7。由图 5.21 和表 5.7 可以看出，与 EUG 相比，SEEUG 的热重曲线逐渐向高温方向移动，说明 SEEUG 样品的热稳定性明显改善。随着改性程度增加，最大失重速率温度提高了 5～12℃。改性程度高，则碳碳双键含量低，低双键含量是 SEEUG 热稳定性改善的主要原因。随着磺化度提高，590℃时残余量依次增加。以上结果说明，SEEUG 主链分解温度主要取决于改性程度，而 590℃时残余量则主要由磺化度决定。

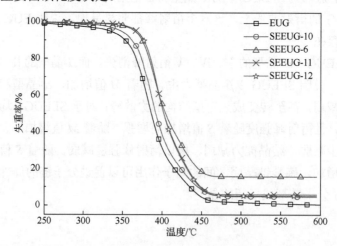

图 5.21　EUG 和 SEEUG 的 TG 曲线

表 5.7　EUG 和 SEEUG 的热稳定性

样品	S/%	M/%	590℃时残余量（质量分数）/%	最大失重速率温度/℃
EUG	0	0	0.53	382
SEEUG-10	1.8	18.7	4.7	387
SEEUG-6	8.6	24.4	15.6	389
SEEUG-11	3.3	20.3	5.8	393
SEEUG-12	2.4	25.5	5.2	394

5. SEEUG 的力学性能分析

图 5.22 和表 5.8 对比了 EUG、EEUG、SEEUG 的拉伸性能和硬度。根据图 5.22，EUG 表现为典型的玻璃态高聚物力学行为。随着应力增加，发生明显的屈服行为。此后，随着应变增加，发生一定程度的应变硬化，直至样品断裂。与NR 不同，EUG 没有高弹性，而是皮革质地。这一性能特点与 EUG 结晶的聚集态结构密切相关。EEUG 的应力-应变曲线与 EUG 不同，没有屈服现象发生，拉伸强度由 EUG 的 5.1MPa 下降至 1.6MPa，而断裂伸长率则由 18% 增加至 275%。随着聚集态结构由 EUG 的结晶结构转变为 EEUG 的无定型结构，力学状态也由 EUG 的硬而韧转变为 EEUG 的软而韧。与 EEUG 类似，具有不同改性程度和磺化度的SEEUG 的应力-应变曲线都呈现出典型的弹性体特征。拉伸强度介于 EUG 和EEUG 之间，但断裂伸长率显著增加，超过 600%。其中，SEEUG-11 表现出最佳的拉伸性能，拉伸强度最高，断裂伸长率超过 700%。

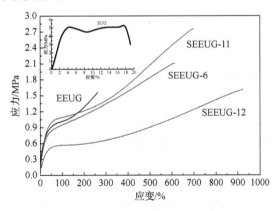

图 5.22　EUG、EEUG、SEEUG 的应力-应变曲线

根据表 5.8，随着改性程度增加，SEEUG 的拉伸强度和硬度显著减小，同时，断裂伸长率明显增加。SEEUG-6 和 SEEUG-12 具有相似的 M 值。但是，前者的

拉伸强度明显高于后者，断裂伸长率则相反。这些结果说明，SEEUG 的力学性能主要取决于改性程度 M 值，或者说是结晶度。但是，磺化度 S 值也在一定程度上起到增强增韧的作用。磺酸钠基团的引入通过离子间静电作用增加了分子链间的作用力，而且这种动态离子键为弱键，当受到外力作用时，它优先于化学键断裂，断裂过程中消耗大量能量，应力集中被消除，促进了分子链取向和拉伸诱导结晶，因此起到增强增韧的效果。

表 5.8　EUG、EEUG 和 SEEUG 的力学性能

材料	S/%	M/%	邵氏硬度（HA）	100%定伸应力/MPa	300%定伸应力/MPa	拉伸强度/MPa	断裂伸长率/%
EUG	0	0	92	—	—	5.1	18
EEUG	0	20.1	48	0.9	1.1	1.6	275
SEEUG-6	8.6	24.4	33	0.8	1.0	2.1	640
SEEUG-11	3.3	20.3	39	1.0	1.1	2.8	772
SEEUG-12	2.4	25.5	25	0.5	0.5	1.6	935

6. EUG 和 SEEUG 的动态力学性能分析

材料的动态力学性能与分子间相互作用密切相关，而环氧基团和磺酸钠基团的引入会对 SEEUG 分子间相对运动时的内摩擦具有显著影响。图 5.23 和表 5.9 给出了改性程度 M 值和磺化度 S 值对 SEEUG 储能模量 E'、损耗模量 E'' 和 $\tan\delta$ 的影响。

从图 5.23 可以看出，SEEUG-10 和 SEEUG-11 呈现出典型的结晶聚合物的动态力学行为。在图 5.23（a）～（c）上都出现两个动力学活跃区，分别对应玻璃化转变和晶体熔融。随着 M 值增加，弹性平台的储能模量 E' 值依次明显下降。当 M 值达到 24.4%后，弹性平台消失；同时，SEEUG 的熔点向低温方向移动。这是 SEEUG 结晶度降低以及晶体结构不完善造成的。SEEUG-6 和 SEEUG-12 这两个改性程度相对较高的 SEEUG 呈现出典型的无定型聚合物的动力学行为。这与前文的 DSC 和拉伸性能结果一致。M 值对损耗模量的影响趋势与其对储能模量的影响一致。

从表 5.9 中可以看出，随着 M 值增加，T_g 和 $\tan\delta$ 单调增加，同时，玻璃化转变现象显著增强。SEEUG-12 表现出最大的 $\tan\delta$ 值，是 EUG 的 14.6 倍。原因主要在于两方面：第一，随着结晶区的弱化甚至消失，晶区对无定型区链段运动的牵制作用减弱甚至消失，因此链段运动增强，内摩擦增加。第二，极性的环氧基团和磺酸钠离子间相互作用增加了分子链的刚性和相互运动时的内摩擦。磺化杜仲胶的 $\tan\delta$ 值明显提高，可用作性能优异的阻尼材料。

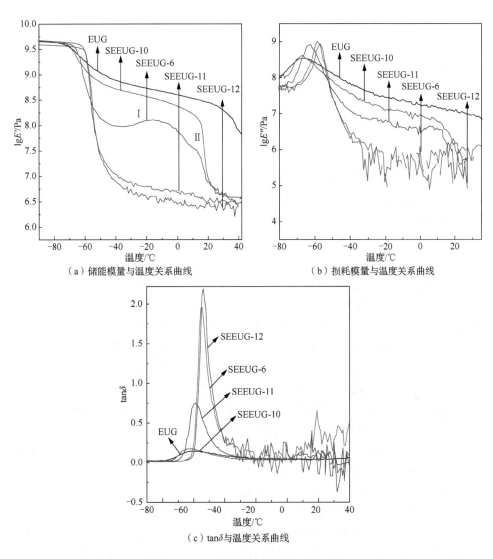

（a）储能模量与温度关系曲线　　　　　（b）损耗模量与温度关系曲线

（c）tanδ与温度关系曲线

图 5.23　EUG 和 SEEUG 的 DMA 曲线

表 5.9　EUG 和 SEEUG 的动态力学性能

样品	S/%	M/%	T_g/℃	T_g 下的 tanδ
EUG	0	0	−61.4	0.15
SEEUG-10	1.8	18.7	−61.9	0.17
SEEUG-6	8.6	24.4	−55.3	1.94
SEEUG-11	3.3	20.3	−58.7	0.75
SEEUG-12	2.4	25.5	−53.7	2.19

以上研究表明，SEEUG 的结晶性能、拉伸性能和动态力学性能均由改性程度和磺化度共同作用。改性程度主要决定了聚集态结构，而—SO$_3$Na 通过离子作用增强了分子间的作用力，诱导了新晶型的出现，同时动态离子键充当"牺牲键"，并促进拉伸诱导结晶发生，起到补强和增韧作用。

5.3　液体杜仲胶

液体天然橡胶是指分子量为 $\bar{M}_n \leqslant 20000$ 的黏稠状、可流动天然橡胶。它不仅具有天然橡胶的基本性能，而且分子链中或链端通常带有醛、酮、羟基或环氧基团等官能团，可进一步实现链扩展和链交联反应。另外，因其具有良好的流动性，加工操作方便，使液体天然橡胶在黏合剂、涂料、增容剂、橡塑改性剂、电子灌封剂等领域具有广泛的应用价值。迄今，制备液体天然橡胶的方法主要有高温塑解法、氧化降解法、光催化法、高温高压氧化法、臭氧降解法和微生物降解法。其中，氧化降解法是常用的方法之一，氧化降解体系主要有苯肼/O$_2$ 体系、过硫酸钾/丙醛降解体系和高碘酸降解体系。采用苯肼/O$_2$ 氧化体系生成的液体天然橡胶分子量可控，但由于苯肼的毒性，其生产应用受到限制；过硫酸钾/丙醛体系所得液体天然橡胶的分子量相对较高，且反应温度较高；高碘酸能很好地将橡胶分子量降低，且反应条件温和，为目前最佳的降解剂。

高碘酸可通过进攻二烯烃均聚物（如天然橡胶和合成聚异戊二烯橡胶）和共聚物（如 SBR）分子链中的碳碳双键导致其氧化降解，也可通过进攻环氧化天然橡胶分子链中的碳碳双键和环氧基团而导致其氧化降解。环氧化橡胶中由于增加了可以与高碘酸反应的官能团而有助于其降解。鉴于杜仲胶和天然橡胶在化学结构上的相似性，在杜仲胶环氧化改性基础上，进一步利用高碘酸使环氧基团开环断链，制备含有环氧基团、醛基和酮基的液体杜仲胶[16]。

液体杜仲胶的室温可流动性、可链扩展和链交联反应性、进一步改善的相容性和易操作性，将进一步拓展杜仲胶的性能范围和应用领域。如与环氧树脂或聚氨酯等混溶，可改善环氧树脂或聚氨酯黏剂和涂料等产品的韧性，并赋予其耐热性、耐油性和气密性等。

5.3.1　LEEUG 的合成

采用间接氧化法制备液体杜仲胶，即首先利用乳液法制得环氧化杜仲胶，然后用高碘酸氧化降解环氧化杜仲胶，制得链中含有环氧基团、链端为醛基和酮基的液体杜仲胶（图 5.24）。本节重点考察了环氧度、反应时间以及高碘酸用量对液体杜仲胶的分子量及分子量分布的影响（表 5.10）。

图 5.24　LEEUG 照片

表 5.10　反应条件对 EEUG 和 LEEUG 分子量及其分布的影响

样品	$T/℃$	$E/\%$	$\Delta E/\%$	t/h	$\dfrac{n_{H_5IO_6}}{n_{C=C}}$	$\bar{M}_n\ /\times10^4$	$\bar{M}_w\ /\times10^4$	PDI
EUG	—	—	—	—	—	38.30	71.97	1.88
EEUG-1	50	16.7	—	—	0	24.87	43.18	1.74
EEUG-2	53	21.3	—	—	0	25.33	43.82	1.73
EEUG-3	55	24.4	—	—	0	26.12	44.14	1.69
LEEUG-1	50	9.5	7.2	6	0.03	0.81	2.04	2.54
LEEUG-2	53	13.8	7.5	6	0.03	0.94	1.80	1.91
LEEUG-3	55	17.4	7.0	6	0.03	0.99	1.49	1.51
LEEUG-4	55	—	—	9	0.03	0.95	1.62	1.71
LEEUG-5	55	—	—	10	0.03	1.02	1.50	1.47
LEEUG-6	55	—	—	6	0.02	1.31	1.95	1.49
LEEUG-7	55	—	—	6	0.04	1.08	1.58	1.46

注：T 为环氧化反应温度；ΔE 为降解反应前后环氧度差值；降解反应温度为30℃。

从表 5.10 可以看出，随着环氧化反应温度升高，EEUG 的环氧度逐渐增高，从 16.7% 增加至 24.4%。环氧化过程在一定程度上导致杜仲胶的分子量降低，这是因为 H_2O_2 在热氧的作用下会形成活性自由基，作用于双键而导致分子链断裂[1]。降解反应后，环氧度都降低，但降解前后环氧度的差值 ΔE 几乎不受环氧度的影响（7.0%～7.5%），说明约有 7.0% 的环氧基团参与了降解反应。随着 EEUG 环氧度增加，LEEUG 的 $\bar{M}_n$ 稍有增加，$\bar{M}_n$ 范围在 8000～10000，但分子量分布明显变窄（图 5.25），这说明随着环氧度增加，降解反应更均匀。随着降解反应时间从 6h 延长至 9h，数均分子量 $\bar{M}_n$ 和 PDI 变化不明显；反应 10h 的产物相比于 6h 和 9h 的 $\bar{M}_n$ 反而略有增大，PDI 稍有降低，应该是发生了支化副反应。随着高碘酸用量增加，数均分子量 $\bar{M}_n$ 在 $n_{H_5IO_6} : n_{C=C} = 0.03$ 时出现最小值。

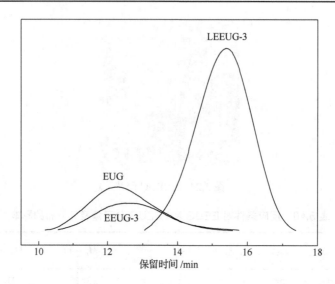

图 5.25　EUG、EEUG-3 和 LEEUG-3 的分子量和分子量分布曲线

5.3.2　LEEUG 的结构

　　本节采用 IR 和 NMR 对 LEEUG 进行了结构分析。图 5.26 为 EUG、EEUG-3 和 LEEUG-3 的 IR 谱图。EUG 在 $875cm^{-1}$、$798cm^{-1}$、$758cm^{-1}$、$595cm^{-1}$、$465cm^{-1}$ 处的 5 个吸收峰为与 EUG 链段构象微观有序性相关的特征吸收峰。波数 $1664cm^{-1}$ 处为 EUG 中双键 C=C 的伸缩振动吸收峰，波数 $1734cm^{-1}$ 处为 EUG 封端酯基的特征吸收峰[3]。与 EUG 相比，EEUG-3 在波数 $850cm^{-1}$ 和 $1250cm^{-1}$ 处出现了两个新的特征吸收峰，分别对应环氧基团 C—O—C 的不对称和对称伸缩变形振动[6]，证实 C=C 双键被氧化为环氧基团。与 EUG 和 EEUG-3 相比，LEEUG-3 在 $1720cm^{-1}$ 处出现一强度相对较高的新的吸收峰，应归属于 C=O 的特征吸收峰[17]。这说明降解反应过程中生成了醛基或酮基。

　　图 5.27 为 EUG、EEUG-3 和 LEEUG-3 的 ^{13}C-NMR 谱图及对应的分子结构式。化学位移 77.3ppm 处为氘代氯仿碳的共振峰。EUG 在化学位移 39.74ppm、134.95ppm、124.24ppm、26.74ppm 及 16.03ppm 处的共振峰分别为 $CH_2(9)$、$C=(3)$、$=CH(4)$、$CH_2(11)$ 和 $CH_3(12)$ 的共振峰。环氧化后，EEUG-3 在 $CH_2(9')$、$CH_2(11')$ 和 $CH_3(12')$ 处的共振峰分别偏移至 39.21ppm、27.37ppm 和 16.86ppm 处，在 63.5ppm 和 60.8ppm 处出现了新的共振峰，分别为环氧化后与氧连接的 C_5 和 C_6 的峰，证实环氧化反应的发生[18,19]。LEEUG-3 在 202.1ppm 处的峰为醛基碳 $HC=O(2)$ 的共振峰，42.3ppm 处出现了与醛基碳相邻的 $CH_2(8)$ 的共振峰，208.7ppm 处的共振峰归属于酮基碳 $C=O(1)$ 的峰，29.7ppm 和 43.9ppm 处的峰分别为与酮基相邻的 $CH_3(10)$ 和 $CH_2(7)$ 的共振峰[20]，应为高碘酸氧化降解破坏环氧基团生成醛基与酮基。

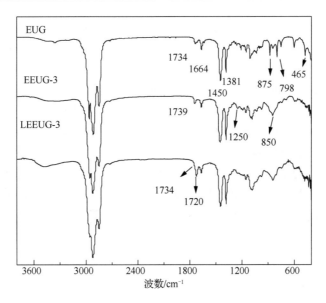

图 5.26　EUG、EEUG-3 和 LEEUG-3 的 IR 谱图

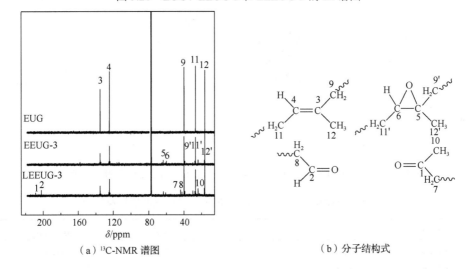

（a）^{13}C-NMR 谱图　　　　　　　　　　（b）分子结构式

图 5.27　EUG、EEUG-3 和 LEEUG-3 的 ^{13}C-NMR 谱图及对应的分子结构式

图 5.28 为 EUG、EEUG-3 和 LEEUG-3 的 ^{1}H-NMR 谱图及对应的分子结构式。可以看出，化学位移 5.12ppm 为 EUG 反式-1,4-聚异戊二烯单元双键上不饱和质子的特征峰；1.9～2.1ppm 处为 EUG 上与双键相邻的两个亚甲基上的质子特征峰；1.60ppm 为 EUG 上与双键相邻的甲基的质子特征峰。环氧化后，EEUG-3 在化学位移 2.70ppm 处出现了一个新的吸收峰，归属为环氧键碳上相邻质子的特征吸收峰，证实部分双键发生了环氧化反应。LEEUG-3 在化学位移为 9.73ppm 处出现一

个醛基的质子共振峰，在 2.49ppm 处出现了与醛基相连的亚甲基质子峰，在 2.25ppm 出现了与酮端基相连的亚甲基质子共振峰[21]，在 2.13ppm 处出现与酮端基相连的甲基质子共振峰，证实了醛基和酮基的生成。为了考察降解反应前后碳碳双键和环氧基团含量的变化，表 5.11 给出了根据图 5.28 所计算的降解反应前后化学位移 5.12ppm 和 2.70ppm 分别与 1.60ppm 处峰面积的比值。根据表 5.11，在降解反应过程中，三种样品的 $A_{2.70}/A_{1.60}$ 均减小，但 $A_{5.12}/A_{1.60}$ 基本不变且一致，说明高碘酸氧化降解时参与反应的是环氧基团而非碳碳双键。这一结果与 Gillierritoit 等[20]的研究结果相符，高碘酸选择性的进攻环氧基团而使其断裂。但 Phinyocheep 等[22]认为，高碘酸氧化降解环氧化天然橡胶反应中，既可通过进攻环氧基团实现断链，也可以通过进攻碳碳双键实现断链。

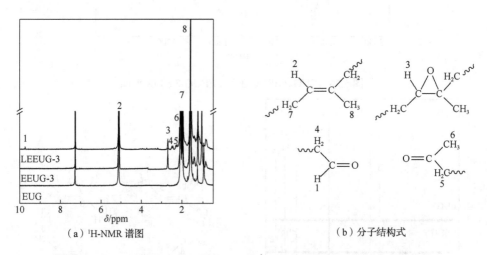

（a）¹H-NMR 谱图　　　　　　　　（b）分子结构式

图 5.28　EUG、EEUG-3 和 LEEUG-3 的 ¹H-NMR 谱图及对应的分子结构式

表 5.11　不同温度下 EEUG 和 LEEUG 的核磁共振氢峰面积

样品	$E/\%$	$A_{1.60}$	$A_{2.70}/A_{1.60}$	$A_{5.12}/A_{1.60}$
EEUG-1	16.7	1	0.05	0.24
EEUG-2	21.3	1	0.07	0.24
EEUG-3	24.4	1	0.08	0.25
LEEUG-1	9.5	1	0.03	0.24
LEEUG-2	13.8	1	0.04	0.24
LEEUG-3	17.4	1	0.03	0.25

综上，结合 IR 和 NMR 提出可能的反应示意图，如图 5.29 所示，生物合成的杜仲胶以酯基封端，因此具有一定的水溶性，为杜仲胶稳定乳液的配置提供了可

能。乳液法良好的传质传热环境保证了环氧化反应均匀、稳定地发生，环氧度和环氧基团均匀分布均可控。随着强氧化剂高碘酸的加入，高碘酸选择性的进攻环氧基团，使其开环生成邻二醇，邻二醇进一步地与高碘酸作用脱水，同时断链生成两端分别带有醛基和酮基的液体杜仲胶。

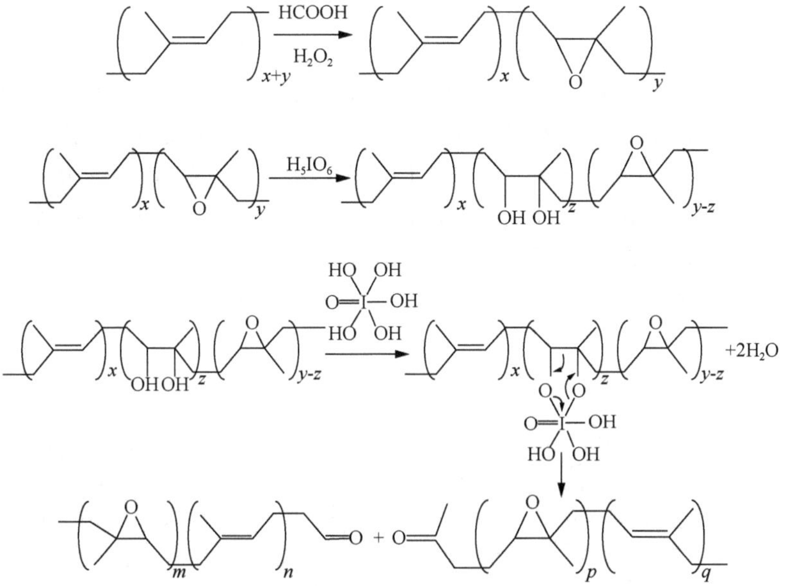

图 5.29　LEEUG 合成反应示意图

5.3.3　LEEUG 的性能

1. LEEUG 的结晶-熔融行为

为了考察 LEEUG 聚合度和分子链物理、化学结构的改变对结晶性能的影响，采用 DSC 研究了液体杜仲胶的结晶性能。图 5.30 为 EUG、EEUG 及不同环氧度 LEEUG 的 DSC 曲线。降温过程中 EUG 在 20~25℃范围内有一个尖锐的结晶峰，最大结晶速率温度为 23.5℃；EUG 在二次升温过程中出现两个熔融峰，其中 46.4℃为 α-晶型的熔融峰，39.9℃为 β-晶型的熔融峰，结晶度达 34.7%。

不同环氧度 EEUG 及其降解所得的 LEEUG 的结晶行为与 EUG 不同。不同环氧度的 EEUG 在降温过程中都没有出现结晶峰，但在二次升温过程中，EEUG-1和 EEUG-2 出现了两个微弱的熔融峰，且温度都明显低于 EUG 的熔点；EEUG-3中无熔融峰。环氧化反应破坏了分子链的对称性和有序性，EEUG 的结晶行为取决于被氧化的碳碳双键的分率，即环氧度。随着环氧度增加，环氧化产物结晶能力减弱，结晶度降低；当环氧度超过临界值，结晶能力完全消失。LEEUG 三个样品在降温曲线上都没有结晶峰出现，但在升温过程中，LEEUG-1 和 LEEUG-2 在 -8～1℃范围内都出现了明显的结晶峰，这归因于二次结晶现象的发生。在 11～32℃范围内出现了熔融峰，且熔点明显高于 EEUG 的熔点。而 LEEUG-3 既无结晶峰也无熔融峰出现。产生上述不同热行为有两个原因。第一，LEEUG-1 和 LEEUG-2 虽然有序性受到一定程度的破坏，刚性增加，但环氧度没有达到临界值，仍保持有一定的结晶能力；在分子链尺寸很大的情况下，分子链运动能力有限，导致在选定的升降温速率下来不及结晶或来不及充分结晶；EEUG-3 的环氧度高达 24.4%，超过结晶聚集态结构向无定型聚集态结构转变的环氧度临界值[6]，LEEUG-3 结晶能力完全消失。第二，LEEUG 分子量仅为 8000～10000，聚合度为 117～147，分子链的运动能力明显优于 EEUG，因此在二次升温过程中发生明显的冷结晶现象；并且，LEEUG 的分子运动能力优于高分子量的 EEUG，所生成的晶体完善程度相对较高，熔点提高。

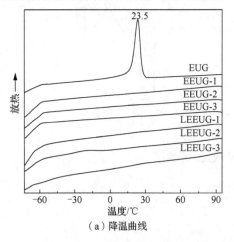 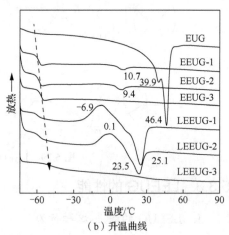

（a）降温曲线　　　　　　（b）升温曲线

图 5.30　EUG、EEUG 和 LEEUG 的 DSC 曲线

根据表 5.12，随着环氧度增加，EEUG 的 T_g 逐渐升高。环氧化反应使得分子链中引入环氧基团，增加了分子链的刚性。氧化降解后，LEEUG 的 T_g 进一步升高。氧化降解反应使分子链端基引入醛基或酮基，分子间相互作用增强，刚性增加，T_g 提高。

表 5.12　EUG、EEUG 和 LEEUG 的 DSC 数据

样品	T_g/℃	T_{m1}/℃	T_{m2}/℃	ΔH_m/(J/g)	X_c/%	T_c/℃
EUG	-67.7	46.4	39.9	43.6	34.7	23.5
EEUG-1	-59.3	10.7	—	2.4	1.9	—
EEUG-2	-58.9	9.4	—	2.1	1.7	—

续表

样品	T_g/℃	T_{m1}/℃	T_{m2}/℃	ΔH_m/（J/g）	X_c/%	T_c/℃
EEUG-3	−57.3	—	—	0	0	—
LEEUG-1	−57.2	25.1	—	26.5	21.0	−6.9
LEEUG-2	−57.0	23.5	—	15.2	12.1	0.1
LEEUG-3	−45.9	—	—	0	0	—

2. LEEUG 的热稳定性

环氧化和氧化降解反应不仅导致分子链的断裂，还先后将环氧基团、醛基和酮基引入 LEEUG 的分子链中和链端，导致分子链极性增加，分子间作用力增强。为了考察分子量和化学组成的改变对热稳定性的影响，本节对比了 EUG、EEUG-3 和 LEEUG-3 的热失重（thermogravimetry，TG）和微商热重（derivative thermogravimetry，DTG）曲线。根据图 5.31 和表 5.13，EUG 的 TG 曲线出现一个热失重台阶，相应的 DTG 曲线只出现一个明显的峰，说明 EUG 的热氧降解反应为一步反应，即聚异戊二烯分子链按自由基链式反应机理发生的降解反应[11]。相比 EUG，EEUG-3 的 TG 曲线也出现一个热失重台阶，但相应的 DTG 曲线一个主峰分裂为三个小峰，这应该与环氧基团的存在及分布导致分子链组成的微小差异有关。EEUG 的 5%分解温度、10%分解温度和最大热失重速率温度均低于 EUG。热稳定性的下降应该是由于分子量降低引起的，而非环氧基团的引入。与 EUG 和 EEUG 不同，LEEUG-3 的 TG 曲线出现两个热失重台阶，对应的 DTG 曲线也出现了两个峰，说明 LEEUG 的热氧降解反应为二步反应。第一步反应热失重速率最大温度为 220℃，这是分子链端的醛基和酮基脱除反应引起的；第二步反应热失重速率最大温度为 439℃，这是主链断裂引起的。

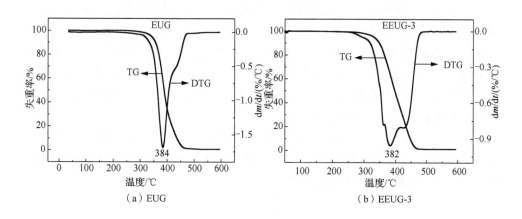

（a）EUG　　　　　　　　　　　　　（b）EEUG-3

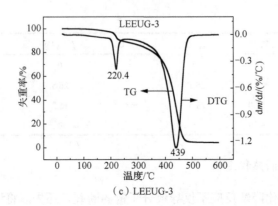

（c）LEEUG-3

图 5.31　EUG、EEUG-3 和 LEEUG-3 的 TG 和 DTG 曲线

表 5.13　EUG、EEUG-3 和 LEEUG-3 的分解温度和失重率

样品	$T_{5\%}$/℃	$T_{10\%}$/℃	T_{max}/℃	失重率/%
EUG	342	356	384	99.2
EEUG-3	332	348	382	98.4
LEEUG-3	215	236	220	8.7
			439	86.6

注：$T_{5\%}$是失重率 5%对应的温度；$T_{10\%}$是失重率 10%对应的温度；T_{max}是最大失重率的温度。

3. LEEUG 的流变性能

为了考察液体杜仲胶分子量和分子量分布对其流变行为的影响，本节对比了不同分子量和分子量分布的 LEEUG 在不同温度下的复数黏度 η^* 随角频率 ω 的变化曲线（图 5.32、表 5.14）。可以看出，随着角频率 ω 增加，复数黏度 η^* 曲线呈现先减小后升高的趋势。根据聚合物分子的缠结理论，在较低的角频率下，LEEUG分子的解缠结速率和缠结的重新形成速率基本一致，所以在低频区，η^* 的变化不明显；在较高的角频率下，LEEUG 分子的解缠结速度大于缠结的重新形成速率，故 η^* 呈现下降的趋势；在更高的角频率下，LEEUG 分子链运动逐渐跟不上角频率的变化，η^* 呈现上升趋势。随着温度升高，复数黏度 η^* 减小且 η^* 发生下降趋势转变时对应的角频率越来越低。在较高的温度下，LEEUG 的分子链运动能力高，解缠结更容易，所以 η^* 下降趋势明显。

随着 LEEUG 的 $\overline{M}_n$ 的增大，复数黏度 η^* 逐渐增大，$\Delta\eta^*$ 也逐渐增大。这是因为分子量越高，分子链间缠结越多。LEEUG-1 的分子量分布较宽，PDI 值为 2.54，复数黏度对温度和切变速率的依赖性大。

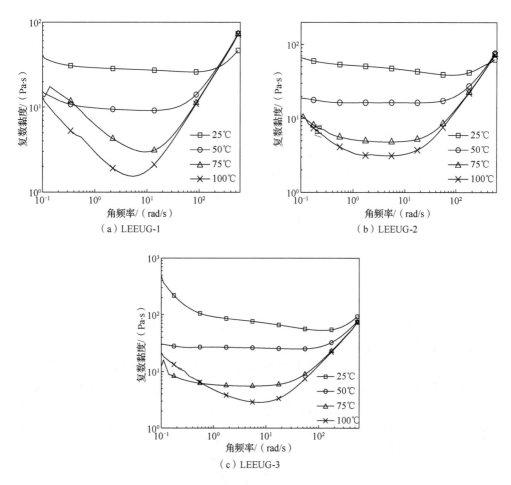

图 5.32　LEEUG-1、LEEUG-2 和 LEEUG-3 的流变性能曲线

表 5.14　LEEUG-1、LEEUG-2 和 LEEUG-3 的复数黏度

样品	$\bar{M}_n$ /×10⁴	$\bar{M}_w$ /×10⁴	PDI	扫描温度/℃	$\eta^{\bullet}_{\min}$ / (Pa·s)	$\Delta\eta^{\bullet}$ / (Pa·s)
LEEUG-1	0.81	2.04	2.54	25	26.04	
				50	9.12	16.92
				75	2.97	6.15
				100	1.52	1.45
LEEUG-2	0.94	1.80	1.91	25	38.71	
				50	16.29	22.42
				75	4.82	11.47
				100	3.12	1.70

续表

样品	$\bar{M}_{n}/\times 10^{4}$	$\bar{M}_{w}/\times 10^{4}$	PDI	扫描温度/℃	$\eta^{*}_{min}/(Pa\cdot s)$	$\Delta\eta^{*}/(Pa\cdot s)$
LEEUG-3	0.99	1.49	1.51	25	52.89	
				50	24.97	27.92
				75	5.51	19.46
				100	2.84	2.67

综上可见，采用间接氧化法，利用高碘酸在低温条件下氧化降解环氧化杜仲胶，成功制备了带有醛基和酮基的端羧基液体杜仲胶。当 $n_{H_5IO_6}:n_{C=C}=0.03$，30℃下氧化降解 6h 时，液体杜仲胶的分子量范围 8000~10000。LEEUG 数均分子量越高，LEEUG 复数黏度越大，PDI 值越高，切变速率对温度和角频率的依赖性越大。

5.4 本章小结

杜仲胶主链上有两个化学反应活性点，碳碳双键或 α-H。研究发现，反式-1,4-聚异戊二烯结构上这两个活性点表现出比顺式-1,4-聚异戊二烯更高的化学反应活性。利用杜仲胶主链上较高活性的碳碳双键或 α-H，可对杜仲胶进行环氧化、磺化、氧化降解、接枝共聚等多种化学改性，实现对其链结构和结晶聚集态结构的调控。在此基础上，结合杜仲胶独特的橡-塑二重性，可赋予杜仲胶自修复、自黏性、自增强等独特的性能和功能。这对于拓展杜仲胶的应用领域，加快其产业化进程有重要的促进作用。

参 考 文 献

[1] 杨凤, 王文远, 杨阳. 一种基于杜仲胶的自修复弹性体材料的合成方法: CN106336469A[P]. 2017-01-18.
[2] 王文远, 杨凤, 高瑞横. 基于天然橡胶的自修复弹性体材料的合成及性能研究[J]. 化工新型材料, 2019, 47(4): 53-57.
[3] 王芳, 刘剑洪, 罗仲宽. 正硅酸乙酯水解-缩合过程的动态激光光散射研究[J]. 材料导报, 2006, 20(6): 144-146.
[4] Feng Y, Qi L, Li X, et al. Epoxidation of eucommia ulmoides gum by emulsion process and the performance of its vulcanizates[J]. Polymer Bulletin, 2017, 74(9): 3657-3672.
[5] 杨凤, 王芳, 方庆红. 乳液法环氧化改性天然杜仲胶[J]. 高分子材料科学与工程, 2015, 31(5): 56-61.
[6] 杨凤, 姚琳, 刘奇. 环氧化改性杜仲胶与合成反式-1, 4-聚异戊二烯的性能对比[J]. 高分子材料科学与工程, 2017, 33(10): 45-52.
[7] 杨凤, 周金琳, 王文远. 基于杜仲胶的自修复弹性体的结构设计与合成[J]. 高分子材料科学与工程, 2019, 35(12): 113-120.
[8] Rahman M A, Sartore L, Bignotti F. Autonomic self-healing in epoxidized natural rubber[J]. ACS Applied Materials & Interfaces, 2013, 5(4): 1494-1502.

[9]　Imato K, Takahara A, Otsuka H. Self-healing of a cross-linked polymer with dynamic covalent linkages at mild temperature and evaluation at macroscopic and molecular levels[J]. Macromolecules, 2015, 48(16): 5632-5639.

[10]　杨凤, 代丽, 张嫚, 等. 一种磺化杜仲胶制备方法：CN107746440A[P]. 2018-03-02.

[11]　代丽, 王文远, 周金琳, 等. 杜仲胶接枝对苯乙烯磺酸钠的研究[J]. 沈阳化工大学学报, 2019, 33(2): 145-150.

[12]　杨凤, 孟祥晴, 于欢. 杜仲胶接枝甲基丙烯酸丁酯的合成与表征[J]. 高分子材料科学与工程, 2017, 33(4): 19-24.

[13]　龚兴宇, 张新儒, 王伟泽, 等 杜仲胶接枝苯乙烯[J]. 合成橡胶工业, 2016, 39(4): 294-297.

[14]　Yang F, Dai L, Liu T. Preparation of high-damping soft elastomer based on Eucommia ulmoides gum[J]. Polymer Bulletin, 2020, 77(3): 33-47.

[15]　Zhang J, Xue Z. A comparative study on the properties of Eucommia ulmoides gum and synthetic *trans*-1, 4-polyisoprene[J]. Polymer Testing, 2011, 30(7): 753-759.

[16]　杨凤, 胡世睿, 江悦. 一种液体杜仲胶制备方法: CN110183552A[P]. 2019-08-30.

[17]　杨凤, 胡世睿, 魏佳煜. 液体杜仲胶的制备[J]. 高分子材料科学与工程, 2020, 36(9): 35-42, 48.

[18]　Shao H, Li B, Yu Q. Study on the structure of epoxidized *trans*-1, 4-polyisoprene synthesized by heterogeneous and homogeneous method using ^{13}C-NMR[1][J]. Polymer Science, Series A, 2017, 59(1): 33-41.

[19]　Gemmer R V, Golub M A. ^{13}C-NMR spectroscopic study of epoxidized 1, 4-polyisoprene and 1, 4-polybutadiene[J]. Journal of Polymer Science, Polymer Chemistry Edition, 1978, 16(11): 2985-2990.

[20]　Gillierritoit S, Reyx D, Campistron I. Telechelic *cis*-1, 4-oligoisoprenes through the selective oxidolysis of epoxidized monomer units and polyisoprenic monomer units in *cis*-1, 4-polyisoprenes [J]. Journal of Applied Polymer Science, 2010, 87(1): 42-46.

[21]　Rooshenass P, Yahya R, Seng N G. Preparation of liquid epoxidized natural rubber by oxidative degradations using periodic acid, potassium permanganate and UV-irradiation[J]. Journal of Environment Polymers Degradation, 2017, 26(4): 1-15.

[22]　Phinyocheep P, Phetphasit C W, Derouet D. Chemical degradation of epoxidized natural rubber using periodic acid: Preparation of epoxidized liquid natural rubber[J]. Journal of Applied Polymer Science, 2005, 95(1): 6-15.

第6章 生物基杜仲胶功能涂料

环氧树脂具有优良的耐腐蚀性和黏结性能,是工业上广泛使用的涂料基体材料。随着科学技术的发展,应用于海洋环境的电子设备越来越多,要求涂层既具有良好的防腐蚀性能,又具有电磁屏蔽或导电功能,防腐涂料正向高性能化、功能化、绿色化的方向发展,而单一组分的涂料难以满足上述使用需求,因此制备兼有电磁屏蔽功能的防腐涂料具有重要意义。杜仲胶来源于可再生资源,具有良好的耐酸碱、耐海水性能,很早就应用于海底电缆材料。将杜仲胶引入环氧树脂不仅可改善涂层脆性和成膜性,还可提高其耐盐雾性和电磁屏蔽性能。本章以杜仲胶或环氧化杜仲胶、环氧树脂(E-51)和碳纳米管(carbon nanotube,CNTs)为原料,构建了一系列基于杜仲胶的新型功能防腐涂料。

6.1 环氧树脂/杜仲胶/碳纳米管涂层的制备及防腐与电磁屏蔽性能研究

6.1.1 E-51/EUG/CNTs 涂层的制备

首先,将 CNTs 和表面活性剂曲拉通(聚氧乙烯-8-辛基苯基醚)研磨混合 30min 后转移到烧杯中,加入一定量的甲苯在 40℃下磁力搅拌 30min,超声分散 1h,制得 CNTs 的甲苯分散液;然后,向 CNTs 的分散液中依次加入 EUG 甲苯溶液和 E-51 甲苯溶液,搅拌均匀,继续加入分散剂 F-428、流平剂 F-385、抗氧化剂 1010 和消泡剂 F-280,超声分散 1h;最后,向上述混合物体系中加入适量的固化剂聚酰胺 651(PA651),用玻璃棒搅拌均匀后涂于模具上,50℃烘箱中固化成膜,样品命名为 EUGn,n 代表 E-51/EUG/CNTs 复合涂层中 EUG 用量占 E-51 和 EUG 总质量的质量分数为 n%。E-51/EUG/CNTs 复合涂层制备流程如图 6.1 所示,E-51 和 PA651 的固化反应机理如图 6.2 所示。

6.1.2 CNTs 用量对 E-51/CNTs 复合涂层性能的影响

1. E-51/CNTs 复合涂层的附着力

图 6.3 所示为 CNTs 用量对 E-51/CNTs 复合涂层附着力的影响。由图可以看出,随着 CNTs 用量增加,E-51/CNTs 复合涂层的附着力呈现先上升后逐渐下降

趋势，在 CNTs 用量为 7%时附着力出现最大值。这是由于经过曲拉通处理后的 CNTs 表面富含极性的羟基基团，不但可以使 CNTs 均匀分散在基体中，增强涂层与金属间的相互作用力，还可以对复合涂层起到一定的补强作用[1]，从而提高了复合涂层的附着力。当 CNTs 用量为 1%～2%时，附着力变化不明显，这是因为 CNTs 用量过低，对界面增强作用不明显。当 CNTs 用量为 2%～7%时，CNTs 粒子在基体中逐步形成有效的填料-填料、填料-聚合物网络，使得涂层与金属间的相互作用力增加，附着力增加。而 CNTs 用量大于 7%时附着力开始下降，这是因为过多的 CNTs 发生聚集现象，团聚体会导致涂层固化成膜时产生应力集中，形成微裂纹，使 E-51/CNTs 复合涂层的表面产生缺陷，导致涂层附着力下降[2]。

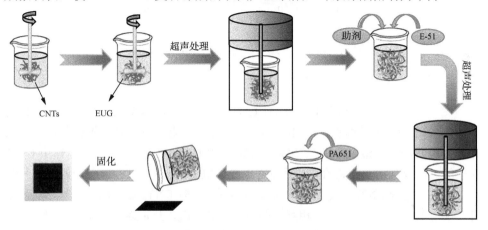

图 6.1　E-51/EUG/CNTs 复合涂层制备流程图

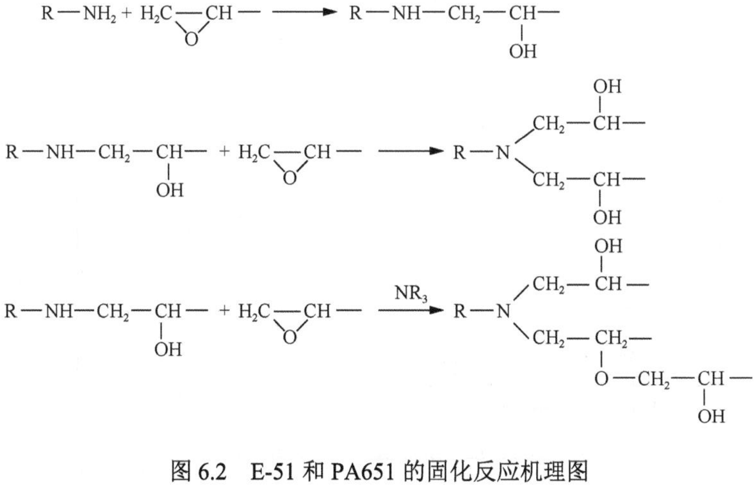

图 6.2　E-51 和 PA651 的固化反应机理图

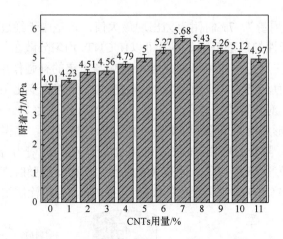

图 6.3　CNTs 用量对 E-51/CNTs 复合涂层附着力的影响关系图

2. E-51/CNTs 复合涂层的导电性能

图 6.4 所示为 CNTs 用量对 E-51/CNTs 复合涂层电导率的影响。从图可以看出，随着 CNTs 用量增加，E-51/CNTs 复合涂层的电导率先几乎不变化，然后快速上升最后趋于平缓。当 CNTs 用量在 2%～4%时，涂层电导率很小，基体中 CNTs 粒子间大部分是相互分离的，几乎没有形成导电网络，E-51/CNTs 复合涂层几乎没有导电性。随着 CNTs 用量增加到 4%～6%时，E-51/CNTs 复合涂层电导率有所上升，导电填料 CNTs 之间可以相互接触并连接到一起，开始逐步形成少量的导电网

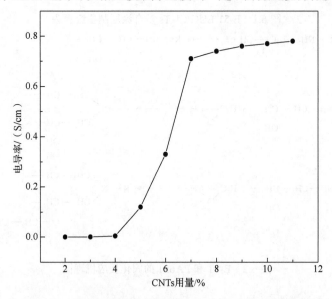

图 6.4　CNTs 用量对 E-51/CNTs 复合涂层电导率的影响

络。当 CNTs 用量为 7%～9%时，E-51/CNTs 复合涂层的电导率大幅度升高，表明导电填料 CNTs 能够形成完善的导电网络，符合导电逾渗规律[3]。当 CNTs 用量大于 9%时，过多的 CNTs 会发生团聚现象，对完善的导电网络没有影响，所以复合涂层的电导率上升不明显。

综上所述，当 CNTs 用量为 7%时，复合涂层具有综合最优的电性能和力学性能。基于此，本节确定了后续研究的 E-51/EUG/CNTs 复合涂层中 CNTs 用量为 E-51 和 EUG 总质量的 7%。

6.1.3　EUG 用量对 E-51/EUG/CNTs 复合涂层性能的影响

1. E-51/EUG/CNTs 复合涂层的形貌

为了研究 EUG 的加入对导电填料 CNTs 在复合涂层中分散情况的影响，本节对 E-51/EUG/CNTs 复合涂层进行了 SEM 分析。图 6.5（a）为 EUG0 涂层表面的 SEM 照片，可以看出，涂层表面出现了很多微孔，而且 CNTs 在基体中的分散并不均匀，有明显的聚集现象。图 6.5（b）～（f）为 EUG2～EUG10 涂层表面的 SEM 照片，可以看出，随着 EUG 用量增加，涂层表面的微孔越来越少。当 EUG 用量为 4%时，涂层表面的孔洞基本消失，说明 EUG 的加入可以弥补环氧树脂 E-51 在固化过程中产生的缺陷微孔[4]。并且，随着 EUG 用量增加，CNTs 的分散均匀性得到了提高，这有利于形成完善的导电网络结构，提高复合涂层的导电性能。由此可见，在 E-51 中引入 EUG 不仅可以弥补 E-51 在固化过程中产生的缺陷微孔，而且还可以改善导电填料 CNTs 在基体中的分散均匀性。

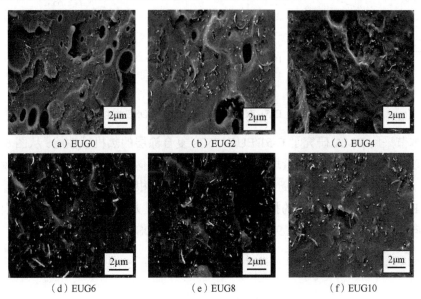

图 6.5　E-51/EUG/CNTs 复合涂层的 SEM 照片

2. E-51/EUG/CNTs 复合涂层热性能

为了研究 EUG 在 E-51/EUG/CNTs 复合涂层中的结晶行为,本节对 E-51/EUG/CNTs 复合涂层进行了 DSC 测试。图 6.6(a)为 E-51/EUG/CNTs 复合涂层 DSC 降温曲线,图 6.6(b)为 E-51/EUG/CNTs 复合涂层 DSC 二次升温曲线。如图所示,图 6.6(a)中在 20～25℃范围内出现了 EUG 的结晶峰,在图 6.6(b)中在 45～50℃范围内出现了 EUG 的晶体熔融峰,随着 E-51/EUG/CNTs 复合涂层体系中 EUG 含量增加,结晶峰和熔融峰的峰强度都逐渐变大。这说明,复合涂层中 EUG 以小聚集体形式较为均匀地分布在 E-51 中,EUG 聚集体中存在 EUG 晶体。由图 6.6(b)还可以看出,E-51/EUG/CNTs 复合涂层中 E-51 的 T_g 向低温方向,即在 EUG 的 T_g 和 E-51 的 T_g 之间移动,从 77℃下降到 61℃,表明 E-51 和 EUG 之间具有良好的相容性。

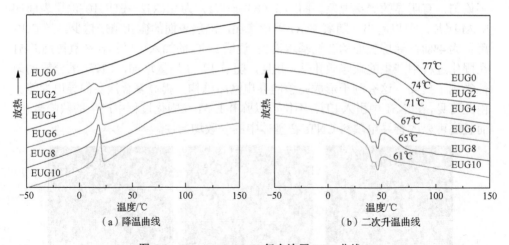

图 6.6　E-51/EUG/CNTs 复合涂层 DSC 曲线

本节采用 DMA 研究了 E-51/EUG/CNTs 复合涂层的热机械性能。从图 6.7(a)中可以看出,随着 EUG 用量增加,复合涂层体系的储能模量逐渐增大,这说明高模量 EUG 的加入提高了复合涂层的储能模量。根据图 6.7(b)可以看出,E-51/EUG/CNTs 复合涂层的损耗因子峰逐渐向低温方向移动,即复合涂层的 T_g 逐渐向低温方向移动,T_g 从 98℃下降到 76℃,与 DSC 的测试结果一致。

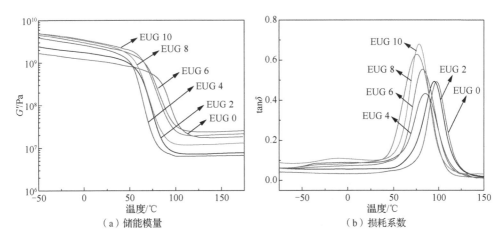

图 6.7　E-51/EUG/CNTs 复合涂层的动态热机械性能

3. E-51/EUG/CNTs 复合涂层导电性能

图 6.8 为 E-51/EUG/CNTs 复合涂层电导率随 EUG 用量的变化曲线。由图可知，随着 EUG 的加入，E-51/EUG/CNTs 复合涂层的电导率呈上升趋势。当 EUG 用量（质量分数）从 4% 增加到 6% 时，电导率上升幅度较大。当 EUG 用量继续增加时，涂层的电导率上升幅度趋缓，EUG 用量（质量分数）为 10% 时，电导率达到 0.085S/cm。根据前文，EUG 的聚集体相对均匀地分散在 E-51 中，其中 EUG 以结晶结构存在，CNTs 难以扩散进入 EUG 的结晶区域，主要分布在无定型区。与不添加 EUG 体系相比，在相同 CNTs 用量情况下，E-51/EUG/CNTs 复合涂层中 CNTs 的有效体积分数更大，有效单位体积内 CNTs 粒子浓度更高，促进导电网络结构进一步完善，因此 E-51/EUG/CNTs 复合涂层导电性有所提高。随着 EUG 用量增加，EUG 结晶区域体积更大，因此复合涂层的导电性单调增加。

4. E-51/EUG/CNTs 复合涂层附着力性能

图 6.9 为 E-51/EUG/CNTs 复合涂层的附着力柱状图。由图可以看出，随着 EUG 用量增加，复合涂层的附着力先增加后降低，在 EUG 用量（质量分数）为 6% 时出现最大值。E-51/EUG/CNTs 复合涂层的附着力皆高于 E-51/CNTs 复合涂层。说明 EUG 的加入可以有效提高复合涂层的附着力，原因在于，EUG 的加入改善了涂层基体的黏结性，弥补了环氧树脂 E-51 在固化过程中产生的缺陷微孔，对 E-51 起到增韧作用，因此随着 EUG 用量增加，附着力增加，但当 EUG 用量过多时，EUG 会发生团聚现象，降低了涂层与金属基体的黏附力，造成涂层与金属间作用力减弱，附着力降低。

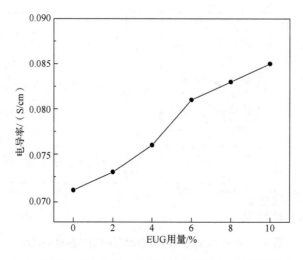

图 6.8 E-51/EUG/CNTs 复合涂层电导率随 EUG 用量的变化曲线

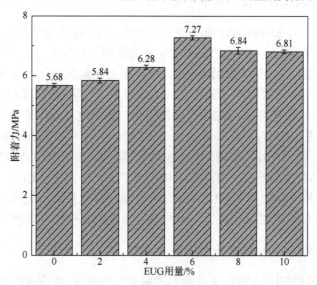

图 6.9 E-51/EUG/CNTs 复合涂层的附着力柱状图

5. E-51/EUG/CNTs 复合涂层电化学性能

图 6.10 为不同 EUG 用量的 E-51/EUG/CNTs 复合涂层在 5%NaCl 水溶液中浸泡 0h、240h 和 480h 后的 Nyquist 图。从图中可以看出,在浸泡 0h 时,所有涂层的 Nyquist 曲线半径较大并且呈上升趋势,复合涂层电化学阻抗值都比较高。此时涂层刚刚接触到 NaCl 电解质溶液,腐蚀介质还没有浸润复合涂层表面。随着浸泡时间延长至 240h 和 480h,复合涂层 Nyquist 曲线半径依次减小,电化学阻抗

值呈现明显下降趋势，说明随着浸泡时间延长，腐蚀介质开始通过复合涂层到达金属基体表面，对金属基体产生腐蚀作用。

对比不同 EUG 用量体系可知，0h 时 EUG0 体系的阻抗值约为 $5×10^7 \Omega \cdot cm^2$，随着 EUG 用量（质量分数）从 2% 增加到 10%，复合涂层电化学阻抗逐渐升高后略有下降，EUG8 体系的阻抗值最大，约为 $9×10^7 \Omega \cdot cm^2$。EUG10 体系的电化学阻抗值比 EUG8 体系有所下降，是因为 EUG 用量过多时影响了 E-51 的成膜性，附着力下降，导致涂层防腐蚀性能降低。可见，适量 EUG 的加入可提高化学阻抗值，改善复合涂层的防腐性能。当 E-51/EUG/CNTs 复合涂层分别浸泡 240h 和 480h 后，随着 EUG 用量增加，复合涂层的 Nyquist 曲线半径都呈现增加趋势，电化学阻抗值增大，表明 EUG 的加入明显改善了复合涂层的防腐性能。

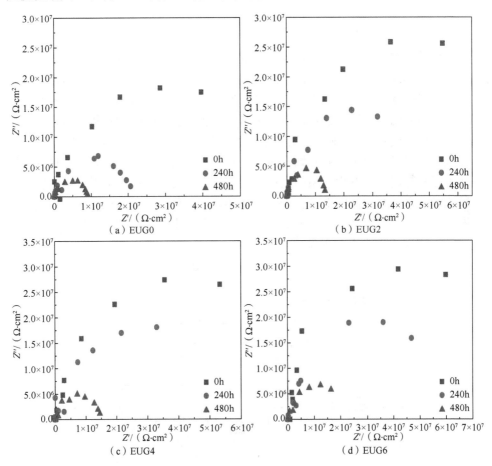
（a）EUG0　　　　　　　（b）EUG2
（c）EUG4　　　　　　　（d）EUG6

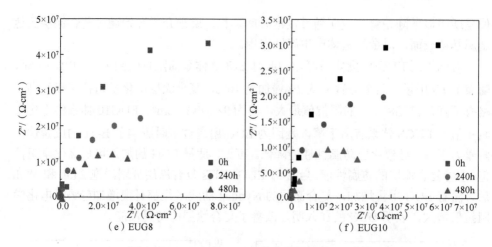

（e）EUG8　　　　　　　　　（f）EUG10

图 6.10　E-51/EUG/CNTs 复合涂层 Nyquist 曲线

电化学电路模拟分析是对电化学阻抗的进一步解释，可以模拟电化学的工作过程，主要体现随着时间延长涂层的电化学阻抗值变化的原因，并对电化学的防腐性能进行解释。图 6.11 为 E-51/EUG/CNTs 复合涂层电化学腐蚀过程的拟合电路图。在浸泡初始时，涂层的存在阻碍了腐蚀介质与金属表面的直接接触，从而保护金属基体免受腐蚀，此时涂层阻抗值较大，涂层作用类似一个电容［6.11（a）］。随浸泡时间延长，腐蚀介质开始浸润涂层并通过涂层表面的缺陷和微孔进入金属基体表面和金属基体发生一系列电化学反应，由于反应过程中会发生电荷转移，所以此时具有电荷转移电阻 R_{rt}［图 6.11（b）］。此外，由于腐蚀反应不断发生，金属表明生成保护性氧化层，抑制了腐蚀反应进一步发生，作用相当于一个电容 C_{dl}，涂层阻抗出现升高的现象[5]。

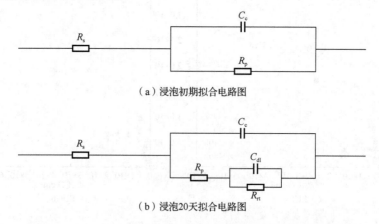

（a）浸泡初期拟合电路图

（b）浸泡20天拟合电路图

图 6.11　E-51/EUG/CNTs 复合涂层电化学腐蚀过程的拟合电路图

6. E-51/EUG/CNTs 复合涂层盐雾性能

图 6.12 为不同 EUG 用量的 E-51/EUG/CNTs 复合涂层盐雾腐蚀前后的表面形貌比对照片。由图 6.12（a_1）～（f_1）可以看出，盐雾腐蚀前，随着 EUG 用量增多，E-51/EUG/CNTs 复合涂层表面变得越来越光滑平整，表明涂层的成膜性越来越好，直观证明了 EUG 和环氧树脂良好的相容性。由图 6.12（a_2）～（f_2）可以看出，盐雾腐蚀 600h 后，复合涂层表面出现了不同程度的腐蚀斑点。EUG0 涂层表面腐蚀情况最严重，腐蚀斑点最多。随着 EUG 用量增多，涂层表面的腐蚀斑点越来越少，表明了涂层的防腐性能逐步提高。当 EUG 用量（质量分数）为 8% 时，涂层表面只有少量的腐蚀斑点存在，其防腐蚀效果最好。

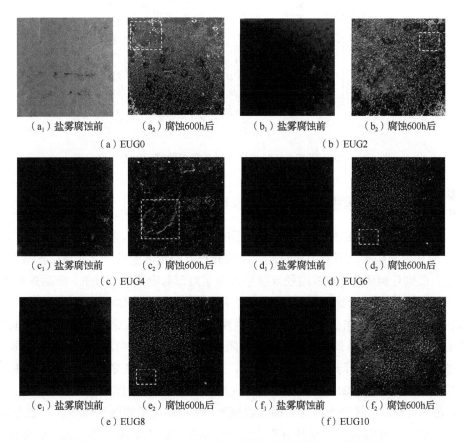

（a_1）盐雾腐蚀前　　　（a_2）腐蚀600h后　　　　　（b_1）盐雾腐蚀前　　　（b_2）腐蚀600h后
（a）EUG0　　　　　　　　　　　　　　　　　（b）EUG2

（c_1）盐雾腐蚀前　　　（c_2）腐蚀600h后　　　　　（d_1）盐雾腐蚀前　　　（d_2）腐蚀600h后
（c）EUG4　　　　　　　　　　　　　　　　　（d）EUG6

（e_1）盐雾腐蚀前　　　（e_2）腐蚀600h后　　　　　（f_1）盐雾腐蚀前　　　（f_2）腐蚀600h后
（e）EUG8　　　　　　　　　　　　　　　　　（f）EUG10

图 6.12　E-51/EUG/CNTs 复合涂层盐雾腐蚀前后表面的照片

图 6.13 为盐雾试验前后 E-51/EUG/CNTs 复合涂层的附着力测试结果对比图。

从图中可以看出，经过盐雾腐蚀之后，复合涂层的附着力都明显下降。对比分析可知，未添加 EUG 体系的涂层附着力下降幅度最大，在盐雾试验过程中腐蚀最严重。随着 EUG 用量增加，E-51/EUG/CNTs 复合涂层的附着力下降幅度减小；当 EUG 用量（质量分数）为 8%时，附着力下降幅度最小为 2.06MPa，这一结果与盐雾试验的结果一致[6]。

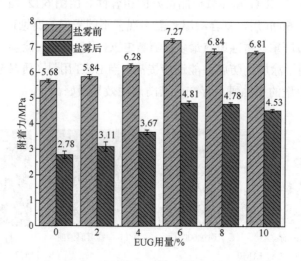

图 6.13　E-51/EUG/CNTs 复合涂层盐雾腐蚀前后附着力变化图

7. E-51/EUG/CNTs 复合涂层防腐蚀机理

图 6.14 为 E-51/EUG/CNTs 复合涂层的盐雾腐蚀机理示意图。根据图 6.14（a），E-51 涂层膜缺陷多，附着力相对低，腐蚀介质容易浸润涂层，且在涂层扩散过程中没有受到任何阻碍，直线路径直接进入涂层内部与金属表面接触，防腐效果差。E-51/EUG/CNTs 复合涂层如图 6.14（b）所示，EUG 聚集体和 CNTs 相对均匀分散在 E-51 中，膜缺陷少，附着力高，当腐蚀介质扩散进入涂层遇到 EUG 聚集体或 CNTs，会因 EUG 聚集体或 CNTs 的阻挡而改变扩散方向，使腐蚀路径延长，腐蚀速率减慢，起到防腐蚀作用。综上，复合涂层中 EUG 的存在既改善了 E-51 的成膜性，使得膜的缺陷减少或消失；又可改善 E-51 的韧性，增加了附着力；此外，在一定程度上还降低涂层的固化收缩率，使涂层质量和致密性都有一定提升。更重要的是，EUG 以结晶结构存在于复合涂层中，EUG 的晶区和 CNTs 的存在都可以改变 O_2、H_2O、Cl^- 和 Na^+ 等腐蚀介质的扩散方向，延长了扩散路径。

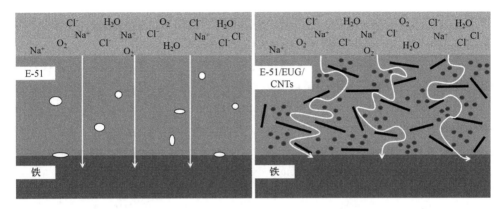

（a）环氧树脂E-51涂层　　　　　　　　　　　　（b）E-51/EUG/CNTs复合涂层

图 6.14　E-51/EUG/CNTs 复合涂层的盐雾腐蚀机理示意图

8. E-51/EUG/CNTs 复合涂层电磁屏蔽性能

复合材料的总屏蔽效能 SE_T 分为三种形式，分别是吸收效能 SE_A、反射效能 SE_R 和多重反射效能 SE_M，SE_T 计算表达式如下[7-9]：

$$SE_T = SE_R + SE_A + SE_M \tag{6.1}$$

当 SE_T 大于 10dB 时，SE_M 可以忽略不计，总电磁屏蔽效能可以为

$$SE_T = SE_R + SE_A \tag{6.2}$$

SE_T、SE_R 和 SE_A 可以通过矢量网络分析仪测得 S 参数（S_{11}，S_{21}），然后通过以下公式可以计算得出：

$$R = \left| S_{11} \right|^2, \quad T = \left| S_{21} \right|^2 \tag{6.3}$$

$$A = 1 - R - T \tag{6.4}$$

$$SE_T = -10\log T \tag{6.5}$$

$$SE_R = -10\log(1-R) \tag{6.6}$$

$$SE_A = -10\log\left[T/(1-R) \right] \tag{6.7}$$

式中，R、T、A 分别为反射功率系数、传输功率系数、吸收功率系数。

X 波段微波（频率在 8~12GHz 的电磁波）广泛用于航天军工、卫星通信、电视广播、气象、雷达以及电子工业诸领域，电磁干扰问题日益严重，对 X 波段微波辐射屏蔽复合涂层的研究具有日益重要的意义。E-51/EUG/CNTs 复合涂层在 X 波段电磁屏蔽性能测试结果列于图 6.15。

图 6.15（a）为复合涂层总电磁屏蔽效能 SE_T。可以看出，EUG0 体系复合涂层的 SE_T 较低，为 11~12dB。随着 EUG 的加入，复合涂层的 SE_T 逐渐升高。EUG6 的 SE_T 为 14~16dB，SE_T 随频率上升幅度相对较大，与体积电阻率和电导率测试

结果相吻合。继续增加 EUG 的用量，SE_T 继续增加但增加幅度趋缓，当 EUG 用量达到 10%时，EUG10 的 SE_T 达到最大值 17dB。

由图 6.15（b）可以看出，复合涂层的反射效能 SE_R 相对较低，而吸收效能 SE_A 相对较高，说明了只有少量电磁波被复合涂层反射，而大多数电磁波被复合涂层吸收。SE_R 主要来自于复合涂层导电性引起的阻抗失配，SE_A 主要来自于界面极化损耗、介电损耗、EUG 晶体间及各界面间的多次反射。

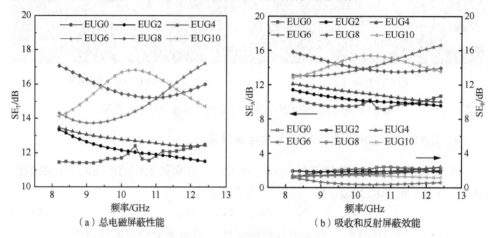

（a）总电磁屏蔽性能　　　　　　　　　（b）吸收和反射屏蔽效能

图 6.15　E-51/EUG/CNTs 复合涂层在 X 波段电磁屏蔽性能

6.2　环氧树脂/环氧化杜仲胶/碳纳米管涂层的制备及防腐与电磁屏蔽性能研究

与 EUG 相比，EEUG 含有环氧基团，理论上与环氧树脂具有更好的相容性，并且可与环氧树脂发生共固化反应，可进一步改善环氧树脂的成膜性。此外，EEUG 具有高弹性，对环氧树脂的增韧效果更优[10,11]。为此，本节采用 EEUG 替代 EUG 制备复合涂层，保持 CNTs 最佳含量 7%不变的情况下，研究了 EEUG 的用量对环氧树脂/环氧化杜仲胶/碳纳米管复合涂层的防腐与电磁屏蔽性能的影响。

6.2.1　E-51/EEUG/CNTs 涂层的制备

将 CNTs 和表面活性剂曲拉通共同研磨 30min，加入一定量的甲苯转移到烧杯中，先在 40℃下磁力搅拌 30min，再超声细胞粉碎机超声分散 1h，制得 CNTs 的分散液；向 CNTs 的分散液中依次加入 EEUG 甲苯溶液和 E-51 甲苯溶液，搅拌均匀，继续加入分散剂 F-428、流平剂 F-385、抗氧化剂 1010 和消泡剂 F-280，继续超声分散 1h。最后，向上述混合物体系中加入一定量的固化剂聚 PA651，用玻璃棒搅拌均匀后涂于模具上，50℃烘箱中固化成膜。样品命名为 EEUGn，n 代表 E-51/EUG/CNTs 复合涂层中EEUG用量占 E-51 和 EEUG 总质量的质量分数为 n%。E-51/EEUG/CNTs 复合涂层制备流程如图 6.16 所示。

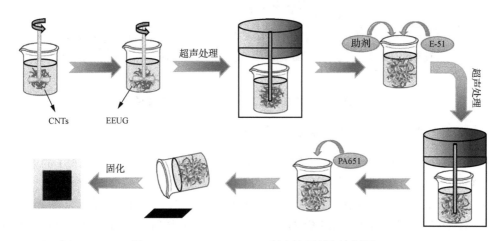

图 6.16 E-51/EEUG/CNTs 复合涂层制备流程图

6.2.2 EEUG 用量对 E-51/EUG/CNTs 复合涂层性能的影响

1. E-51/EEUG/CNTs 复合涂层的表面形貌

为了研究 EEUG 对复合涂层中导电填料 CNTs 分散情况和成膜性能的影响，本节对 E-51/EEUG/CNTs 复合涂层表面进行了 SEM 分析。如图 6.17（a）所示，EEUG0 体系复合涂层表面有很多微孔，并且 CNTs 在基体中分散不均匀，有团聚现象。对比图 6.17（b）～（f）可以看出，随着 EEUG 的加入，复合涂层表面微孔消失，CNTs 的分散更为均匀。EEUG 的加入改善了 E-51 的成膜性并改善了导电填料 CNTs 的分散性。

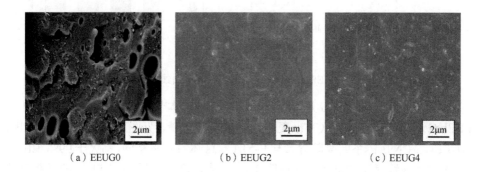

（a）EEUG0   （b）EEUG2   （c）EEUG4

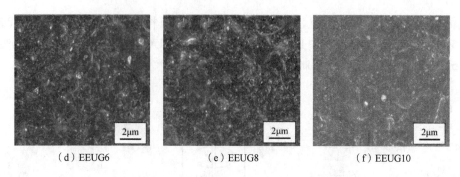

（d）EEUG6　　　　　　（e）EEUG8　　　　　　（f）EEUG10

图 6.17　E-51/EEUG/CNTs 复合涂层的 SEM 图

2. E-51/EEUG/CNTs 复合涂层共固化反应

本节采用 DSC 和索氏提取法研究了 EEUG 和 E-51 在固化剂为 PA651 的条件下共固化反应的充分性和均匀性。首先，对 E-51/EEUG/CNTs 复合涂层进行了 DSC 测试，所得曲线如图 6.18（a）所示。与 E-51/EUG/CNTs 的 DSC 结果（图 6.6）不同，DSC 升温曲线上未见 EEUG 结晶熔融峰，说明环氧化和后续固化反应导致 EEUG 结晶能力消失，复合涂层中不存在 EEUG 晶区。随着 EEUG 用量增加，E-51/EEUG/CNTs 复合涂层的 T_g 向低温方向移动，T_g 从 77℃下降到 59℃，下降了 18℃，EEUG 与 E-51 具有良好的相容性。

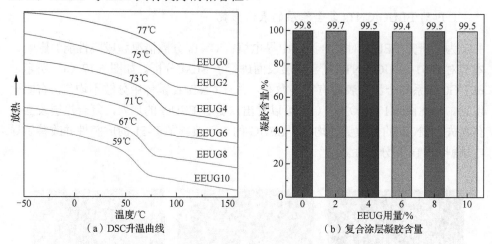

（a）DSC升温曲线　　　　　　　　　（b）复合涂层凝胶含量

图 6.18　E-51/EEUG/CNTs 复合涂层 DSC 曲线和凝胶含量图

为了进一步确定 EEUG 是否参与了固化反应，本节采用索氏提取法测试了不同 EEUG 用量 E-51/EEUG/CNTs 复合涂层的凝胶含量，见图 6.18（b）。可以看出，E-51/EEUG/CNTs 体系的凝胶含量与 E-51/CNTs 体系几乎相同，都大于 99%，EEUG 的加入没有导致凝胶含量下降。说明 EEUG 中的环氧基团和 E-51 中的环氧基团一样，可与固化剂 PA651 发生反应。也就是说，在 PA651 作用下，EEUG 和 E-51 发生了共固化反应，共固化反应机理如图 6.19 所示。首先是 PA651 伯胺中的活性 氢与环氧基团反应生成仲胺，仲胺中的活性氢与环氧基再生成叔胺，然后是剩余 的胺基、反应物中的羟基与环氧基继续反应，生成体型大分子。

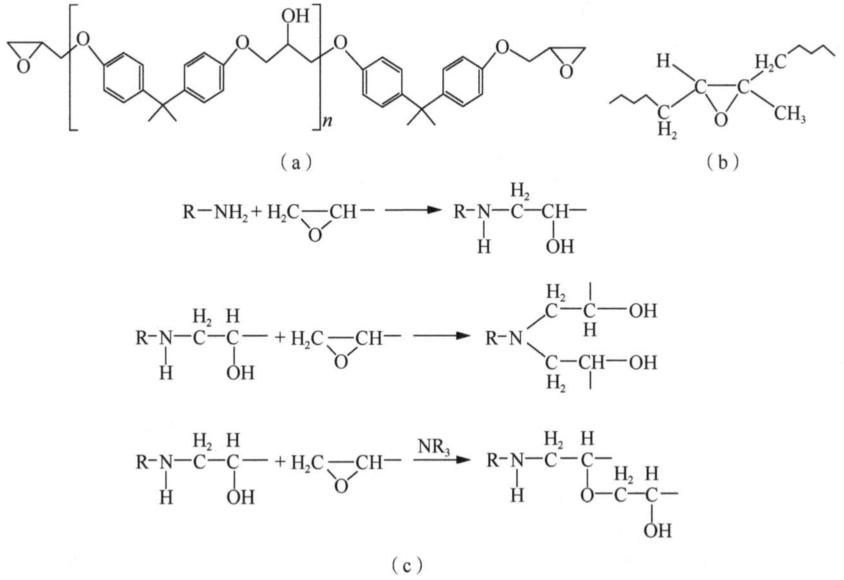

（a）　　　　　　　　　　　　　　（b）

（c）

图 6.19　PA651 为固化剂时 E-51 中环氧基与 EEUG 共固化反应机理示意图

3. E-51/EEUG/CNTs 复合涂层热性能

本节采用 DMA 和 TG-DTG 分别研究了 E-51/EEUG/CNTs 复合涂层的热机械 性能及热稳定性。图 6.20 为 E-51/EEUG/CNTs 复合涂层的 DMA 曲线，从图 6.20（a） 中可以看出，随着 EEUG 用量增加，复合涂层体系的储能模量逐渐增大。这一结 果与 E-51/EUG/CNTs 复合涂层结果一致。由图 6.20（b）可知，随着 EEUG 用量 增加，复合涂层的损耗因子峰逐渐向低温方向移动，即 T_g 逐渐向低温方向移动， 从 98℃下降到 70℃，下降了 28℃，比 E-51/EUG/CNTs 复合涂层 T_g 的下降幅度更 大，证明 EEUG 与 E-51 的相容性比 EUG 与 E-51 更好。

图 6.21 为 E-51/EEUG/CNTs 复合涂层的热失重曲线。从图 6.21（a）TG 曲线 中可以看出，EEUG0 曲线不同于其他体系，出现了两个热失重台阶，130～240℃ 微弱的热失重台阶归因于复合涂层体系中小分子固化剂的分解。而当加入 EEUG 后复合涂层的第一个热失重台阶消失，原因是当体系中加入 EEUG 后，与固化剂 的反应更加充分，所以第一阶段的热失重台阶消失。E-51/EEUG/CNTs 复合涂层 在 300～500℃只出现了一个明显的热失重台阶，也证明了 EEUG 与 E-51 之间相

容性良好。结合图 6.22（b）DTG 曲线，复合涂层在 350～400℃附近热失重速率达到最大，应该是由于 E-51 环氧树脂网络和 EEUG 的链断裂共同作用的结果。从 DTG 曲线可以看出，所有的 E-51/EEUG/CNTs 复合涂层样品均有两个峰出现，证明随温度升高，E-51/EEUG/CNTs 复合涂层高分子链发生断裂，逐步降解。综上所述，加入了 EEUG 的复合涂层只有一个明显的热失重台阶，进一步证明了 EEUG 和 E-51 相容性良好，E-51/EEUG/CNTs 复合涂层的热稳定性高于 E-51/ CNTs 复合涂层。

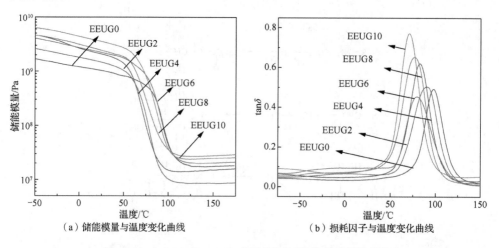

（a）储能模量与温度变化曲线　　　　（b）损耗因子与温度变化曲线

图 6.20　E-51/EEUG/CNTs 复合涂层动态热机械性能曲线

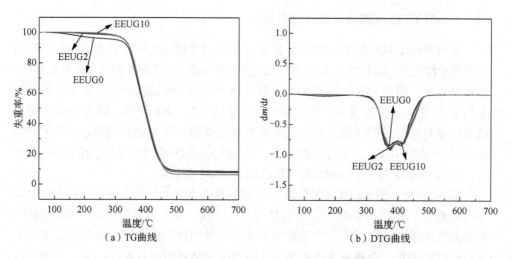

（a）TG曲线　　　　（b）DTG曲线

图 6.21　E-51/EEUG/CNTs 复合涂层的热失重曲线

4. E-51/EEUG/CNTs 复合涂层导电性能

图6.22 为E-51/EEUG/CNTs 复合涂层电导率随EEUG用量的变化曲线。由图可以看出，随着 EEUG 用量增加，复合涂层的电导率也增加，当 EEUG 用量（质量分数）为 10% 时电导率达到最大值 0.091S/cm。这是因为 EEUG 中极性环氧基因的存在，增加了其与 E-51 之间的相容性，促进了 CNTs 在基体中的均匀分散。

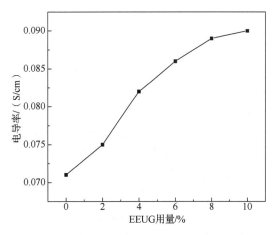

图 6.22　E-51/EEUG/CNTs 复合涂层的电导率曲线

5. E-51/EEUG/CNTs 复合涂层附着力

图 6.23 为 EEUG 用量对 E-51/EEUG/CNTs 复合涂层的附着力的影响。如图所示，随着 EEUG 用量增加，E-51/EEUG/CNTs 复合涂层的附着力呈现先上升后逐渐下降趋势，在 EEUG 用量（质量分数）为 8% 时附着力出现最大值 7.64MPa。E-51/EEUG/CNTs 复合涂层的附着力皆高于 E-51/CNTs。EEUG 与 E-51 良好的相容性使 EEUG 均匀分散在 E-51 中，并且发生共固化反应，消除了 E-51 膜的缺陷，并且 EEUG 对 E-51 有增韧作用[12]，附着力明显提升。当 EEUG 用量（质量分数）为 10% 时，附着力有所下降，这是因为 EUG 过多时，降低了涂层与金属间的黏附力，造成涂层与金属间作用力减弱，以至于附着力降低。

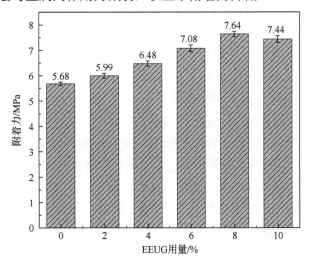

图 6.23　E-51/EEUG/CNTs 复合涂层的附着力图

6. E-51/EEUG/CNTs 复合涂层电化学阻抗

图 6.24 为 EEUG 用量对 E-51/EEUG/CNTs 复合涂层电化学阻抗的影响。从图中可以看出，未添加 EEUG 体系（EEUG0）的阻抗值相对很低，为 $5\times10^7\Omega\cdot cm^2$，这是因为 E-51 涂层存在很多缺陷，防腐性能差。添加了不同用量 EEUG 的复合涂层的化学阻抗值均高于未添加 EEUG 的涂层，并随着 EEUG 用量增加，复合涂层电化学阻抗值先增加后下降，在 EEUG 用量为 8% 时，出现了最大值为 $10\times10^7\Omega\cdot cm^2$。EEUG 用量较少时，EEUG 以分散相的形式均匀分散在 E-51 中，EEUG 和 CNTs 的存在阻碍了腐蚀介质的侵袭、渗透和扩散，阻抗值增加；而 EEUG 用量（质量分数）高达 10% 时，EEUG 聚集，降低了基体与金属间的相互作用，附着力下降，导致电化学阻抗值降低。

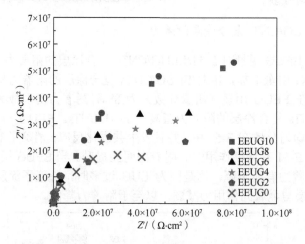

图 6.24　E-51/EEUG/CNTs 复合涂层电化学阻抗图

图 6.25 中（a）～（f）为不同 EEUG 用量的 E-51/EEUG/CNTs 复合涂层在 5% NaCl 溶液中浸泡 0h、240h 和 480h 后的 Nyquist 图。从图中可以看出，在浸泡初始（0h）时，所有涂层的 Nyquist 曲线半径均较大并且呈上升趋势，复合涂层阻抗值都比较高。因为此时涂层刚刚接触到 NaCl 电解质溶液，腐蚀介质还没有渗透、扩散到涂层中，没有腐蚀现象发生，电化学阻抗值高。浸泡 240h 后，各涂层的 Nyquist 曲线半径均减小，电化学阻抗值明显下降；随着腐蚀时间进一步延长至 480h，各涂层的电化学阻抗值进一步下降。随着时间的延长，NaCl 溶液渐渐侵入涂层并接触到金属基材，与金属基材发生氧化还原反应从而腐蚀金属基体[13]，导致涂层的阻抗值下降。

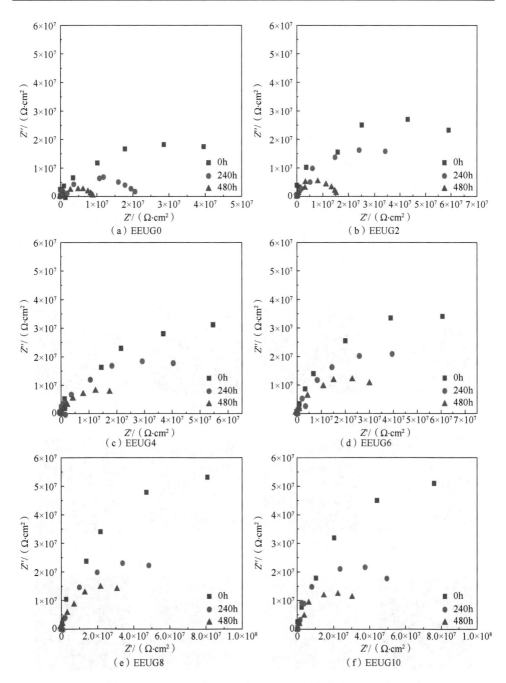

图 6.25　E-51/EEUG/CNTs 复合涂层随时间的 Nyquist 曲线

7. E-51/EEUG/CNTs 复合涂层盐雾性能

盐雾腐蚀的照片可以直观反映 E-51/EEUG/CNTs 复合涂层的表面腐蚀情况，图 6.26 为不同 EEUG 用量的 E-51/EEUG/CNTs 复合涂层盐雾试验前后的表面形貌比对照片。由图 6.26（a）可以看出，E-51/ CNTs 复合涂层表面存在孔洞等缺陷，盐雾处理 600h 后腐蚀斑点众多，腐蚀严重。由图 6.26（b_1）、（c_1）、（d_1）、（e_1）可以看出，随着 EEUG 用量（质量分数）从 2%增加到 8%，E-51/EEUG/CNTs 复合涂层表面缺陷逐步减少并消失，膜致密平整。盐雾处理 600h，随 EEUG 的用量增加，复合涂层的腐蚀斑点越来越少 [图 6.26（b_2）、（c_2）、（d_2）、（e_2）]，在 EEUG 用量（质量分数）为 8%时由涂层表面只有少量的腐蚀斑点，防腐蚀效果最好。这说明 E-51/EEUG/CNTs 涂层具有防腐效果，EEUG 用量增加，防腐蚀效果增强[14]。当 EEUG 用量（质量分数）过多，达到 10%时，涂层表面腐蚀斑点虽比 EEUG0 体系少，但多于 EEUG 用量（质量分数）为 8%的体系。过多的 EEUG 聚集，导致膜的致密性下降 [图 6.26（f_1）]，附着力下降，防腐效果下降。

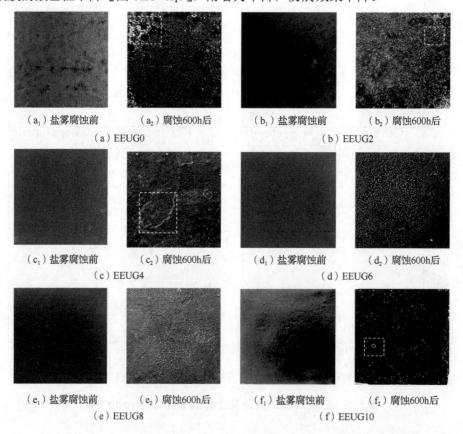

（a_1）盐雾腐蚀前　　　（a_2）腐蚀600h后　　　　（b_1）盐雾腐蚀前　　　（b_2）腐蚀600h后
（a）EEUG0　　　　　　　　　　　　　　（b）EEUG2

（c_1）盐雾腐蚀前　　　（c_2）腐蚀600h后　　　　（d_1）盐雾腐蚀前　　　（d_2）腐蚀600h后
（c）EEUG4　　　　　　　　　　　　　　（d）EEUG6

（e_1）盐雾腐蚀前　　　（e_2）腐蚀600h后　　　　（f_1）盐雾腐蚀前　　　（f_2）腐蚀600h后
（e）EEUG8　　　　　　　　　　　　　　（f）EEUG10

图 6.26　E-51/EEUG/CNTs 复合涂层的盐雾腐蚀前后表面的照片

对 E-51/EEUG/CNTs 复合涂层进行盐雾后附着力分析，可以从力学性能客观分析涂层的耐腐蚀情况。图 6.27 为在盐雾试验前后，E-51/EEUG/CNTs 复合涂层的附着力对比分析图。从图中可以看出，经过盐雾腐蚀之后，E-51/EEUG/CNTs 复合涂层的附着力都明显下降。其中，EEUG 用量（质量分数）为 0%时涂层的附着力下降幅度最大；随着复合涂层 E-51 基体中 EEUG 用量（质量分数）增加，复合涂层附着力下降幅度有所降低，EEUG 用量（质量分数）为 8%时，附着力下降幅度最小。这一结果与盐雾试验结果一致。

综上，腐蚀照片和腐蚀前后附着力变化都说明，EEUG 用量（质量分数）为 8%时，E-51/EEUG/CNTs 复合涂层的成膜性和耐盐雾腐蚀效果最佳。

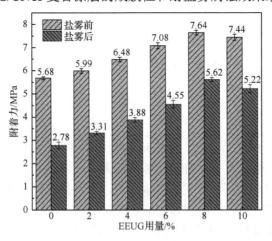

图 6.27   E-51/EEUG/CNTs 复合涂层盐雾前后附着力对比图

8. E-51/EEUG/CNTs 复合涂层电磁屏蔽性能

对 E-51/EEUG/CNTs 复合涂层在 X 波段进行电磁屏蔽性能测试，图 6.28（a）为复合涂层总电磁屏蔽效能 SE_T，图 6.28（b）中为吸收效能 SE_A 和反射效能 SE_R。由图 6.28 可以看出 EEUG0 涂层样品的 SE_T 比较低，为 11～12dB，屏蔽峰值出现在 10～11GHz 频率范围内。随着 EEUG 用量增加，E-51/EEUG/CNTs 复合涂层 SE_T 逐步提高，且屏蔽峰值依序向低频方向移动。这应该与 EEUG 的加入对导电填料分散程度的影响有关。当 EEUG 用量（质量分数）为 10%时，复合涂层 SE_T 达到最大值为 18dB，屏蔽峰值出现在 9～10GHz 频率范围内。另外，E-51/EEUG/CNTs 复合涂层的 SE_T 略高于 E-51/EUG/CNTs 复合涂层的 SE_T。

由图 6.28（b）可以看出，与 E-51/EUG/CNTs 类似，E-51/EEUG/CNTs 复合涂层的 SE_A 明显大于 SE_R，电磁屏蔽主要以吸收损耗为主，反射损耗为辅。

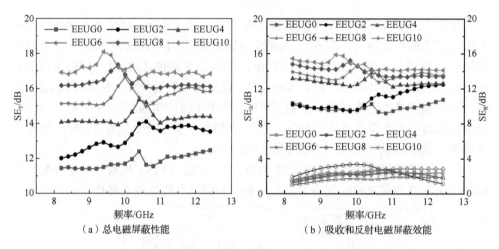

图 6.28　E-51/EEUG/CNTs 复合涂层在 X 波段电磁屏蔽性能曲线

6.3　本章小结

本章分别采用 EUG、EEUG 与 E-51 环氧树脂并用，与 CNTs 混合制备了具有较高防腐性能和电磁屏蔽功能的复合涂层。E-51/EEUG/CNTs 复合涂层比 E-51/EUG/CNTs 复合涂层具有更好的成膜性、更高的附着力和电导率，表现出进一步改善的耐盐雾性能和电磁屏蔽性能。原因在于：与 EUG 相比，EEUG 具有更高的极性、韧性以及和 E-51 的相容性，并且可以与 E-51 发生共固化反应。涂料多功能化的实现对提高涂料的综合使用性能，拓宽其应用领域具有重要意义。进一步精细设计和优化涂料配方，如采用液体杜仲胶进一步提高杜仲胶与环氧树脂的相容性，将有利于进一步提升复合涂层的功能。

参 考 文 献

[1]　王娜, 高慧颖, 张静. SBA-15 改性氧化石墨烯的环氧复合涂层制备及其防腐性能[J]. 精细化工, 2019, 36(7): 1476-1482.

[2]　Terenzi A, Natali M, Petrucci R. Analysis and simulation of the electrical properties of CNTs/epoxy nanocomposites for high performance composite matrices[J]. Polymer Composites, 2017, 38(1): 105-115.

[3]　李红达. 导电涂料的制备与性能[D]. 上海: 上海大学, 2014.

[4]　张严. 杜仲胶/环氧树脂/碳纳米管电磁屏蔽防腐涂料制备与性能研究[D]. 沈阳: 沈阳化工大学, 2021.

[5]　陈文干, 梁泳田, 吴宗栓. 改性环氧重防腐粉末涂料的应用研究[J]. 涂层与防护, 2021, 42(4): 54-57.

[6]　张严, 康海澜, 方庆红. 杜仲胶/碳纳米管改性环氧树脂制备导电防腐涂料性能研究[J]. 合成橡胶工业, 2022, 45(1): 54-59.

[7]　Gupta S, Tai N H. Carbon materials and their composites for electromagnetic interference shielding effectiveness in X-band[J]. Carbon, 2019, 152(8): 159-187.

[8]　李婷婷. PMMA/MWCNTs 微孔发泡复合材料制备方法及电磁屏蔽性能研究[D]. 山东: 山东大学, 2019.

[9] 刘旭琳, 罗蕙敏, 刘元军. 石墨烯及其在电磁屏蔽领域的研究进展[J]. 染整技术, 2019, 41(11): 1-6, 53.

[10] 杨凤, 姚琳, 刘奇, 等. 环氧化改性杜仲胶与合成反式-1, 4-聚异戊二烯的性能对比[J]. 高分子材料科学与工程, 2017, 33(10): 45-52.

[11] 冯萧. 杜仲胶抗腐蚀涂料制备与电性能研究[D]. 沈阳: 沈阳化工大学, 2019.

[12] 冯潇, 康海澜, 杨凤. 杜仲胶/环氧树脂防腐涂料的制备与性能[J]. 材料导报, 2019, 33(22): 3847-3852.

[13] 张颖怀, 许立宁, 路民旭. 用电化学阻抗谱(EIS)研究环氧树脂涂层的防腐蚀性能[J]. 腐蚀与防护, 2007, 28(5): 228-230.

[14] 宋春晖, 甘章华, 卢志红. 具有低自腐蚀电位的 AlMgZnSnPbCuMnNi 高熵合金的制备及其电化学性能[J]. 材料科学与工程学报, 2011, 29(5): 747-752.

第7章 杜仲胶形状记忆材料

形状记忆聚合物（shape memory polymer，SMPs）是在一定条件下改变其初始条件并固定后，在外界的刺激如光、电、温度、湿度、pH 值等作用下可恢复其初始形状的高分子材料[1-4]。SMPs 一般都包含两种网络结构：一种为由共价交联或物理交联形成的永久网络，该网络结构在转变温度 T_{trans} 以上依然存在；另一种为由玻璃化、结晶或其他的物理作用形成的暂时网络，该网络结构在 T_{trans} 以上就会消失。对于热响应型的 SMPs，将初始形状的样品加热到 T_{trans} 以上，在应力作用下将初始形状改变到临时形状；迅速冷却至 T_{trans} 以下并撤销应力，暂时网络的存在使临时形状得以固定；将样品温度重新升高到 T_{trans} 以上，样品可恢复到它的初始形状。目前 SMPs 主要应用于智能医疗设备、热收缩包装电子材料、传感器和制动器等，尤其是在生物医药领域的应用备受人们的关注，如用作生物传感器、药物缓释和支架材料。然而目前报道的生物医学用的 SMPs 大部分都集中在石油基的聚合物，如聚己内酯（polycaprdactone，PCL）、聚氨酯（polyurethane，PU）及它们的共聚物[5-8]。

生物基聚合物由于具有绿色、低碳环保等优势，已成为未来重要的发展方向。EUG 作为有代表性的生物基材料，其分子链不饱和度高，柔顺性好，轻度交联后可作为形状记忆材料使用。EUG 复合材料的形状记忆行为是由 EUG 的结晶和熔融决定的，EUG 的 T_m 即为响应温度 T_{trans}。与其他的 SMPs 相比，EUG 具有形变恢复能力强、转变温度低和易控等独特优势。所以早期的科研工作者曾将 TPI 开发为形状记忆材料应用于医用康复护具、化工及医疗仪器设备等方面[9]。EUG 为生物基材料，同时和 TPI 具有相同的分子结构和结晶特性，因此开展基于 EUG 的热响应、热-电双重响应型的形状记忆材料具有更广泛的应用前景。

7.1 杜仲胶/甲基丙烯酸锌形状记忆材料的制备与性能

纯 EUG 在高温下强度比较低，通过加入填料可以改善 EUG 的高温力学性能，使其应用范围更广。不饱和羧酸盐是不饱和橡胶的优选增强填料，可以有效促进橡胶的硫化，提高其交联密度，并与橡胶基体形成强的界面相互作用，从而显著提高 EUG 的各项力学性能。选择二甲基丙烯酸锌（zinc dimerhacrylate，ZDMA）为增强填料，制备了具有形状记忆性能的 EUG/ZDMA 复合材料[10,11]。

7.1.1 EUG/ZDMA 复合材料的制备

将 EUG 加入转矩流变仪中，依次加入抗氧化剂 1010（0.3phr）、三烯丙基异氰脲酸酯（1phr）、过氧化二异丙苯（dicumylperoxide，DCP，2phr）和 ZDMA（10phr、20phr、30phr），在 80℃、50r/min 条件下密炼 18min，得到 EUG/ZDMA 混炼胶。将混炼胶置于 1mm 厚的模具中进行硫化，硫化温度 160℃，得到 EUG/ZDMA 硫化胶，简写为 ZEUG-x，其中 x 代表 ZDMA 用量。例如，ZDMA 用量为 10phr 的 EUG/ZDMA 硫化胶，简写为 ZEUG-10。

7.1.2 EUG/ZDMA 复合材料的硫化性能及交联密度

图 7.1 为 EUG/ZDMA 复合材料的硫化参数。可以看出，随 ZDMA 用量增加，共混物的焦烧时间 t_{10} 增加，正硫化时间 t_{90} 减小，硫化速率增加。复合材料的最小扭矩 M_L、最大扭矩 M_H 以及两者之差 M_H-M_L 均随 ZDMA 用量增加而上升。这说明 ZDMA 的加入促进了 EUG/ZDMA 共混物的硫化反应进程，提高了复合材料的交联密度。

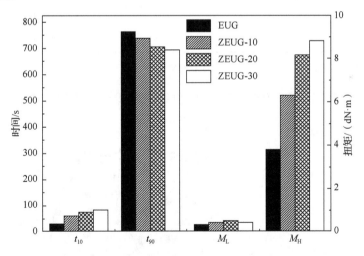

图 7.1 EUG/ZDMA 复合材料的硫化参数

图 7.2 为 EUG/ZDMA 复合材料的溶胀指数和交联密度与 ZDMA 用量的关系图。可以看出，复合材料的交联密度随着 ZDMA 用量增加而上升，由 EUG 的 $2.30\times10^{-4}\text{mol/cm}^3$ 增加到 ZEUG-30 的 $3.56\times10^{-4}\text{mol/cm}^3$，而溶胀指数随着 ZDMA 用量增加而下降，由 EUG 的 3.73 下降至 ZEUG-30 的 3.00。这说明 ZDMA 的引入显著提高了复合材料的交联密度。这是由于不饱和羧酸盐 ZDMA 具有较高的反应活性，在高温和 DCP 的作用下，会原位聚合生成 poly-ZDMA 粒子；同时，ZDMA

及其自聚物可与 EUG 大分子链发生接枝共聚反应，在 EUG 基体与填料间形成共价交联点，且 ZDMA 形成的化学结构中大量正负离子对可以通过静电相互作用聚集，形成离子簇或离子聚集体，从而在基体和填料之间形成离子交联点。因此，ZDMA 的引入增强了 EUG 基体和填料间的界面相互作用，形成了更加有效、紧密的聚合物-填料交联网络结构，从而使复合材料的交联密度显著提高[12,13]。图 7.3 为 EUG 大分子链与 ZDMA 粒子相互作用示意图。

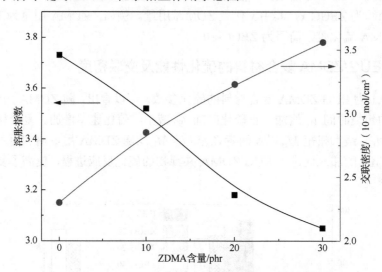

图 7.2　EUG/ZDMA 复合材料溶胀指数和交联密度的变化曲线

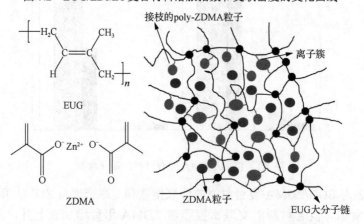

图 7.3　EUG 大分子链与 ZDMA 粒子相互作用示意图

7.1.3　EUG/ZDMA 复合材料的微观形貌

EUG/ZDMA 复合材料的微观形貌如图 7.4 所示，从中可以看出，ZDMA 粒子和 poly-ZDMA 粒子都均匀地分散在 EUG 基体中，这就说明 ZDMA 粒子与 EUG 基体间具有较好的相容性。这主要是因为 ZDMA 粒子与 EUG 大分子链发生接枝共聚反应，形成聚合物基体和填料间良好的界面结合，从而使得填料在基体中良好分散。

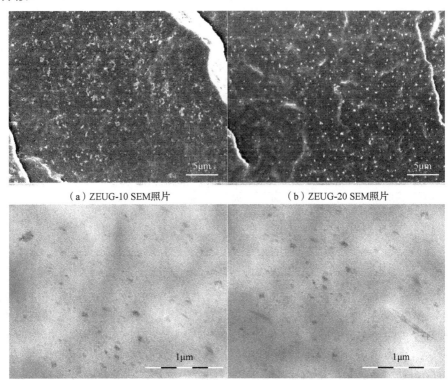

（a）ZEUG-10 SEM照片　　　　　　　　　（b）ZEUG-20 SEM照片

（c）ZEUG-10 TEM照片　　　　　　　　　（d）ZEUG-20 TEM照片

图 7.4　EUG/ZDMA 复合材料的微观形貌照片

7.1.4　EUG/ZDMA 复合材料的热性能

EUG/ZDMA 复合材料的形状记忆行为是由 EUG 的结晶和熔融决定的，在熔融温度以上，材料在外力作用下可以赋予临时形状，然后降温到结晶温度以下将临时形状能够固定下来，当再次加热到熔融温度以上时，临时形状能够恢复到初始的形状。因此通过调控复合材料的结晶温度和熔融温度可以调控其形状记忆条件。从图 7.5（a）EUG/ZDMA 复合材料的降温曲线可看出，在 -10～20℃ 范围内出现了 EUG 结晶峰，且随着 ZDMA 用量增加，复合材料的结晶峰向低温方向移动，由 EUG 的 18℃ 降低到 ZEUG-30 的 -0.3℃，结晶焓 ΔH_c 明显减小。从图 7.5（b）升温曲线可看出，20～50℃ 范围内出现了 EUG 熔融峰，并且熔融峰的位置也同样随着 ZDMA 用量增加而向低温方向移动，熔融温度 T_m 由 EUG 的 42.8℃ 降低到 ZEUG-30 的 34.0℃。同时，复合材料的熔融焓ΔH_m也同样随 ZDMA 用量增加而降低。这是由于分散在体系中的 ZDMA 与 EUG 分子发生了接枝共聚反应，使复合材料的交联密度增加，交联网络进一步完善，限制了 EUG 分子链的运动，破坏了分子链的规整性，导致结晶程度下降，结晶更加不完善，在较低的温度下即可熔融。

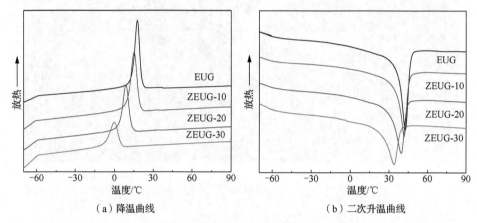

（a）降温曲线　　　　　　　　　　　（b）二次升温曲线

图 7.5　EUG/ZDMA 复合材料的 DSC 曲线

注：差示扫描量热法（differential scanning calorimetry，DSC）

本节进一步研究了交联剂 DCP 和 ZDMA 用量对 EUG/ZDMA 复合材料熔融温度和熔融焓的影响，如图 7.6 所示。从图 7.6（a）中可以看出，复合材料的熔融温度T_m随 DCP 用量增加而下降，从 50℃下降到 29℃，熔融焓ΔH_m也出现了同样的变化趋势；从 7.6（b）中可以看出，当交联剂用量不变时，复合材料的T_m和ΔH_m也随 ZDMA 用量增加而呈现出了同样的趋势。可见，通过调整 DCP 和 ZDMA 的用量，可以调控复合材料的T_m（即转变温度T_{trans}），以使复合材料能够满足不同的使用温度环境。

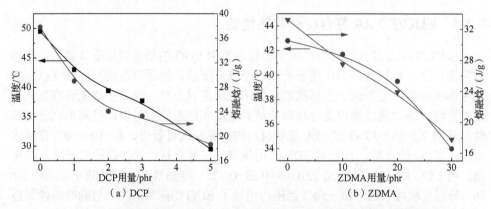

（a）DCP　　　　　　　　　　　　　（b）ZDMA

图 7.6　助剂用量对 EUG/ZDMA 复合材料熔融温度和熔融焓的影响关系曲线

7.1.5 EUG/ZDMA 复合材料的拉伸性能

图 7.7 为复合材料在高温（T_m+20℃）下的应力-应变曲线，可以看出，EUG 及其复合材料在高温下由于不存在结晶现象，其应力-应变曲线表现为无屈服的弹性聚合物特征。随着 ZDMA 用量增加，EUG/ZDMA 复合材料的拉伸强度逐渐增大，模量也显著提高。当 ZDMA 的用量为 30phr 时，复合材料的拉伸强度从 2.7MPa 提高到了 5.8MPa，100%定伸应力从 0.7MPa 增加到 2.0MPa，表明 ZDMA 的加入显著提高了复合材料的拉伸性能。分析原因有以下三点：①ZDMA 粒子原位聚合生成刚性的 poly-ZDMA 粒子，在橡胶基体中起到了填料的增强效果，ZDMA 在材料内部均匀分布也会使 EUG 基体与聚 ZDMA 粒子间进行有效的载荷传递。②ZDMA 粒子形成离子簇或离子聚集体在复合材料中起到了离子交联点的作用，所以当 EUG/ZDMA 复合材料受到外力作用时，离子键会发生断裂和重连，从而可以有效地吸收部分能量，实现对材料的增强作用。③ZDMA 在硫化过程中，可与 EUG 大分子发生共聚或是接枝反应，形成复杂的交联网络，导致 EUG 与 ZDMA 粒子之间存在很强的界面相互作用，能够有效传递应力，起到增强效果。此外，EUG/ZDMA 复合材料断裂伸长率随着 ZDMA 用量增加略有下降，这是由于材料的交联密度不断增加限制了高分子链的运动性。

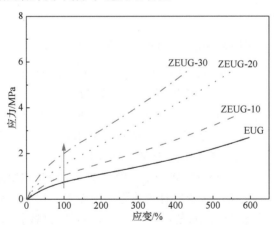

图 7.7 EUG/ZDMA 复合材料的高温应力-应变曲线（拉伸速率 500mm/min）

7.1.6 EUG/ZDMA 复合材料的形状记忆性能

本节采用热机械循环测试表征了 EUG 和 EUG/ZDMA 复合材料的形状记忆行为，二维热机械循环曲线如图 7.8 所示。形状记忆性能的表征方法为：先将样品加热到 T_m+20℃，并在该温度下将其拉伸至一定的应变（ε_m），然后在该应变下

将样品冷却至 T_m-30℃，卸载应力，则部分应变（$\varepsilon_m - \varepsilon_u$）得到回复，产生一个未回复的应变 ε_u；然后将样品再次加热到 T_m+20℃，形变回复后，得到一个永久形变 $\varepsilon_P(N)$。以上为一个完整的热机械循环测试。样品的形状固定率 SF 和形状回复率 SR 可由下式计算得出：

$$SF = \frac{\varepsilon_u}{\varepsilon_m} \times 100\% \tag{7.1}$$

$$SR = \frac{\varepsilon_m - \varepsilon_{P(N)}}{\varepsilon_m - \varepsilon_{P(N-1)}} \times 100\% \tag{7.2}$$

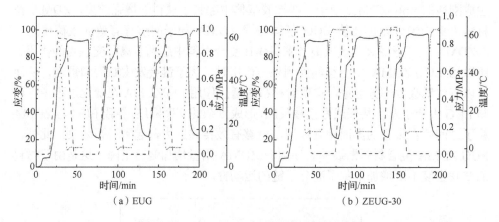

（a）EUG　　　　　　　　　（b）ZEUG-30

图 7.8　EUG 及 ZEUG-30 的热机械循环曲线

从图中可以看出，EUG/ZDMA 复合材料具有很高的形状固定率 SF，且随着循环次数增加，复合材料的形状回复率 SR 逐渐增加。热机械循环次数对 EUG/ZDMA 复合材料的 SF 和 SR 影响如图 7.9 所示。随着 ZDMA 用量增加，EUG/ZDMA 复合材料的 SF 略有下降，但均在 97%以上，循环次数对 SF 影响不大。EUG/ZDMA 复合材料的 SR 随着 ZDMA 用量和循环次数增加而逐渐增大，在经过两次循环后，复合材料的 SF 均在 98%左右。EUG/ZDMA 复合材料因具有较高的储能模量，因此在弹性变形时需要更多的能量，当变形后的材料冷却到较低温度时，更多的能量和熵减被储存在材料中，当外力撤销后，材料具有更大的驱使其回复到初始形状的能量，从而使其形状固定率略有降低。而在高温回复过程中，材料中存储的大量能量使其具有更大的回复驱动力，从而获得更快形状回复速率和较高形状回复率。此外，材料经过多次循环后，ZDMA 粒子在 EUG 基体中会重新排列，使 EUG 分子链与粒子间的滑移程度变小，因而 SR 随着循环次数增加而增大。热机械循环测试表明，EUG/ZDMA 复合材料展现出优异的形状记忆性能。

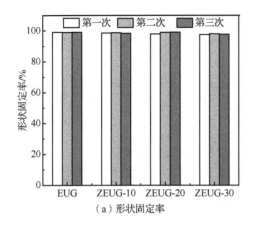
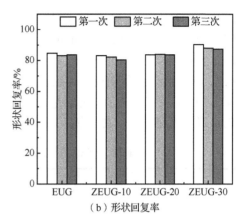

图 7.9　EUG 及 EUG/ZDMA 复合材料的形状固定率和形状回复率柱状图

以上的研究表明，通过甲基丙烯酸锌能够有效地增强 EUG，使其拉伸强度从 2.7MPa 提高到了 5.8MPa，并展现出优异的形状记忆性能，其形状固定率大于 97%、形状回复率大于 90%。

7.2　杜仲胶/碳纳米管热电双重形状记忆材料的制备与性能

CNTs 是一种新型的碳纳米材料，具有耐热性、耐腐蚀性、耐热冲击性、传热性导电性好、有自润滑性等独特性能。向高分子基体材料中添加 CNTs 可以构成导电网络，从而使高分子材料在通电情况下具有导电发热的能力。因此，利用杜仲胶为基体材料，通过添加 CNTs 可制备具有热/电双重形状记忆性能的 EUG/CNTs 复合材料[10]。

7.2.1　EUG/CNTs 复合材料的制备

将 EUG 加入转矩流变仪中，依次加入氧化锌（4phr）、硬脂酸（2phr）、防老剂 4010NA（2phr）、促进剂 NOBS（1.2phr）、S（2phr）和 CNTs（5phr、10phr、15phr、20phr），在 80℃、50r/min 条件下密炼 20min，得到 EUG/CNTs 混炼胶。将混炼胶置于 1mm 厚的模具中进行硫化，硫化温度 160℃，得到 EUG/CNTs 硫化胶，简写为 CEUG-x，其中 x 代表 CNTs 的用量。

7.2.2　EUG/CNTs 复合材料的硫化性能及交联密度

表 7.1 为 EUG 及 EUG/CNTs 复合材料的硫化特性数据，从中可以看出，随 CNTs 用量增多，材料的焦烧时间 t_{10} 及正硫化时间 t_{90} 均呈现下降趋势，说明 CNTs 作为一种无机填料分散在 EUG 基体当中并起到了促进硫化的作用。而材料在硫化

过程中的最小扭矩 M_L、最大扭矩 M_H 以及两者的差值 M_H-M_L 均出现了升高的趋势，分别由 EUG 的 0.57dN·m、9.43dN·m 和 8.56dN·m 上升至复合材料含 20phrCNTs 的 3.54dN·m、20.35dN·m 和 16.81dN·m。EUG 基体在加入了 CNTs 之后，CNTs 会与 EUG 分子链形成相互作用，起到补强效果，从而提高了材料的力学性能，使其扭矩出现了上升；而 M_H-M_L 反映了材料的交联程度，M_H-M_L 越高，表明胶料的交联程度越高，反之亦然。

表 7.1　EUG 及 EUG/CNTs 复合材料的硫化特性数据

样品	t_{10}	t_{90}	$M_L/$（dN·m）	$M_H/$（dN·m）	$M_H-M_L/$（dN·m）
EUG	3min54s	8min44s	0.57	9.43	8.56
CEUG-5	0min54s	4min51s	1.26	9.87	8.61
CEUG-10	0min46s	4min51s	2.57	13.94	11.37
CEUG-15	0min43s	5min44s	3.44	18.24	14.60
CEUG-20	0min11s	5min14s	3.54	20.35	16.81

图 7.10 为 CNTs 用量对 EUG/CNTs 复合材料交联密度的变化趋势图，从中可以看出，复合材料的交联密度随 CNTs 的用量呈线性上升的趋势，EUG 的交联密度是 8.33×10^{-5}mol/cm^3。当 CNTs 为 20phr 时，交联密度上升至 2.05×10^{-4}mol/cm^3，相比于 EUG 提高了 146%。CNTs 作为无机填料与 EUG 共混时，会产生很强的聚合物-填料、填料-填料间的相互作用，并且随着 CNTs 用量增加，这种相互作用愈发强烈，导致复合材料间的物理缠结程度上升，因此材料整体交联密度上升。在测试过程中，并未发现甲苯溶液中有其他杂质析出，这就进一步说明了 CNTs 在 EUG 基体内形成稳定的网络结构，不易随材料溶胀而脱离基体材料。

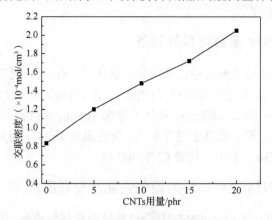

图 7.10　EUG/CNTs 复合材料交联密度的变化趋势图

7.2.3　EUG/CNTs 复合材料的微观形貌

图 7.11 是 EUG/CNTs 复合材料淬断面的 SEM 照片,可以观察到 CNTs 在 EUG 基体中表现出较好的分散性。随着 CNTs 用量增加, 填料-填料间隙减少, 逐渐形成了填料-填料网络结构,这是导电网络的结构基础。如图 7.11 (d) 所示, 当 CNTs 的用量增加到 20phr 时, 由于 CNTs 的纳米尺度和大的长径比, CNTs 之间相互缠结导致团聚现象出现, 从而可形成更强的导电网络。

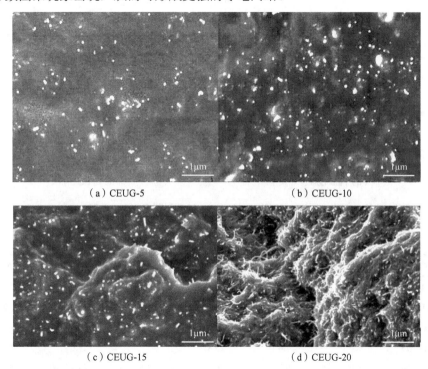

（a）CEUG-5　　　　　　　　　　（b）CEUG-10

（c）CEUG-15　　　　　　　　　　（d）CEUG-20

图 7.11　EUG/CNTs 复合材料淬断面的 SEM 照片

7.2.4　EUG/CNTs 复合材料的热性能

图 7.12 为 EUG 及 EUG/CNTS 复合材料的 DSC 曲线。从图 7.12 (a) 中可以看出, 在降温过程中, -60℃左右出现了一个向上的台阶, 此处为 EUG 的玻璃化转变温度 T_g; 在 0~10℃, 复合材料依次出现了明显的结晶峰, 并且随着 CNTs 用量增加结晶峰从-0.2℃移动到 9.2℃。随着 CNTs 用量增加, 复合材料的 ΔH_c 增加, 由 24.2J/g 增加到 26.5J/g。而 CNTs 作为一种无机填料, 当均匀分散在 EUG 基体内部时, 会起到成核剂的作用, 从而促进 EUG 在较高温度下成核结晶。

图 7.12 (b) 为 EUG/CNTs 复合材料的 DSC 升温曲线, 在 30~50℃复合材料

依次出现了熔融峰,并随着 CNTs 用量增加从 31.1℃移动到 43.5℃,ΔH_m 由 26.0J/g 增加到 27.1J/g,结晶度 X_c 从 20.7%增加到 21.5%。这是由于复合材料中存在化学交联和物理缠结,从而构成了较强的网络结构,使 EUG 分子链的运动受到限制,熔融温度向高温方向移动,同时 CNTs 成核作用使其熔融焓和结晶度增大。EUG 及 EUG/CNTs 复合材料的 DSC 结晶参数如表 7.2 所示。

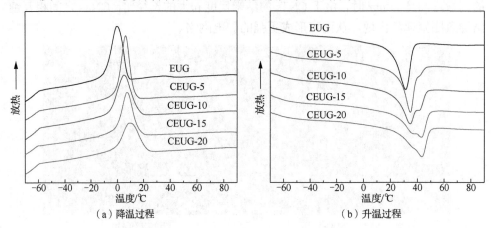

（a）降温过程　　　　　　　　　　　（b）升温过程

图 7.12　EUG 及 EUG/CNTs 复合材料的 DSC 曲线

表 7.2　EUG 及 EUG/CNTs 复合材料的 DSC 结晶参数表

样品	T_g/℃	T_c/℃	ΔH_c/（J/g）	T_m/℃	ΔH_m/（J/g）	X_c/%
EUG	−59.6	−0.2	24.2	31.1	26.0	20.7
CEUG-5	−59.8	5.4	24.2	34.7	26.2	20.8
CEUG-10	−58.8	5.1	25.9	34.8	26.8	21.3
CEUG-15	−60.1	7.4	25.8	43.1	27.0	21.4
CEUG-20	−59.1	9.2	26.5	43.5	27.1	21.5

为了进一步证实 CNTs 的存在对杜仲胶的结晶及晶型的影响,本节采用了 XRD 对复合材料进行了表征,如图 7.13 所示。根据文献[14]和文献[15],2θ 在 11.3°、17.9°、26.7°、31.8°和 34.3°为 EUG 的 α-晶型的特征峰,2θ 在 18.7°和 22.7°为 EUG 的 β-晶型的特征峰。从图可以看出,随着 CNTs 用量增加,曲线峰形发生了较为明显的变化,表明 EUG 的晶型发生了明显变化。当 CNTs 用量较少时,EUG 的结晶以 β-晶型为主,当 CNTs 用量较多时,EUG 的结晶以 α-晶型为主。对于 EUG 来说,高结晶温度有利于 α-晶型的形成,低结晶温度有利于 β-晶型的形成,DSC 结果表明由于 CNTs 成核剂的作用,EUG 的最大结晶速率温度从-0.2℃提高到了 9.2℃,导致随着 CNTs 用量增加,EUG 的结晶以 β-晶型为主转变为以 α-晶型为主。

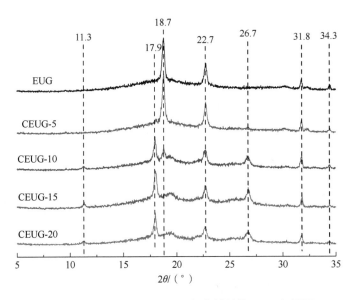

图 7.13　EUG 及 EUG/CNTs 复合材料的 XRD 衍射图

7.2.5　EUG/CNTs 复合材料的动态热机械性能

图 7.14 为 EUG 及 EUG/CNTs 复合材料的 DMA 曲线。在图 7.14（a）中可以发现，当温度低于-60℃时，材料的储能模量随 CNTs 用量上升而出现略微增大的趋势；当温度上升到-60℃时，储能模量曲线均出现一个陡然下降的趋势，这是因为此时达到了 EUG 的 T_g，链段开始运动；随着温度继续上升，储能模量继续下降，因为温度升高分子链段运动能力越来越强，其表现出较大的弹性；当温度升高到 40℃之上时，储能模量出现更大趋势的下降，这是因为此时温度到达 EUG 的 T_m，结晶熔融，大分子链可以滑移运动，导致储能模量进一步降低；随着 CNTs 增多，对储能模量影响更加明显，这是因为 EUG 的结晶和 CNTs 的掺入均作为分子链运动的限制因素，而当升温到熔融温度后，结晶不再作为限制因素，因而 CNTs 的补强作用得到明显体现。

在图 7.14（b）中，EUG/CNTs 复合材料均在-60℃左右出现了较明显的损耗峰，这是由 EUG 的玻璃化转变引起的；随着温度升高，EUG/CNTs 复合材料出现了一个或两个损耗峰，为结晶熔融所致，这与 DSC 的结果一致。随着 CNTs 用量增加，$\tan\delta$ 出现上升，这是由于：一方面 CNTs-CNTs 和 EUG-CNTs 之间的网络增加，相对运动时的内摩擦增加；另一方面 CNTs 对 EUG 分子链运动的限制作用增加，使其内耗增加。

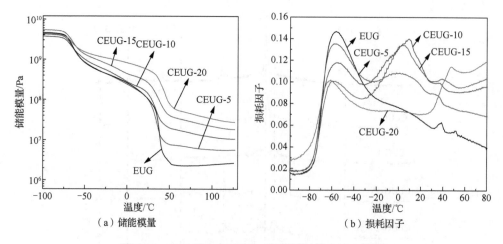

（a）储能模量　　　　　　　　　　（b）损耗因子

图 7.14　EUG 及 EUG/CNTs 复合材料的 DMA 曲线

7.2.6　EUG/CNTs 复合材料的力学性能

图 7.15 是 EUG 及 EUG/CNTs 复合材料在高温（T_m+20℃）下的力学性能（拉伸速率 500mm/min），在高温时，EUG 的拉伸强度为 3.3MPa，断裂伸长率为 442%，当 CNTs 的用量达到 20phr 时，拉伸强度升高到了 11.1MPa，断裂伸长率下降至 321%。随着 CNTs 用量增加，复合材料的拉伸强度上升，断裂伸长率降低，呈现一种明显的填料补强效应，这与之前动态热机械性能数据相吻合。

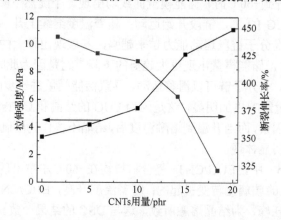

图 7.15　EUG 及 EUG/CNTs 复合材料的高温力学性能曲线

7.2.7　EUG/CNTs 复合材料的形状记忆性能

采用热机械循环曲线表征 EUG/CNTs 复合材料的形状记忆性能，图 7.16 为复合材料在进行热机械循环性能测试中循环 3 次的形状固定率 SF 及形状回复率 SR

变化趋势。从图 7.16（a）中可以看出，复合材料的 SF 均在 97%以上，并且随着 CNTs 用量增加，复合材料的 SF 并无明显的变化。而在图 7.16（b）中可以看出，随着 CNTs 用量增加，复合材料的 SR 出现了下降的趋势，这说明复合材料内部形成的 CNTs-CNTs 和 CNTs-EUG 复杂网络限制了分子链的运动，导致材料无法完全回复到永久形状，形状回复率降低。随着循环次数增加，SR 出现了上升的趋势，这是由于在进行多次循环后，CNTs 在 EUG 基体中会重新分散排列，使得 EUG 分子链的滑移变少，因而 SR 值随着循环次数增加而增大，在经过两次循环后，复合材料的 SF 值均在 98%左右，呈现出了良好的循环形状记忆性能。

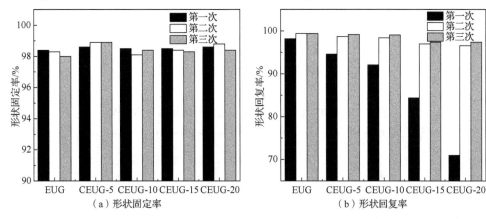

图 7.16 EUG 及 EUG/CNTs 复合材料的形状固定率和形状回复率柱状图

电致形状回复的实质也是通过温度来控制复合材料的结晶熔融，为了能够更深入地研究复合材料的电致形状回复原理，测试了 EUG/CNTs 复合材料的导电生热情况，如图 7.17 所示。当 CNTs 用量低于或等于 5phr 时，EUG/CNTs 复合材料没有出现导电生热的现象，而当 CNTs 用量达到 10phr 时，EUG/CNTs 复合材料出现了明显的升温现象，并且随着 CNTs 用量的增多，复合材料开始进行升温的电压逐渐降低，升温的速率也随之增大。在电压大于 25V 时，复合材料被击穿。产生导电生热的原因是：EUG 作为电绝缘材料，当掺入 5phrCNTs 时，并不能在其内部形成导电通路，从而不会产生导电生热现象，而当 CNTs 用量达到 10phr 时，材料内部的导电网络逐渐完善且密集，这就出现了导电生热现象，并且材料对电压变得愈发敏感，即生热电压降低，生热速率加快。

图 7.18 是 EUG 及 EUG/CNTs 复合材料的电致形状回复率曲线，从图中可以看出，当 CNTs 用量达到 10phr 时，复合材料出现了形状回复行为，这与之前导电生热测试得出的结论相一致，即当形成了完善的导电网络时，复合材料才会出现升温，进而出现形状回复行为。并且随着 CNTs 用量的增多，电致形状回复所需的电压越低，这与导电网络的强弱有关。

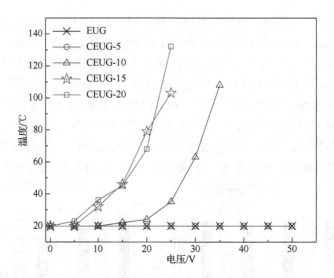

图 7.17　EUG 及 EUG/CNTs 复合材料的导电生热曲线

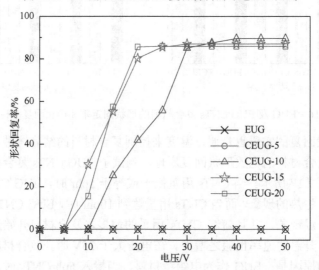

图 7.18　EUG 及 EUG/CNTs 复合材料的电致形状回复率曲线

　　为了更直观地表现出复合材料的形状回复过程，对其进行了一系列的热成像拍摄，如图 7.19 所示。随着 CNTs 用量增加，复合材料的生热速率明显升高，并且最高可达 80℃，这明显高于材料的 T_{trans}，发热分散均匀稳定。

　　以上的研究表明，通过 EUG 与 CNTs 复合制备了具有热-电双重响应型形状记忆材料，其热致形状固定率大于 98%，形状回复率大于 90%，电致回复率大于 85%。

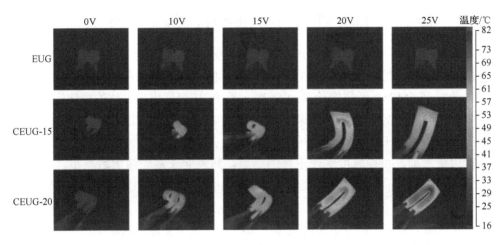

图 7.19　EUG 及 EUG/CNTs 复合材料电致形状回复过程的热成像照片

7.3　杜仲胶/聚烯烃弹性体热塑性硫化胶形状记忆材料的制备与性能

近年来，基于 TPV 的形状记忆材料引起了学者的关注，其中弹性体相在材料发生形变后产生弹性回复力，而塑料相通过结晶和熔融转变来冻结和解冻结材料形变后的临时形状，两相共同作用赋予材料形状记忆性能[16-18]。采用动态硫化制备的 TPV 形状记忆材料具有加工成型简单、可重复加工等优点，有效解决了热塑性塑料形状记忆共混物回复驱动力不足的问题，从而强化了形状记忆功能。因此，利用 EUG 和 POE 制备了具有形状记忆性能的热塑性硫化胶[19,20]。

7.3.1　EUG/POE TPV 复合材料的制备

首先将 EUG 在 60℃的开炼机上进行塑炼，依次加入硬脂酸 2phr、氧化锌 4 phr、防老剂 2 phr、促进剂 1.2 phr、硫黄 2 phr，待胶料混匀后出料得到 EUG 母胶。然后将 POE、抗氧化剂 1010 和 EUG 母胶加入转矩流变仪中，在 160℃、80r/min 的条件下动态硫化 8～10min 后，得到 EUG/POE TPV 复合材料。最后将动态硫化后的胶料 EUG/POE TPV 复合材料在 180℃、10MPa 的平板硫化机上模压成型。EUG/POE TPV 简写成 ExPy，其中 x、y 分别代表 EUG、POE 的用量，如 E5P5 代表 EUG/POE 的用量比为 5/5。

7.3.2　硫黄用量对 EUG/POE TPV 复合材料性能的影响

图 7.20 为不同硫黄用量 EUG/POE TPV 复合材料的应力-应变曲线。纯 EUG
在拉伸过程中表现出明显的屈服和应变硬化的特征，是典型塑料的拉伸行为，拉
伸强度为 18.7MPa，断裂伸长率为 560%；而 POE 表现出弹性体的拉伸行为，拉
伸强度为 12.8MPa，断裂伸长率为 1150%。EUG/POE 共混物（E4P6 S0）和
EUG/POE TPV（E4P6 S1～E4P6 S3）都表现出柔性的弹性体的拉伸行为。随着
硫黄用量增加，拉伸强度呈现下降的趋势，断裂伸长率先增大后减小。未交联
的 EUG 在常温下易结晶，呈现塑料的特性，由于硫黄的加入使 EUG 分散相发
生了交联，EUG 的结晶度下降，从而使得拉伸强度均低于 E4P6 共混物，断裂
伸长率也随之升高。但当硫黄用量超过 2phr 时，由于交联网络增加，极大程度地
限制了分子链的运动，因此在拉伸过程中 TPV 的断裂伸长率反而又降低。此外，
在相同的拉伸应变下，E4P6 共混物表现出更高的拉伸应力，说明 EUG 可以增强
POE 的性能。

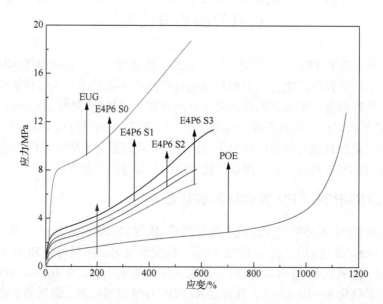

图 7.20　不同硫黄用量 EUG/POE TPV 复合材料的应力-应变曲线（拉伸速率 500mm/min）

图 7.21 为不同硫黄用量 EUG/POE TPV 复合材料的形状回复率和形状固定率
柱状图。由于 EUG 和 POE 相的结晶温度和熔融温度非常接近，所以转变温度设
定在 60℃。对于 EUG/POE 共混物而言，其 SF 达 98%，但是 SR 很低，为 45%，

表明 EUG/POE 共混物不能直接用作形状记忆材料。随着硫黄用量增加，EUG/POE TPV 复合材料的 SF 呈现降低的趋势，都大于 90%。随着硫黄用量增加，EUG 交联程度增加，在变形时所需要的能量越多；而交联程度越高，EUG 结晶度越低，冷却时弹性熵的损失会使共混物储存的能量越多，更容易回到原来的形状，从而导致 SF 较低、SR 较高。随硫黄用量增加，EUG/POE TPV 复合材料的 SR 先增大后降低。交联密度增加，会进一步限制 POE 的不可逆变形，从而提高 TPV 的 SR。另外，更高的交联密度会抑制交联点间 EUG 分子链的松弛，导致 SR 降低。综合考虑，硫黄用量为 2phr 时，形状记忆性能和力学性能较优。

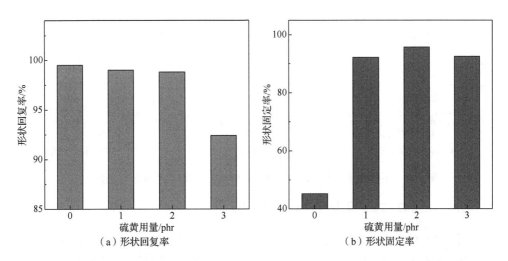

图 7.21　不同硫黄用量 EUG/POE TPV 复合材料的形状回复率和形状固定率柱状图

7.3.3　共混比对 EUG/POE TPV 复合材料性能的影响

1. EUG/POE TPV 复合材料的形貌结构

图 7.22 为不同共混比 EUG/POE TPV 复合材料的 SEM 照片和粒径分布图，SEM 照片中白色部分为 EUG 分散相，黑色部分为 POE 连续相。EUG 相在高剪切的作用下原位交联破碎成微米级颗粒，分散在 POE 中，为典型的相分离结构。随着 EUG 用量增加，EUG/POE TPV 中 EUG 颗粒的尺寸变大、分布变宽。较低 EUG 用量下，EUG/POE TPV 中 EUG 颗粒的尺寸为 0.4～1μm；较高 EUG 用量下，EUG/POE TPV 中 EUG 颗粒的尺寸为 0.8～1.6μm。EUG 用量越多，聚集得越明显，EUG 颗粒的尺寸越大，分布越宽。

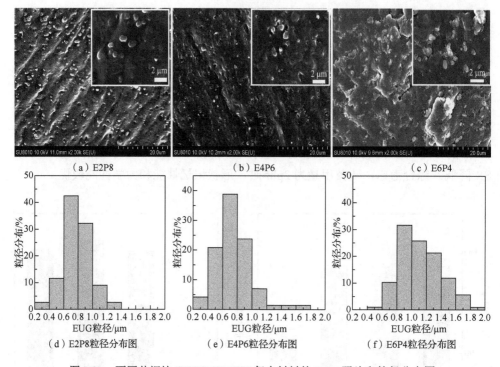

图 7.22　不同共混比 EUG/POE TPV 复合材料的 SEM 照片和粒径分布图

2. EUG/POE TPV 复合材料的力学性能

图 7.23（a）为不同共混比 EUG/POE TPV 复合材料的应力-应变曲线，所用的 TPV 均表现出典型的弹性体拉伸行为。随着 EUG 用量增加，EUG/POE TPV 复合材料的拉伸强度逐渐减小，断裂伸长率明显降低。对于 EUG/POE TPV 复合材料而言，分散在 POE 基体中交联的 EUG 粒子破坏了 POE 相的连续性，限制了 POE 大分子链的运动性，从而破坏 POE 分子链的应变硬化，导致拉伸强度和断裂伸长率下降。在相同的拉伸应变下，拉伸应力随着 EUG 用量增加而增大，这是由于交联的 EUG 颗粒明显增强了基体的强度。图 7.23（b）为 TPV 的硬度和拉伸永久变形随共混比变化的曲线。EUG/POE TPV 复合材料硬度随着 EUG 用量增加而增大，拉伸永久变形随 EUG 用量增加呈现先增大后减小。当 EUG 用量较少时，由于 EUG 呈现颗粒状分散在连续的 POE 中，在拉断后 POE 分子链收缩的过程中对 POE 的分子链起到了阻碍作用，所以拉伸永久变形较大；当 EUG 用量较多时，大量交联的 EUG 粒子分散在 POE 基体，能够与 POE 大分子链产生更多的物理缠结，带动 POE 大分子链从高度变形状态产生弹性回复。

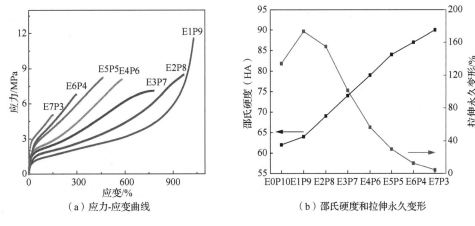

（a）应力-应变曲线　　　　　　　　（b）邵氏硬度和拉伸永久变形

图 7.23　EUG/POE TPV 复合材料的力学性能曲线

3. EUG/POE TPV 复合材料形状记忆性能

图 7.24 为共混比对 EUG/POE TPV 复合材料的形状记忆性能图。如图 7.24（a）所示，EUG/POE TPV 复合材料的 SR 均随变形温度升高而增大。共混体系中 EUG 用量为 10phr～30phr 时，TPV 的 SR 较小，且在 70℃时 SR 在 90%以下；当共混体系中 EUG 用量为 40phr～70phr 时，TPV 的 SR 较大，且在 60℃时 SR 几乎可以达到 95%。

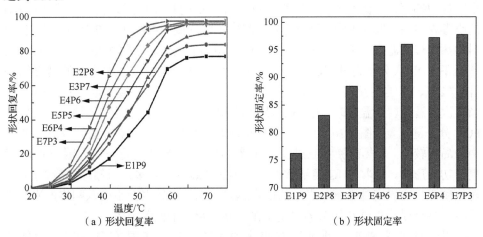

（a）形状回复率　　　　　　　　　　（b）形状固定率

图 7.24　EUG/POE TPV 复合材料的形状记忆性能图

为了进一步证明随着 EUG 用量增加，EUG/POE TPV 复合材料的形状回复率越高、回复速率越快，做了以下对比试验。将试样在 60℃的水浴中缠绕到玻璃棒上，迅速在冰水中冷却，在室温下停留 5min 后，放入 60℃的水浴中进行回复，与此同时用数码相机记录不同时刻 TPV 形状的变化。如图 7.25 所示，试样开始时呈卷曲状，放入设定值为 60℃的水浴。30s 后 POE 试样基本上没有回复，随着 EUG 用量增加，形变回复变得明显，形变回复速度变快，回复时间变短。但 E2P8 试样最终不能回复到原来的形状，而 E4P6、E6P4 试样在最终都可以快速地恢复到初始形状。

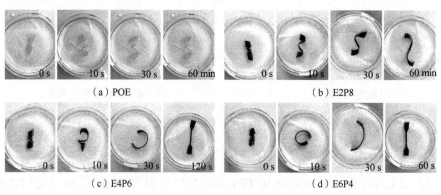

（a）POE　　　　　　　　　　　　　　　（b）E2P8

（c）E4P6　　　　　　　　　　　　　　　（d）E6P4

图 7.25　EUG/POE TPV 复合材料的形状回复照片

如图 7.26 所示为 EUG/POE TPV 复合材料形状记忆机理示意图。在初始形状中，虽然 EUG 以岛相分散在 POE 相中，不能形成连续的交联网络，但每一个 EUG 小颗粒中都存在着微小的交联网络，且连续相 POE 分子链会部分进入分散相 EUG 的小颗粒中与交联的 EUG 分子链之间产生一定程度的缠绕［图 7.26（a）］。当材料加热到转变温度以上时，POE 和 EUG 两相的晶区熔融［图 7.26（b）］，在外力作用下 POE 大分子链和 EUG 微小交联网络会同时变形，形成临时的网络结构［图 7.26（c）］。当温度降到固定温度 0℃时，临时的网络结构被固定［图 7.26（d）］。当再次升温至转变温度时，EUG 微小交联网络发生回复，并且有效地带动周围的 POE 分子链回复［图 7.26（d）到图 7.26（b）］。当 EUG 用量较少时，分散在 POE 中的岛相较少，对热刺激响应温度不敏感，且没有足够的能量带动周围的 POE 回复到初始形状。随着 EUG 用量增加，微小的交联网络越多，所储存的能量越大，对热刺激响应温度越敏感，产生的能量越多。因此在较多微小交联网络的回复带动下，TPV 试样能够在较窄的温度范围内获得更大的回复能力。

以上的研究表明，通过动态硫化的方法可以制备具有形状记忆性能的 EUG/POE TPV 复合材料，其形状固定率大于 95%，形状回复率大于 90%，展现出优异的形状记忆性能。大量结晶与交联共存结构的杜仲胶颗粒作为小型的形状记忆单元分散在 POE 基体中，不但可提供更多的可逆相和更强的回弹力，还有助于增强临时形状的固定并限制塑料基体的不可逆形变。

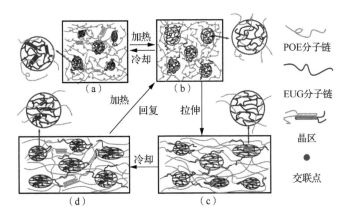

图 7.26　EUG/POE TPV 复合材料形状记忆机理示意图

7.4　本 章 小 结

杜仲胶作为典型的可交联的结晶性材料，可以作为形状记忆材料使用。采用甲基丙烯酸锌和碳纳米管等填料可以有效提高形状记忆材料在转变温度以上变形时的力学性能，与碳纳米管复合制备的杜仲胶形状记忆材料展现出了热-电双重形状记忆性能，通过与 POE 共混制备了具有形状记忆性能的热塑性弹性体。但目前制备的杜仲胶形状记忆材料多为热响应型，可响应的外界形式较为单一，因此开发多种刺激响应型材料（如电、磁、光、化学等）或同时响应多个刺激的杜仲胶形状记忆材料将是今后研究的重要方向。

参 考 文 献

[1] Hu J, Zhu Y, Huang H, et al. Recent advances in shape-memory polymers: Structure, mechanism, functionality, modeling and applications[J]. Progress in Polymer Science, 2012, 37(12): 1720-1763.

[2] Liu C, Qin H, Mather P. Review of progress in shape-memory polymers[J]. Journal of Materials Chemistry, 2007, 17(16): 1543-1558.

[3] Ratna D, Karger-Kocsis J. Recent advances in shape memory polymers and composites: A review[J]. Journal of Materials Science, 2008, 43(1): 254-269.

[4] Hu J, Chen S. A review of actively moving polymers in textile applications[J]. Journal of Materials Chemistry, 2010, 20(17): 3346-3355.

[5] Xue L, Dai S Y, Li Z. Synthesis and characterization of three-arm poly(ε-caprolactone)-based poly(ester-urethanes)with shape-memory effect at body temperature[J]. Macromolecules, 2009, 42(4): 964-972.

[6] Lendlein A, Zotzmann J, Feng Y, et al. Controlling the switching temperature of biodegradable, amorphous, shape-memory poly(rac-lactide)urethane networks by incorporation of different comonomers[J]. Biomacromolecules, 2009, 10(4): 975-982.

[7] Alteheld A, Feng Y K, Kelch S, et al. Biodegradable, Amorphous copolyester-urethane networks having shape-memory properties[J]. Angewandte Chemie-International Edition, 2005, 44(8): 1188-1192.

[8]　Ni X, Sun X. Block copolymer of *trans*-polyisoprene and urethane segment: Shape memory effects[J]. Journal of Applied Polymer Science, 2006, 100(2): 879-885.

[9]　张继川, 薛兆弘, 严瑞芳, 等. 天然高分子材料——杜仲胶的研究进展[J]. 高分子学报, 2011, (10): 1105-1117.

[10]　徐铭泽. 具有形状记忆功能杜仲胶复合材料的制备与性能研究[D]. 沈阳: 沈阳化工大学, 2020.

[11]　Kang H, Xu M, Wang H, et al. Heat-responsive shape memory Eucommia ulmoides gum composites reinforced by zinc dimethacrylate[J]. Journal of Applied Polymer Science, 2020, 137(38): 49133.

[12]　Lu Y, Liu L, Tian M, et al. Study on mechanical properties of elastomers reinforced by zinc dimethacrylate[J]. European Polymer Journal, 2005, 41(3): 589-598.

[13]　Guo W, Shen Z, Guo B, et al. Synthesis of bio-based copolyester and its reinforcement with zinc diacrylate for shape memory application[J]. Polymer, 2014, 55(16): 4324-4331.

[14]　Mandelkern L, Quinn J F, Roberts D. Thermodynamics of crystallization in high polymers: Gutta percha[J]. Rubber Chemistry & Technology, 1956, 29(4): 1181-1194.

[15]　Zhang J, Xue Z. A comparative study on the properties of Eucommia ulmoides gum and synthetic *trans*-1, 4-polyisoprene[J]. Polymer Testing, 2011, 30(7): 753-759.

[16]　Chen Y, Xu C, Liang X, et al. In situ reactive compatibilization of polypropylene/ethylene-propylene-diene monomer thermoplastic vulcanizate by zinc dimethacrylate via peroxide-induced dynamic vulcanization[J]. The Journal of Physical Chemistry B, 2013, 117(36): 10619-10628.

[17]　Yuan D, Chen Z, Xu C, et al. Fully biobased shape memory material based on novel cocontinuous structure in poly(lactic acid)/natural rubber TPVs fabricated via peroxide-Induced dynamic vulcanization and in situ interfacial compatibilization[J]. ACS Sustainable Chemistry & Engineering, 2015, 3(11): 2856-2865.

[18]　Chen Y, Yuan D, Xu C. Dynamically vulcanized biobased polylactide/natural rubber blend material with continuous cross-linked rubber phase[J]. ACS Applied Materials & Interfaces, 2014, 6(6): 3811-3816.

[19]　弓铭, 康海澜, 方庆红. 基于杜仲胶热塑性硫化胶的制备及性能表征[J]. 沈阳化工大学学报, 2019, 33(1): 68-76.

[20]　Kang H, Gong M, Xu M, et al. Fabricated biobased Eucommia ulmoides gum/polyolefin elastomer thermoplastic vulcanizates into a shape memory material[J]. Industrial & Engineering Chemistry Research, 2019, 58(16): 6375-6384.

第8章　杜仲胶的电磁屏蔽材料

随着科技发展，电子电器产品得到广泛普及，人们的生活获得了巨大的便利。然而，随之而来的电磁辐射也严重危害了人类健康。因此，开发新型的电磁屏蔽材料具有重要意义。材料电磁屏蔽主要基于材料表面对电磁波的反射、材料内部的吸收以及传输过程中的损耗。橡胶凭借其高弹性、低密度、良好的密封性，逐步发展成为高效的电磁屏蔽材料基体材料。到目前为止，用于电磁屏蔽橡胶复合材料的橡胶基体有很多，但有关杜仲胶电磁屏蔽橡胶复合材料基体的研究报道很少[1]。杜仲胶中晶区的存在使得填料富集在非晶区[2]，降低了电磁屏蔽填料用量的阈值，促进导电填料网络的形成，同时，电磁波在晶区可发生多重反射，有利于复合材料电磁屏蔽性能的提高。

8.1　杜仲胶/镀镍石墨电磁屏蔽材料的制备与性能

8.1.1　EUG/NCG 电磁屏蔽材料的制备

镀镍石墨的表面处理：采用硅烷偶联剂 A-137 的乙醇溶液对镀镍石墨（nickel coated graphite，NCG）进行表面处理，A-137 的质量分数为 NCG 的 1%，在室温下超声处理 60min，抽滤、洗涤、真空干燥至恒重，得到处理后的 NCG。

EUG/NCG 复合材料的制备：在辊温 65℃下，将杜仲胶（100phr）在开炼机上薄通大约十次之后，胶料均匀包辊后，按照顺序依次加入氧化锌（5phr）、硬脂酸（2phr）、防老剂 4010 NA（2phr）、处理后 NCG（变量）、促进剂 NOBS（1.2phr）、硫黄（1.2phr）等助剂。待助剂和 NCG 与 EUG 混合均匀后出片。放置 24h 后测定胶料硫化时间。在 150℃、10MPa 条件下，根据所测的硫化时间进行硫化，制备出 EUG/NCG 复合材料，其中 NCG 用量用 NCG 的质量占 EUG 质量的百分比来表示，分别为 10%、20%、30%、40% 和 50%。

为了对比 EUG/NCG 体系与 NR/NCG 体系的电磁屏蔽性能，制备了 NR/NCG 复合材料，其中 NR 用量为 100phr，NCG 用量为 NR 用量的 30%，其他的组分用量同上。

8.1.2　EUG/NCG 与 NR/NCG 电磁屏蔽材料性能对比

EUG 与 NR 互为同分异构体。EUG 为反式-1,4-聚异戊二烯，为结晶聚集态结构；NR 为顺式-1,4-聚异戊二烯，为无定型聚集态结构。为了研究结晶聚集态结构与无定型聚集态结构对电磁屏蔽性能的影响，对比分析了相同 NCG 用量的 EUG/NCG 复合材料与 NR/NCG 复合材料的结晶行为、动态机械性能、电导率和电磁屏蔽性能。

1. EUG/NCG 复合材料与 NR/NCG 复合材料的结晶性能

图 8.1 为 EUG/NCG 复合材料与 NR/NCG 复合材料的 DSC 曲线。对于 NR/NCG 复合材料，无论是降温还是升温曲线，都没有观察到熔融峰和结晶峰。原因在于 NR 结晶速率很慢，在 DSC 测试升降温速率条件下，NR 来不及发生结晶行为。对于 EUG/NCG 复合材料，降温曲线在-6.7℃出现了尖锐的结晶峰，升温曲线在 26.9℃处出现了明显的熔融峰，说明复合材料中 EUG 仍然保持良好的结晶性。因此，EUG/NCG 复合材料中 EUG 以结晶结构存在，NR/NCG 复合材料中 NR 以无定形结构存在[3]。

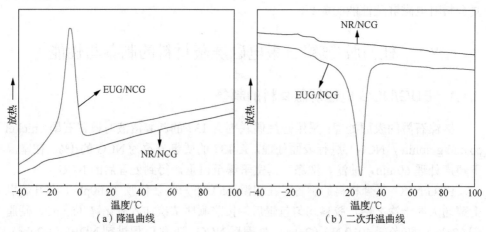

（a）降温曲线　　　　　　　　　　（b）二次升温曲线

图 8.1　EUG/NCG 复合材料与 NR/NCG 复合材料的 DSC 曲线

2. EUG/NCG 复合材料与 NR/NCG 复合材料的 Payne 效应对比

图 8.2 为 EUG/NCG 复合材料与 NR/NCG 复合材料的 RPA 曲线。从图 8.2 中可以看出，随着应变增加，EUG/NCG 复合材料与 NR/NCG 复合材料的储能模量 G' 都呈下降趋势，这是由于应变增加使填料-填料、填料-聚合物网络结构不断遭到破坏。但在相同应变下，EUG/NCG 复合材料的储能模量高于 NR/NCG 复合材料的储能模量。原因在于，一方面 EUG 大分子链排列规整，分子链间的作用力大，导致其储能模量更高；另一方面，在加工的过程中 EUG 基体中晶区会占据一定的体积，而 NCG 难以扩散进入晶区。在 NCG 用量相同情况下，NCG 在 EUG/NCG

中的有效体积分数比 NR/NCG 更大，单位有效体积内分布更多的 NCG 粒子，也可导致其储能模量高。

从图中还可以看出，与 NR/NCG 复合材料相比，随应变增加，EUG/NCG 复合材料在应变为 10%左右出现 G' 变化的拐点（小平台区）。当应变较小时，富集于无定型区的填料-填料网络结构发生形变、破坏，同时也会发生填料-填料网络结构的重组，导致小应变区模量出现短暂平台区；此后，随着应变的进一步增加，填料-填料网络结构发生明显的破坏，储能模量陡然下降。

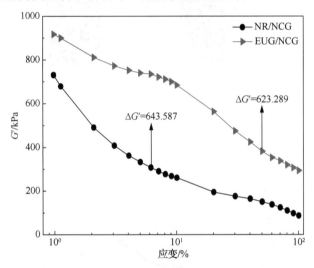

图 8.2　EUG/NCG 复合材料与 NR/NCG 复合材料的 RPA 曲线

3. EUG/NCG 复合材料与 NR/NCG 复合材料的电导率对比

图 8.3 为 EUG/NCG 复合材料与 NR/NCG 复合材料的电导率对比图。可以清晰地看出，相比于 NR/NCG 复合材料，EUG/NCG 复合材料的电导率更大。原因是 NCG 主要分布在 EUG 的无定型区，与 NR/NCG 相比，EUG/NCG 中 NCG 的有效体积分数更大、导电网络更完善，因此 EUG/NCG 复合材料具有更高的电导率。EUG/NCG 比 NR/NCG 更高的导电性将赋予其更强的电磁屏蔽性能[3]。

4. EUG/NCG 复合材料与 NR/NCG 复合材料的电磁屏蔽性能对比

图 8.4 为 EUG/NCG 复合材料与 NR/NCG 复合材料的电磁屏蔽效能对比图。由图可以看出，在 30～1500MHz 频率范围内，EUG/NCG 复合材料的总电磁屏蔽效能 SE_T 均大于 NR/NCG 复合材料的 SE_T，在 900MHz 的频率下，EUG/NCG 复合材料和 NR/NCG 复合材料的 SE_T 均表现出最大值，分别为 12.4dB 和 8.9dB。

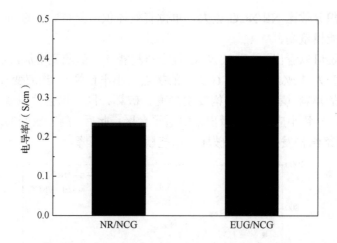

图 8.3 　EUG/NCG 复合材料与 NR/NCG 复合材料的电导率对比图

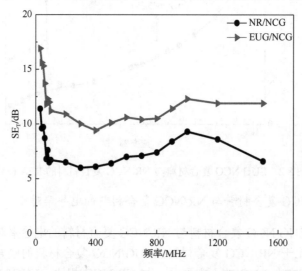

图 8.4 　EUG/NCG 复合材料与 NR/NCG 复合材料的电磁屏蔽效能

　　与 NR 相比，EUG 作为基体制备的复合材料具有更好的电磁屏蔽性能的原因如下：复合材料中 NR 和 EUG 以不同的聚集态结构存在，NR 为完全无定型结构，EUG 为结晶聚集态结构，晶区和无定形区共存。晶区的存在使得 NCG 主要分布在 EUG 无定型区，因此与 NR 体系相比，EUG 体系的导电填料网络更完善，电导率更高，电磁屏蔽性能更好。另外，当电磁波入射到 EUG/NCG 复合材料时，电磁波可在 EUG 晶区内发生多次反射而被消耗[4]（图 8.5）。

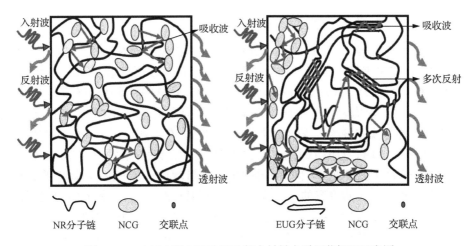

图 8.5　NR/NCG 和 EUG/NCG 复合材料电磁屏蔽机理示意图

8.1.3　NCG 的用量对 EUG/NCG 电磁屏蔽材料性能的影响

1. EUG/NCG 复合材料的硫化特性

从表 8.1 可以看出，随着 NCG 用量增加，NCG/EUG 复合材料的 t_{10} 变化不大，t_{90} 逐渐减小。这是由于 NCG 表面的金属镍导热，提高了体系的传热速率；NCG 用量越高，传热速率越快，体系达到相同温度所需的时间越短，即在同一时刻，NCG 用量越高的体系交联反应温度越高，因此交联反应速率越快，t_{90} 越小。从表中还可以看出，随着 NCG 用量增加，最大扭矩 M_H 和最小扭矩 M_L 都相应增加，表明 NCG 的加入提高了 EUG/NCG 复合材料的模量。另外 M_H-M_L 可间接反映 EUG/NCG 复合材料交联程度，当 NCG 用量≤40%时，复合材料的交联程度随 NCG 用量增加而增大，表明填料-填料网络充当了物理交联点，提高了复合材料的交联密度；当 NCG 用量为 50%时，NCG 在 EUG 基体中形成部分团聚体，填料-填料物理网络作用略有降低，导致复合材料交联程度略有下降。

表 8.1　NCG/EUG 复合材料的硫化特性

NCG/%	t_{10}	t_{90}	M_L/（dN·m）	M_H/（dN·m）	M_H-M_L/（dN·m）
0	2min59s	10min15s	1.47	14.42	12.95
10	2min41s	9min23s	1.36	15.02	13.39
20	2min45s	8min24s	1.96	19.46	17.50
30	2min33s	7min54s	2.41	21.28	18.87
40	2min19s	7min50s	2.35	22.86	20.51
50	2min07s	7min27s	3.58	22.53	18.95

2. EUG/NCG 复合材料的微观形貌

图 8.6 为不同 NCG 用量 EUG/NCG 复合材料淬断面的 SEM 图。图中白色片状物为 EUG 包覆盖的 NCG。对比可以看出，随着 NCG 用量增加，白色片状物逐渐密集，断面粗糙程度先增加后降低，这与 NCG 在 EUG 中的分布有关。当 NCG 用量较低时，NCG 均匀分散在 EUG 基体中，且分布稀疏，NCG 粒子间存在一定的间隔，没有形成完整的、连续的导电填料网络。在淬断过程中，由于 NCG 的应力集中作用，EUG 在 EUG 和 NCG 的界面处发生形变，引发裂纹并扩展，在遇到 NCG 粒子后终止或改变方向。随着 NCG 用量增加，在 EUG 基体里的分布越来越密集，形成了相对完整的、连续的导电填料网络结构，两相界面的表面积增加，参与形变的 EUG 增多，淬断面粗糙度增加。当 NCG 用量增加至 40% 时，NCG 在 EUG 中开始团聚形成聚集体，导电填料网络进一步完善。同时，两相界面相对减少，形变少，淬断面更加平整。

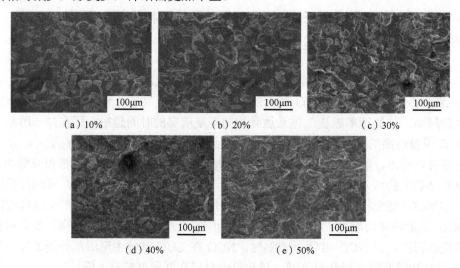

图 8.6　EUG/NCG 复合材料淬断面的 SEM 图

3. EUG/NCG 复合材料的结晶行为

图 8.7 为不同 NCG 用量 EUG/NCG 复合材料的 DSC 曲线。根据 DSC 曲线，EUG/NCG 复合材料中的 EUG 在降温和二次升温过程中分别发生了结晶和晶体熔融现象。与 EUG 相比，复合材料的结晶温度和熔融温度都有所降低，这是因为 NCG 的加入会阻碍 EUG 分子链的运动，延缓了结晶现象的发生，导致结晶温度降低；同时生成晶体的完善程度下降，因此熔融温度也降低。随着 NCG 用量增加，EUG 的用量逐步减少，导致复合材料结晶峰和熔融峰强度随之减弱。

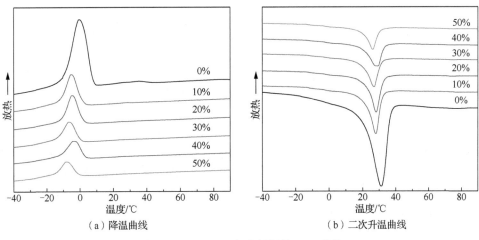

（a）降温曲线　　　　　　　　　　（b）二次升温曲线

图 8.7　EUG/NCG 复合材料的 DSC 曲线

4. EUG/NCG 复合材料的动态力学性能

图 8.8 为不同 NCG 用量的 EUG/NCG 复合材料的 RPA 曲线。由图 8.8（a）可以看出，在同一应变下，随着高模量 NCG 用量增加，EUG/NCG 复合材料 G' 逐渐增大。在小应变区，随着应变增加，G' 缓慢下降，这是由于富集于无定型区的填料-填料网络结构发生形变、破坏所致。在应变 10%附近，不同 NCG 用量的 EUG/NCG 复合材料都出现了 G' 平台区。测试过程中 EUG 在剪切力的作用下发生形变，分布于无定型区的填料发生二次分布，填料-填料网络结构重构，填料-填料网络破坏-重构达到一个动态平衡，模量出现平台区。在更大应变区，随着应变增加，G' 急剧下降，这是填料-填料和填料-聚合物间网络结构破坏占绝对优势的结果。

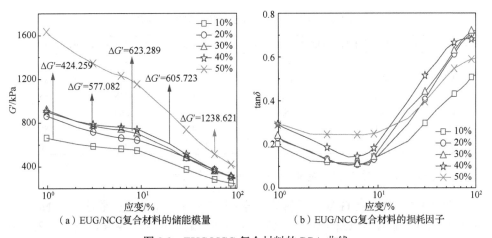

（a）EUG/NCG复合材料的储能模量　　　　（b）EUG/NCG复合材料的损耗因子

图 8.8　EUG/NCG 复合材料的 RPA 曲线

随着 NCG 用量增加，$\Delta G'$ 依序明显增加，Payne 效应增强，这与填料的分散性有关。Payne 效应是填料-填料网络和填料-聚集体网络破坏重组的结果。随着 NCG 用量增加，填料分散均匀性降低，填料-填料、填料-聚合物网络增强，因此 Payne 效应增强，$\Delta G'$ 增加。尤其是当 NCG 用量为 50% 时，$\Delta G'$ 大幅度上升，说明 NCG 在 EUG 基体中发生了明显团聚，形成了大量聚集体，填料聚集体网络破坏导致 G' 大幅下降。

由图 8.8（b）可以看出，在较小应变范围内，随着应变增加，$\tan\delta$ 值呈现缓慢下降趋势，这是由于随着起初富集于无定形区的填料二次分布，重新形成了相对均匀的填料-填料网络结构，内摩擦小，因此内耗低。在较大应变范围内，随着应变增加，$\tan\delta$ 值急剧上升，这是由于较大应变下填料-填料和填料-聚合物网络结构发生破坏，内摩擦增加。

在小应变区，随着 NCG 用量增高，$\tan\delta$ 值升高，说明较小应变下的内耗主要来自于填料-填料网络的破坏重组过程。在大应变区，NCG 用量从 10% 增加到 40%，$\tan\delta$ 值上升幅度变大；但当 NCG 用量增加到 50%，$\tan\delta$ 值上升幅度反而变小，因为高用量的 NCG 发生团聚，填料-聚合物网络结构变少，因此内耗反而减少。

5. EUG/NCG 复合材料的力学性能

表 8.2 给出了 NCG 用量对 EUG/NCG 复合材料拉伸性能的影响。由表可以看出，随着 NCG 用量增加，EUG/NCG 复合材料的 100% 定伸应力、300% 定伸应力和硬度逐渐增大，拉伸强度先增加后下降，断裂伸长率逐渐下降。这是无机填料增强效果的典型体现。适量 NCG 的加入对复合材料起到了补强的作用，拉伸强度增加，断裂伸长率下降。当 NCG 用量达到 50% 时，NCG 在 EUG 基体中团聚，形成应力集中，导致拉伸性能下降。

表 8.2　EUG/NCG 复合材料力学性能数据

NCG/%	100%定伸应力/MPa	300%定伸应力/MPa	拉伸强度/MPa	断裂伸长率/%	邵氏硬度（HA）
0	3.1	4.9	18.2	571	78
10	4.3	11.8	18.5	436	83
20	4.8	12.9	19.1	413	85
30	5.5	15.8	19.4	360	87
40	6.1	17.4	20.4	344	88
50	9.8	—	17.3	234	90

6. EUG/NCG 复合材料的电导率与电磁屏蔽性能

图 8.9 为 EUG/NCG 复合材料的电导率随 NCG 用量的变化曲线。当 NCG 用量为 10% 时，随着 NCG 的加入，EUG/NCG 复合材料的电导率急剧增加，表明复合材料中 NCG 导电网络结构已经基本形成。随着 NCG 用量的继续增加，

EUG/NCG 复合材料的电导率缓慢增加。随着 NCG 用量增加，NCG 在 EUG 中分布越来越密集，复合材料内部填料导电网络逐步完善和加强。

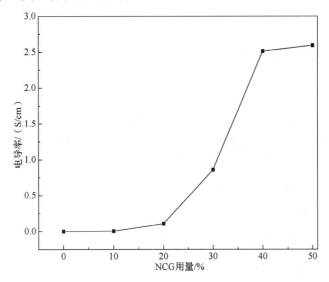

图 8.9 EUG/NCG 复合材料的电导率随 NCG 用量的变化曲线

图 8.10 是在 30～1500MHz 频率范围内 NCG 用量对 EUG/NCG 复合材料电磁屏蔽性能的影响。可以看出，随着 NCG 用量增加，EUG/NCG 复合材料的电磁屏蔽性能不断上升。尤其是当 NCG 用量从 30%增加到 40%，SE_T 显著提升。这与 EUG/NCG 的复合材料电导率随 NCG 用量的变化趋势一致，随着导电网络的完善和强化，电导率进一步增加，电磁屏蔽性能明显提高。

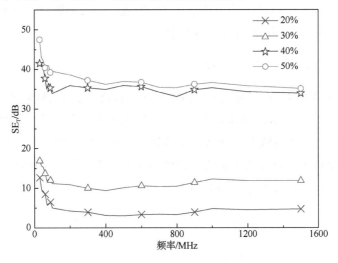

图 8.10 EUG/NCG 复合材料的电磁屏蔽效能

8.2　杜仲胶/导电炭黑电磁屏蔽材料制备与性能

8.2.1　EUG/CCB 电磁屏蔽材料的制备

在辊温 65℃下，将杜仲胶（100phr）在开炼机上薄通大约十次之后，胶料均匀包辊后，依次加入 ZnO（5phr）、硬脂酸（2phr）、防老剂 4010NA（2phr）、导电炭黑（conductive carbon black，CCB，分别为 0phr、5phr、10phr、15phr、20phr、25phr 和 30phr）、促进剂 NOBS（1.2phr）和硫黄（2phr）混炼；待其混合均匀后，调节双辊之间的距离为 2～3mm，压成薄片放置 24h，放到流变仪上测试硫化特性。根据硫化时间 t_{90}，在 150℃、10MPa 下进行硫化。

8.2.2　EUG/CCB 电磁屏蔽材料的性能

1. EUG/CCB 复合材料的微观形貌

图 8.11 为 EUG/CCB 复合材料淬断面的 SEM 图。可以看出，当 CCB 填充量为 5phr 时，CCB 粒子均匀分布在 EUG 中，粒子间隙大；随着 CCB 用量从 10phr 增加到 20phr，CCB 保持均匀分布但越来越密集，粒子间隙越来越小，但未出现明显团聚现象。当 CCB 用量超过 25phr 以后，CCB 开始团聚，有明显的聚集体出现。也就是说，随着 CCB 用量增加，导电网络逐渐形成、完善并强化。填料网络作为导电通路，可传输载流子，导电网络的形成、完善和强化，有利于复合材料导电性能的提升，从而改善电磁屏蔽性能。

2. EUG/CCB 复合材料的 Payne 效应

图 8.12 为不同 CCB 用量的 EUG/CCB 复合材料的 RPA 曲线。由图可以看出，随着 CCB 用量增加，$\Delta G'$ 逐步增大，Payne 效应增强。当 CCB 用量为 25phr 时，$\Delta G'$ 大幅增加，尤其是较小应变（应变＜20%）时，G' 直线下降。随着导电炭黑用量增加，导电炭黑分布逐步密集，甚至形成聚集体，因此 Payne 效应增强。这一结果与 SEM 结果（图 8.11）相符。

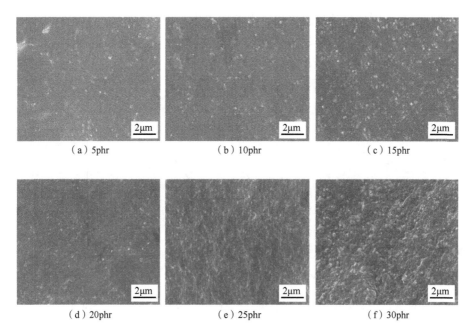

（a）5phr　　　　　　　　（b）10phr　　　　　　　　（c）15phr

（d）20phr　　　　　　　　（e）25phr　　　　　　　　（f）30phr

图 8.11　EUG/CCB 复合材料淬断面的 SEM 图

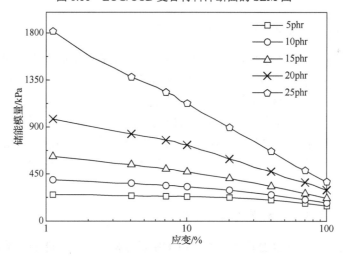

图 8.12　不同 CCB 用量的 EUG/CCB 复合材料的 RPA 曲线

3. EUG/CCB 复合材料的导电性能

图 8.13 是不同 CCB 用量对 EUG/CCB 复合材料电导率的影响关系曲线。纯杜仲胶为绝缘体，电导率大约为 10^{-15}S/cm。CCB 的加入使复合材料的电导率急剧提高，导电炭黑用量从 10phr 增加到 25phr，电导率进一步增加，说明随着 CCB 用

量的增加，导电网络结构逐渐形成、完善和强化。与 EUG/NCG 复合材料体系相比，EUG/CCB 复合材料在 CCB 用量较少的情况下，电导率高于 NCG 体系，这应该与 CCB 较小的粒径和较大的比表面积有关。

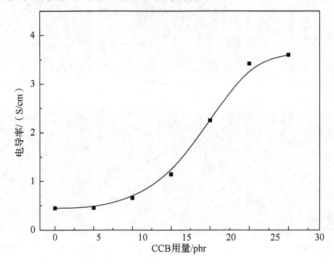

图 8.13　不同 CCB 用量对 EUG/CCB 复合材料的电导率

4. EUG/CCB 复合材料的电磁屏蔽性能

图 8.14 为 EUG/CCB 复合材料的电磁屏蔽效能随频率的变化曲线。由图可以看出，在测试频率范围内，复合材料的电磁屏蔽效能整体变化不大，在频率为 700～1300MHz 范围内稍有增加，这是填料之间构成不规则导电网络引起的[7]。随着 CCB 用量的增多，复合材料的屏蔽效能逐步提高，当导电填料用量为 20phr 时，材料的屏蔽效能达到 33.2dB，可满足普通工业领域的应用需求。电磁屏蔽性能结果与材料电导率的变化趋势一致，说明复合材料的电磁屏蔽性能与材料的导电性正相关。

5. EUG/CCB 复合材料的拉伸性能

如图 8.15 所示为 CCB 用量对 EUG/CCB 复合材料拉伸性能的影响。可以看出，随着 CCB 填料用量的增多，材料的拉伸强度先增大然后略有降低，在 CCB 用量为 20phr 时出现最大值；断裂伸长率先增大后降低，在 CCB 用量为 10phr 时出现最大值。由于 CCB 具有高结构度和高比表面积，因此在低填充量下，CCB 均匀分散在橡胶基体里，对材料起到一定补强效果，因此拉伸强度提高；CCB 填充量继续增多，分散不均匀，发生团聚，成为应力集中点，界面作用减弱，使得拉伸强度和断裂伸长率都降低。

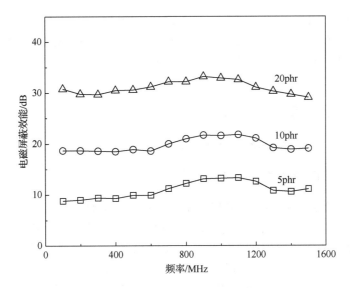

图 8.14　EUG/CCB 复合材料的电磁屏蔽效能随频率的变化曲线

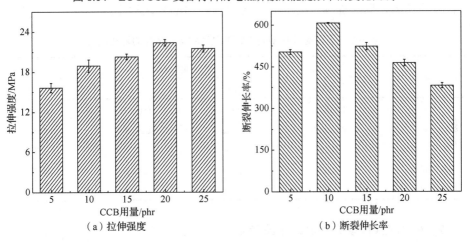

图 8.15　EUG/CCB 复合材料的力学性能

8.3　杜仲胶/碳纳米管电磁屏蔽材料的制备与性能

8.3.1　EUG/CNTs 电磁屏蔽材料的制备

在辊温 65℃下，将杜仲胶（100phr）在开炼机上薄通大约十次，胶料均匀包辊后，按照顺序依次加入氧化锌（5phr）、硬脂酸（2phr）、防老剂 4010NA（2phr）、促进剂 NOBS（1.2phr）、硫黄（分别为 0.5phr、1.5phr、2.5phr 和 3.5phr）和 CNTs

（分别为 4phr、8phr、12phr、16phr 和 20phr）等助剂，分别制备 EUG/CNTs 混炼胶。待助剂和 CNTs 与 EUG 混合均匀后出片。放置 24h 后测定胶料硫化时间。在 150℃、10MPa 条件下，根据所测的硫化时间进行硫化，制备出 EUG/CNTs 复合材料。

8.3.2　硫黄的用量对 EUG/CNTs 电磁屏蔽性能的影响

确定 CNTs 用量为 16phr，研究了硫黄用量对 EUG/CNTs 电磁屏蔽性能的影响。

1. EUG/CNTs 复合材料的硫化性能

如表 8.3 所示为硫黄用量对 EUG/CNTs 复合材料硫化特性的影响，随着硫黄用量增大，EUG/CNTs 复合材料的 t_{10} 略有增加，t_{90} 减小，最大扭矩 M_H 和最小扭矩 M_L 都随着硫黄用量增加而增大，表明增加硫黄用量加快了硫化速率，EUG/CNTs 复合材料模量随之增加。最大扭矩和最小扭矩之差 M_H-M_L 可间接表征材料的交联程度，随着硫黄用量增加，M_H-M_L 逐渐增大。增加硫黄用量加快了硫化反应速率，同时提高了 EUG/CNTs 复合材料的交联程度。

表 8.3　不同硫黄用量对 EUG/CNTs 复合材料的硫化特性

项目	硫黄用量/phr			
	0.5	1.5	2.5	3.5
t_{10}	2min26s	3min04s	3min11s	3min20s
t_{90}	13min14s	10min23s	10min04s	9min32s
M_L/（dN·m）	3.20	4.18	4.42	4.79
M_H/（dN·m）	10.90	15.44	18.81	20.79
M_H-M_L/（dN·m）	7.70	11.26	14.39	16.00

2. EUG/CNTs 复合材料的结晶行为

图 8.16 为不同硫黄用量 EUG/CNTs 复合材料的 DSC 曲线。从图 8.16 中可以看出，随着硫黄用量的增多，EUG/CNTs 复合材料的结晶峰和熔融峰都向低温方向移动，且峰型弥散（熔融焓降低）。硫黄用量增加导致交联密度逐步增加，交联反应不仅改变了 EUG 分子链的对称有序性，而且交联点对杜仲胶分子链的运动有限制作用，所以随着交联程度的不断提高，杜仲胶分子链的结晶能力逐步被破坏，导致结晶延迟，且晶体完善程度下降，所以最大结晶速率温度和熔点向低温方向移动，结晶度降低。

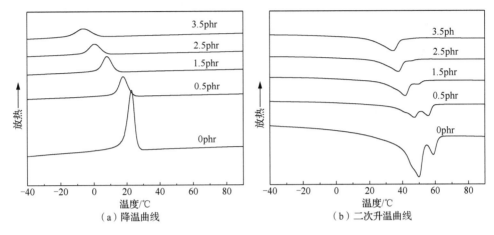

（a）降温曲线　　　　　　　　　　　（b）二次升温曲线

图 8.16　不同硫黄用量 EUG/CNTs 复合材料的 DSC 曲线

一般情况下，EUG 的结晶结构中 α-晶型和 β-晶型共存，所以升温曲线上出现两种晶型在不同温度下熔融所致的两个熔融峰。对于 EUG 来说，高的结晶温度有利于 α-晶型的生成，而低的结晶温度有利于 β-晶型的生成[8]。所以随着交联程度的提高，EUG/CNTs 复合材料结晶温度不断降低，EUG 的 α-晶型逐渐消失，生成以 β-晶型为主的晶体结构。

3. EUG/CNTs 复合材料的导电性能

如图 8.17 所示为不同硫黄用量对 EUG/CNTs 复合材料电导率的影响。从图中可以看出，未硫化的 EUG/CNTs 复合材料电导率为 1.0S/cm；随着硫黄用量从 0.5phr 增加到 1.5phr，EUG/CNTs 复合材料电导率进一步增加；当硫黄用量超过 1.5phr 后，EUG/CNTs 复合材料的电导率基本不变。随着硫黄用量增加，EUG/CNTs 复合材料的交联程度逐步增加，交联网络逐步完善，进一步促进了导电填料网络完善，电导率提高；当交联网络完善到一定程度后，导电网络不再发生变化，电导率不变。

4. EUG/CNTs 复合材料的电磁屏蔽性能

图 8.18 为不同硫黄用量 EUG/CNTs 复合材料的电磁屏蔽效能。从图中可以看出，随着硫黄用量从 0.5phr 增加到 1.5phr，EUG/CNTs 复合材料的电磁屏蔽效能逐步增大，尤其是在 800～1200MHz 频率范围内，电磁屏蔽效能显著增加。当硫黄用量超过 1.5phr 后，电磁屏蔽效能几乎不变，电磁屏蔽效能峰值为 33.2dB。这是由于硫黄用量增多，材料的交联密度随之增加，促进导电填料网络的进一步完

善，材料导电性升高，对电磁波的反射和吸收能力增强，因此复合材料屏蔽效能提高，硫黄用量超出 1.5phr 后，交联网络趋于完善，电磁屏蔽效能几乎不变，这与电导率的变化趋势一致。

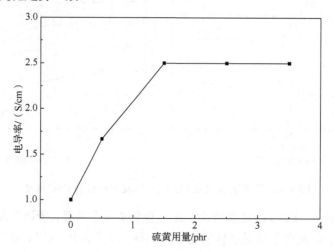

图 8.17　不同硫黄用量对 EUG/CNTs 复合材料的电导率

由图还可以看出，随电磁波频率变化，电磁屏蔽效能最大值向高频方向偏移，这可能是材料中不规则的导电网络趋于完善，引起界面阻抗匹配和电磁参数的变化导致的[2]。

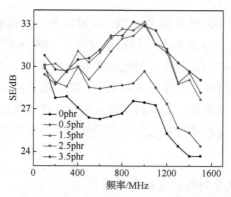

图 8.18　不同硫黄用量 EUG/CNTs 复合材料的电磁屏蔽效能

8.3.3　CNTs 的用量对 EUG/CNTs 电磁屏蔽性能的影响

确定硫黄用量为 2.5phr，研究 CNTs 用量对 EUG/CNTs 电磁屏蔽性能的影响。

1. EUG/CNTs 复合材料的形貌

图 8.19 为 CNTs 和 EUG/CNTs 复合材料的拉伸断面 SEM 图，所选的 CNTs 直径在 8～15nm 范围内。如图 8.19（a）所示，CNTs 长径比极大，以束状团聚体存在。图 8.19（b）～（e）表明，CNTs 团聚体在加工过程中强剪切作用力下被破坏且均匀分散在 EUG 基体中。随着 CNTs 用量的增多，CNTs 在橡胶里的分布由稀疏开始变得密集，CNTs 分散较均匀且没有明显团聚现象，表明 EUG/CNTs 复合材料中 CNTs 填料网络结构逐渐形成并完善，有助于提高材料的导电性。

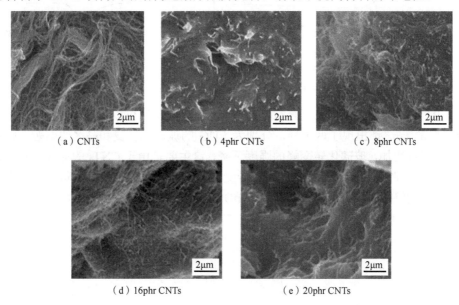

（a）CNTs　　　　　（b）4phr CNTs　　　　　（c）8phr CNTs

（d）16phr CNTs　　　　　（e）20phr CNTs

图 8.19　CNTs 和 EUG/CNTs 复合材料的拉伸断面 SEM 图

2. EUG/CNTs 复合材料的热行为

图 8.20 为不同 CNTs 用量 EUG/CNTs 复合材料的 DSC 曲线。由图可以看出，随着 CNTs 用量的增多，EUG/CNTs 复合材料的最大结晶速率的温度向高温方向移动，峰面积逐步减小，表明 CNTs 的存在一方面充当了成核剂的作用，使 EUG 可以在较高的温度下成核结晶，另一方面 CNTs 的存在又阻碍了 EUG 大分子链的运动，抑制了其结晶过程中大分子链的有序排列，导致结晶峰强度下降。

随着 CNTs 用量的增多，EUG/CNTs 复合材料中 EUG 的熔点向高温方向移动，同时熔融峰高降低但熔融温度范围变宽，说明 CNTs 在 EUG 结晶过程中的成核剂和阻碍分子链运动双向作用导致晶体结构均匀程度降低。

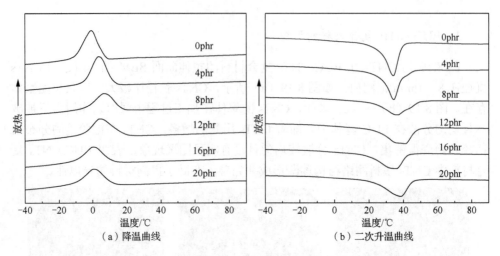

（a）降温曲线 （b）二次升温曲线

图 8.20　不同 CNTs 用量 EUG/CNTs 复合材料的 DSC 曲线

图 8.21 为 EUG/CNTs 复合材料的 DMA 曲线。由图可以看出，EUG/CNTs 复合材料的 tanδ 都出现了两个峰，分别为 EUG 的玻璃化转变和晶区的熔融。随着 CNTs 用量增加，玻璃化转变峰的强度下降，这主要是由于 CNTs 的加入限制了杜仲胶大分子链段的运动，导致玻璃化转变现象变弱。随着 CNTs 用量增加，玻璃化转变温度和熔点向高温方向移动，与 DSC 的结果一致。

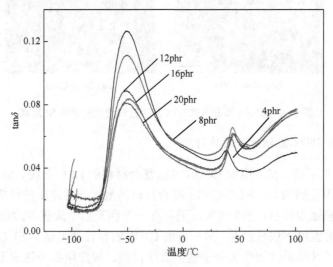

图 8.21　EUG/CNTs 复合材料的 DMA 曲线

3. EUG/CNTs 复合材料的动态力学性能

图 8.22 为不同 CNTs 用量的 EUG/CNTs 复合材料储能模量和损耗模量随应变

的变化曲线。由图 8.22（a）可以看出，随着高模量的 CNTs 用量增加，EUG/CNTs
复合材料的储能模量不断提高。CNTs 用量为 4 phr 时，EUG/CNTs 复合材料的
Payne 效应不明显，说明 CNTs 用量过低无法形成填料网络。随着 CNTs 用量增多，
EUG/CNTs 复合材料都呈现出 Payne 效应，且 Payne 效应越来越强，说明填料-
填料和填料-橡胶间相互作用越来越强，即随着 CNTs 用量增加，填料分布逐步密
集，填料网络逐渐形成并逐步完善。

　　由图 8.22（b）可以看出，随着 CNTs 用量从 8phr 逐步增加到 20phr，EUG/CNTs
复合材料的损耗模量逐渐增加，并分别在应变为 2% 和 100% 附近出现损耗模量峰
值。小应变损耗模量的峰值应归因于填料-填料网络的破坏重组；由于在大应变时
填料网络已经被打破，所以大应变损耗模量峰值应是填料-聚合物网络的破坏重组
造成的。

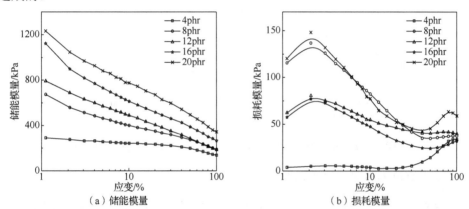

（a）储能模量　　　　　　　　　　　　　　　（b）损耗模量

图 8.22　不同 CNTs 用量的 EUG/CNTs 复合材料储能模量和损耗模量随应变的变化曲线

4. EUG/CNTs 复合材料的导电性能

　　按照经典的渗流理论，材料的电导率可表示为

$$\sigma = \sigma_0 \left(\varphi - \varphi_c \right)^{\tau} \tag{8.1}$$

式中，σ_0 为导电填料的电导率；φ 为填料的体积分数；φ_c 为导电渗流阈值时的体
积分数；τ 为维度系数。

　　为了便于计算，将 CNTs 用量转变为体积分数，EUG/CNTs 复合材料的电导
率随 CNTs 体积分数的变化如图 8.23（a）所示。从图中可以看出，EUG/CNTs 复
合材料的电导率随着 CNTs 体积分数增加而升高，符合导电逾渗规律。当 CNTs
体积分数为 8.28%（20phr）时，EUG/CNTs 复合材料的电导率升高到 4.4S/cm。
根据图 8.23（b）EUG/CNTs 复合材料的 σ 和 $\varphi - \varphi_c$ 的双对数关系可以求出该体系

逾渗阀值（体积分数）为 7.41%（质量分数为 13.72%），维度系数为 1.48，符合三维导电逾渗行为[9]。

当 CNTs 用量较低时，填料-填料间隙大，不能形成有效的导电通路，因此材料的电导率低；随着 CNTs 用量的增多，填料-填料间隙变小，能够相互搭接，形成完整的导电网络，电导率迅速升高，出现了导电逾渗现象；继续增大 CNTs 的用量，完整的导电网络结构进一步完善，复合材料电导率进一步增加。对于本体系，完整的导电网络形成所需的 CNTs 体积分数为 7.41%（质量分数为 13.72%）。

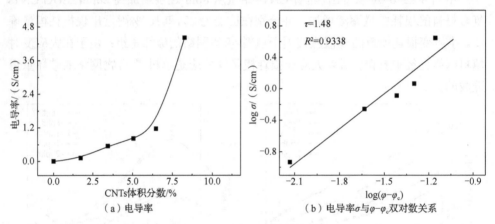

（a）电导率　　　　　　（b）电导率σ与φ-φ₍双对数关系

图 8.23　EUG/CNTs 复合材料的电导率随碳纳米管用量的变化曲线

5. EUG/CNTs 复合材料的拉伸性能

图 8.24 为不同 CNTs 用量的 EUG/CNTs 复合材料的应力-应变曲线。由图 8.24 可以看出，纯 EUG 表现典型的结晶高分子材料拉伸行为，应力-应变曲线有明显的屈服、应变软化和应变硬化现象。当 CNTs 用量为 4phr 时，EUG/CNTs 复合材料的应力-应变曲线形状与 EUG 类似，但屈服强度、杨氏模量和拉伸强度增加，断裂伸长率有所下降。随着 CNTs 用量继续增加，EUG/CNTs 复合材料的应力-应变曲线形状发生了变化，无明显的屈服和应变软化现象，直接表现为应变硬化，且杨氏模量逐步提高。当 CNTs 用量超过 8phr 时，EUG/CNTs 复合材料的拉伸强度降低，断裂伸长率下降。当 CNTs 用量低时，CNTs 可以均匀分布在 EUG 中，发挥了无机纳米填料的补强作用。当 CNTs 用量较高时，CNTs 分布相对均匀，且与 EUG 大分子链间有较强的相互作用，限制了 EUG 大分子链的运动和 EUG 的结晶，所以屈服和应变软化现象消失；同时 CNTs 与 EUG 的强相互作用促进了 EUG 链段的取向，即应变硬化的发生。当 CNTs 用量过高，出现团聚，团聚体作为缺陷导致拉伸性能下降。

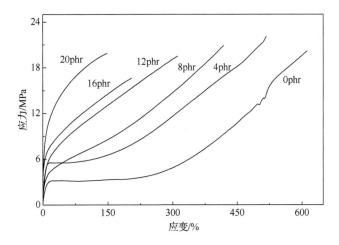

图 8.24　EUG/CNTs 复合材料的应力-应变曲线

6. EUG/CNTs 复合材料的电磁屏蔽性能

图 8.25 为 CNTs 用量对 EUG/CNTs 复合材料的电磁屏蔽效能的影响。由图可见，随着 CNTs 用量的增多，EUG/CNTs 复合材料的电磁屏蔽效能逐步提高，填充 20phr CNTs 时，EUG/CNTs 材料的电磁屏蔽效能达到 51.3dB。这是由于 CNTs 用量越多，三维导电网络越完善，材料导电性越高，对电磁波的反射和吸收能力增强，因此复合材料的电磁屏蔽效能越高。

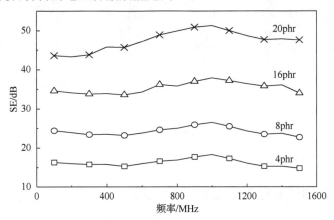

图 8.25　EUG/CNTs 复合材料的电磁屏蔽效能随频率变化曲线

由图 8.25 还可以看出，在测试电磁波频率范围内，EUG/CNTs 的电磁屏蔽效能也发生相应改变，在约 1000MHz 附近出现屏蔽效能峰值。随着 CNTs 用量增加，屏蔽效能峰的频率范围变宽，并且峰值逐步向低频方向移动，可能是由于 CNTs

构成的导电网络趋于完善，此过程可能是由阻抗失配造成的强反射损耗以及优异导电网络造成的更强介电损耗引起的[10]。

8.4　杜仲胶/石墨烯电磁屏蔽材料的制备与性能

8.4.1　EUG/GNPs 电磁屏蔽材料的制备

首先用曲拉通 X-100 对石墨烯（GNPs）进行表面处理，X-100 的质量分数为 GNPs 的 10%。具体过程为：将 X-100 和 GNPs 混合并共同研磨，之后加入适量去离子水稀释制得 GNPs 悬浮液；将 GNPs 悬浮液在 20℃超声分散 1h 后，抽滤并在 50℃下真空干燥 24h，得到处理后的 GNPs。然后向处理后 GNPs 中加入适量甲苯制备一系列质量浓度的 GNPs 甲苯悬浮液。最后，将 EUG 甲苯溶液与 GNPs 甲苯悬浮液搅拌混合，超声分散均匀后经酒精沉淀并真空干燥至恒重，并在 150℃、10MPa 下模压成型得到 EUG/GNPs 复合材料。

X-100 表面处理前后的 GNPs 在甲苯中的悬浮照片如图 8.26 所示。静置 8h 后，处理前 GNPs 的甲苯悬浮液中 GNPs 部分沉淀，静置 24h GNPs 几乎全部沉淀；而经过 X-100 理后的 GNPs 能够稳定悬浮于甲苯中，静置 24h 未见明显沉淀，表明 X-100 明显改善了 GNPs 在甲苯中的分散性。

（a）0h　　　　　　　　　（b）8h　　　　　　　　　（c）24h

图 8.26　GNPs 甲苯悬浮液的稳定性

注：图中左侧为未经表面处理的 GNPs 的甲苯悬浮液；右侧为表面处理后 GNPs 的甲苯悬浮液。

8.4.2　EUG/GNPs 电磁屏蔽材料的性能

1. EUG/GNPs 复合材料的 XRD 分析

图 8.27 为不同 GNPs 用量的 EUG/GNPs 复合材料的 XRD 衍射图谱。图中 $2\theta = 26.4°$ 和 $2\theta = 54.7°$ 处的两个特征衍射峰，是 GNPs 中石墨结构的（002）和（004）晶面。随着 GNPs 用量增加，GNPs 的衍射峰强度增加。对于纯 EUG 而言，XRD 曲线在 $2\theta = 18.7°$ 和 $2\theta = 22.7°$ 处分别出现了两个衍射峰，为 EUG 的 β-晶型特征

峰；对于 EUG/GNPs 复合材料，XRD 曲线在 $2\theta = 17.8°$ 和 $2\theta = 22.7°$ 处出现了衍射峰，分别为 EUG 的 α-晶型和 β-晶型特征峰[11]，并且 $2\theta = 17.8°$ 处衍射峰强度低于 $2\theta = 22.7°$ 处衍射峰强度。这说明 GNPs 的加入促进了 α-晶型的生成，EUG 的结晶结构从 β-晶型转变为 α-晶型和 β-晶型共存，但以 β-晶型为主。

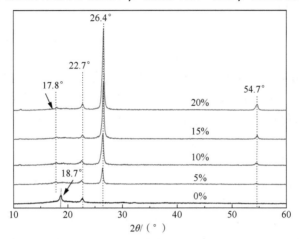

图 8.27　EUG/GNPs 复合材料的 XRD 衍射图谱

2. EUG/GNPs 复合材料的导电性能

如图 8.28 所示为 GNPs 用量对 EUG/GNPs 复合材料电导率的影响。EUG 的电导率约为 10^{-15}S/cm，属于绝缘体。随着 GNPs 用量从 5% 增加到 20%，复合材料电导率从 0.015S/cm 提高到 1.529S/cm，满足了电磁屏蔽材料对导电性的要求。

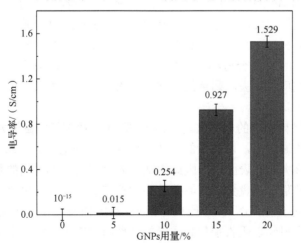

图 8.28　EUG/GNPs 复合材料的电导率

随着 GNPs 用量增加，EUG/GNPs 复合材料中 GNPs 分布逐渐密集并相互搭接，导电网络形成并不断完善，导电通路不断增多。因此，随着 GNPs 用量增加，电导率不断的提高。

3. EUG/GNPs 复合材料的电磁屏蔽性能

EUG/GNPs 复合材料电磁屏蔽效果通过电磁屏蔽效能来评估，复合材料的总电磁屏蔽效能 SE_T 主要包括反射效能 SE_R 和吸收效能 SE_A。EUG/GNPs 复合材料在 8.2～12.4GHz 频段（X 波段）内的电磁屏蔽性能测试结果如图 8.29 所示。从图看出，EUG 的 SE_T 为 0.52dB，几乎没有电磁屏蔽作用。随 GNPs 用量增加，EUG/GNPs 复合材料的 SE_T 明显上升。当 GNPs 用量为 20%时，EUG/GNPs 复合材料的 SE_T 在 12.4GHz 处最大，为 37.14dB。

EUG/GNPs 复合材料的 SE_R 和 SE_A 分别如图 8.29（b）和（c）所示，可以看出，随着 GNPs 用量增加，EUG/GNPs 复合材料的 SE_A 和 SE_R 都增加。以 GNPs 用量为 20%的 EUG/GNPs 复合材料为例，分别计算了 SE_R 和 SE_A 在总 SE_T 中的占比，结果显示，SE_R 占总 SE_T 的 23.16%，SE_A 占总 SE_T 的 76.84%，这说明 EUG/GNPs 复合材料的屏蔽机理是以吸收损耗为主导，这与文献[12]的研究结果相一致。

4. EUG/GNPs 复合材料的电磁屏蔽机理分析

电磁屏蔽的原理是利用电磁波在屏蔽体表面的反射和屏蔽体内部的吸收以及传输过程中的损耗，导致电磁波的继续传递受到阻碍，起到屏蔽作用。电磁屏蔽效果与屏蔽结构表面和屏蔽体内部产生的电荷、电流与极化现象密切相关。根据图 8.29，EUG/GNPs 复合材料的电磁屏蔽机制是以吸收损耗为主导的。屏蔽体对电磁波的吸收损耗主要是由电损耗、界面极化和多重反射造成的。

综上，提出 EUG/GNPs 复合材料的电磁屏蔽机理，如图 8.30 所示。入射电磁波传播到 EUG/GNPs 复合材料表面时，一部分电磁波会因复合材料与自由空间的阻抗失配问题被反射回去，剩余的电磁波射入复合材料内部，极少部分的电磁波会透过复合材料。

射入复合材料内部的电磁波与 GNPs 提供的载流子电磁波发生电磁感应作用，产生局部微波电流，以热量的形式消耗掉一部分电磁波；GNPs 独特的片层结构使其具有极大的比表面积，因此增加了复合材料内部界面的数量，界面与界面交界处存在缺陷，大量界面和界面缺陷的存在会引发界面极化，损耗一部分电磁波；电磁波也会在 GNPs 片层内、EUG 晶区内发生多次反射而逐渐衰减。EUG/GNPs 复合材料以吸收损耗为主导的屏蔽机制在很大程度上削弱了电磁波的二次污染。

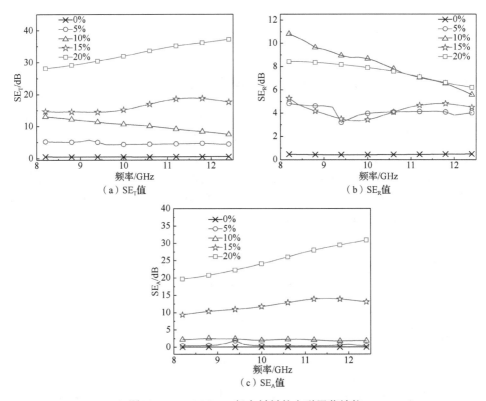

（a）SE_T 值　　　　　　　　　（b）SE_R 值

（c）SE_A 值

图 8.29　EUG/GNPs 复合材料的电磁屏蔽效能

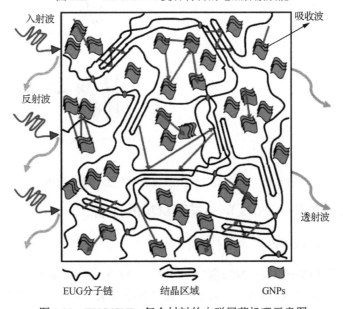

图 8.30　EUG/GNPs 复合材料的电磁屏蔽机理示意图

8.5　杜仲胶/碳纳米管/石墨烯电磁屏蔽材料制备与性能

8.5.1　EUG/CNTs/GNPs 电磁屏蔽材料的制备

采用曲拉通 X-100 对 GNPs 和 CNTs 进行表面处理，将处理后的 GNPs 悬浮液和 CNTs 悬浮液分别加入 EUG 甲苯溶液，经搅拌混合、超声分散均匀后，酒精沉淀的产物经真空干燥至恒重，得到 EUG/CNTs/GNPs 预混物。在辊温 65℃下，采用双辊开炼机对 EUG 进行薄通,待胶料均匀包辊后,按照顺序依次加入氧化锌、硬脂酸、防老剂 4010NA、促进剂 NOBS、硫黄等助剂。待助剂与 EUG 混合均匀后出片。放置 24h 后测定胶料硫化时间。在 150℃、10MPa 条件下，根据所测的硫化时间进行硫化，制备出 EUG/CNTs/GNPs 复合材料。EUG/CNTs/GNPs 复合材料中 CNTs 用量都为 9.6%，GNPs 用量依次为 0%、0.8%、2.4%、3.9%，分别简写为 ECG0、ECG1、ECG2、ECG3。制备流程如图 8.31 所示。

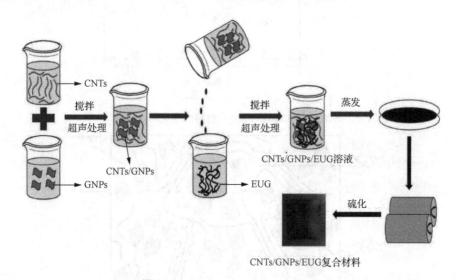

图 8.31　EUG/CNTs/GNPs 复合材料的制备流程图

8.5.2　EUG/CNTs/GNPs 电磁屏蔽材料的性能

1. EUG/CNTs/GNPs 复合材料的形貌

图 8.32 为 EUG/CNTs/GNPs 复合材料的 SEM 照片。从图 8.32（a）可以看出 CNTs 均匀地分在 EUG 基体中，没有团聚和缠结现象，但填料网络基本形成，构成了有效的导电通路。根据图 8.32（b）～（d）CNTs 和 GNPs 都均匀分布在 EUG

基体中，CNTs 与 GNPs 之间存在较高相互作用。由于 CNTs 与 GNPs 间 π—π 相互作用较强，加之 GNPs 具有较大的比表面积和空间位阻，GNPs 的加入可以提高 CNTs 在 EUG 中的分散性，抑制 CNTs 的再聚集；管状结构的碳纳米管也可以降低 GNPs 间的堆积效应。此外，随着 GNPs 用量的提高，GNPs 表现出明显的团聚现象，这是由 GNPs 间强的范德瓦耳斯力和 π—π 相互作用导致的。随着 GNPs 用量增加，填料网络逐步完善强化，为复合材料的导电提供了有利条件。

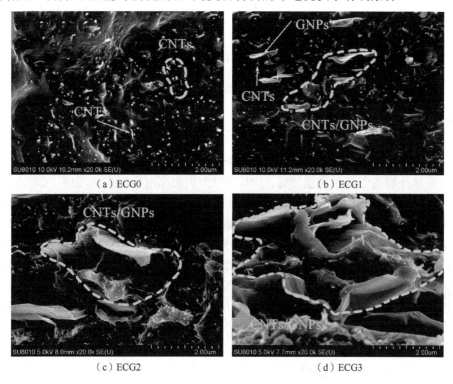

（a）ECG0 （b）ECG1

（c）ECG2 （d）ECG3

图 8.32 EUG/CNTs/GNPs 复合材料的 SEM 照片

2. EUG/CNTs/GNPs 复合材料的热行为

如图 8.33 所示为不同 GNPs 用量的 EUG/CNTs/GNPs 复合材料的 DSC 曲线。由图可以看出，EUG/CNTs/GNPs 复合材料中 EUG 以结晶结构存在。与纯 EUG 相比，ECG0 的结晶温度和熔融温度都向高温方向移动，这是 CNTs 成核剂的作用体现。随着 GNPs 用量增加，EUG/CNTs/GNPs 复合材料中 EUG 的结晶温度和熔融温度都略向高温方向移动，结晶和熔融峰都变小，说明结晶程度降低。这是因为 CNTs/GNPs 强网络结构的存在，阻碍了 EUG 大分子链的运动，在一定程度上限制了 EUG 大分子链的结晶行为，因此结晶度有所下降。

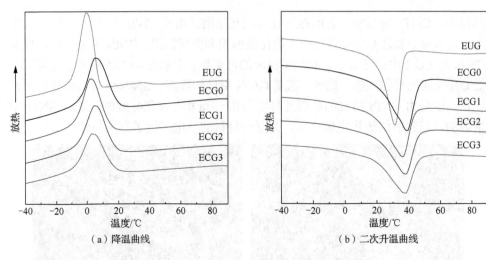

（a）降温曲线　　　　　　　　　　（b）二次升温曲线

图 8.33　EUG/CNTs/GNPs 复合材料的 DSC 曲线

　　优异的热稳定性是电磁屏蔽橡胶材料能够正常发挥各项性能的重要保证。一般用受热分解的过程中失重 5%、10%和最大失重率时所对应的温度，即 $T_{d,5\%}$、$T_{d,10\%}$ 和 T_{max}，来评估复合材料的热稳定性。图 8.34 为 EUG/CNTs/GNPs 复合材料的 TG 和 DTG 曲线。可以看出，纯 EUG 的 $T_{d,5\%}$、$T_{d,10\%}$ 和 T_{max} 分别为 305℃、342℃和 465℃。ECG0 的 $T_{d,5\%}$、$T_{d,10\%}$ 和 T_{max} 分别为 303℃、346℃和 466℃。ECG3 的 $T_{d,5\%}$、$T_{d,10\%}$ 和 T_{max} 分别提升到 328℃、351℃和 468℃，相比于纯 EUG，其 $T_{d,5\%}$、$T_{d,10\%}$ 和 T_{max} 分别提高了 23℃、9℃和 3℃。加入 CNTs 和 GNPs 后复合材料的耐热性提高的原因是在升温过程中，CNTs 和 GNPs 与 EUG 分子链间的相互作用强，复合材料的热稳定性提高。

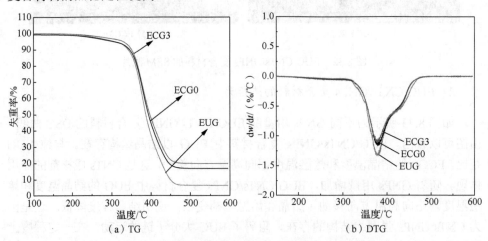

（a）TG　　　　　　　　　　　　（b）DTG

图 8.34　EUG/CNTs/GNPs 复合材料的 TG 和 DTG 曲线

3. EUG/CNTs/GNPs 复合材料的动态力学性能

利用 Payne 效应分析 EUG/CNTs/GNPs 复合材料中填料分散情况[13]。从图 8.35（a）中可以看出，随着 GNPs 用量增加，EUG/CNTs/GNPs 复合材料的 G' 呈增加的趋势，无机填料的存在增加了复合材料的刚性。随着填料用量增加，$\Delta G'$ 逐步增大，说明 Payne 效应增强。这表明随着 GNPs 用量增加，填料或聚集体网络和填料-聚合物网络结构不断强化。

由图 8.35（b）所示，随着 GNPs 用量增加，EUG/CNTs/GNPs 复合材料的 $\tan\delta$ 逐渐增大，尤其在较高的应变下，EUG/CNTs/GNPs 复合材料的 $\tan\delta$ 都急剧增加。小应变下，$\tan\delta$ 随 GNPs 用量增加而增加，这是由 CNTs 和 GNPs 形成的填料或聚集体网络破坏重组造成的；而大应变下，填料网络已经被破坏，所以 $\tan\delta$ 急剧增加应是聚合物-填料网络结构破坏重组的结果。高的 $\tan\delta$ 值表明填料-填料和填料-EUG 之间的相互作用很强，内摩擦较大。

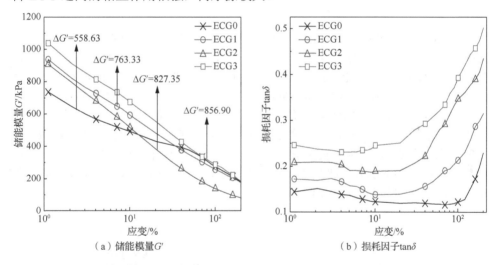

图 8.35　EUG/CNTs/GNPs 复合材料的 RPA 曲线

4. EUG/CNTs/GNPs 复合材料的力学性能

图 8.36 为 EUG/CNTs/GNPs 复合材料的应力-应变曲线。在 CNTs 用量不变的情况下，随着 GNPs 用量增加，EUG/CNTs/GNPs 复合材料的拉伸强度单调增加，而断裂伸长率先增大后减小。这说明填料 GNPs 和 CNTs 与 EUG 基体相容性较好，在合适的用量下，两填料在 EUG 中可以分散均匀，起到补强的作用；当 CNTs 和 GNPs 质量分数分别为 9.6% 和 3.9% 时，CNTs 或 GNPs 在复合材料中会出现轻微的团聚和分布不均匀现象，造成应力集中，导致断裂伸长率有所下降。

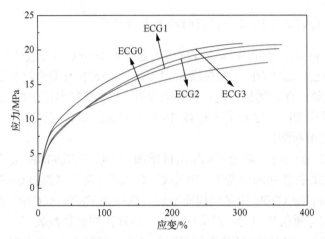

图 8.36　EUG/CNTs/GNPs 复合材料的应力-应变曲线

5. CNTs/GNPs /EUG 复合材料的导电性能

EUG/CNTs/GNPs 复合材料的电导率如图 8.37 所示。ECG0 的电导率为 2.31S/cm，较纯 EUG 的电导率（10^{-15}S/cm）提高了 15 个数量级。随着 GNPs 用量增加，EUG/CNTs/GNPs 复合材料的导电性能有所增加。ECG3 的电导率达到了 2.71S/cm，比 ECG0 提高了 0.40S/cm，提高的幅度并不明显。对于 ECG0，EUG 基体中形成了 CNTs 填料网络，构成导电通路；添加 GNPs 后，片层结构的 GNPs 加入 CNTs 填料网络，构成了多维填料网络，导电网络进一步完善和强化。CNTs 长径比高，可以作为长距离载流子的运输器，为远程载流子的传输提供通道；GNPs 的片层结构主要贡献近程载流子，两者相互配合，为 EUG/CNTs/GNPs 复合材料电磁屏蔽性能的发挥提供基础。

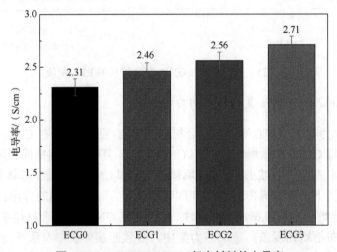

图 8.37　EUG/CNTs/GNPs 复合材料的电导率

6. EUG/CNTs/GNPs 复合材料的电磁屏蔽性能

图 8.38 表示 EUG/CNTs/GNPs 复合材料在 8.2～12.4GHz 的频率范围内的电磁屏蔽性能。从图 8.38（a）中可以看出，随着 EUG/CNTs/GNPs 中 GNPs 用量增加，EUG/CNTs/GNPs 复合材料的 SE_T 逐渐增大，由 ECG0 的 30.31dB 增加到 ECG3 的 42.63dB，达到商业应用的水平（$SE_T \geqslant 30dB$）。当 CNTs 与 GNPs 并用，且 GNPs 用量仅为 3.9%，EUG 复合材料即表现出优异的电磁屏蔽性能。这是因为一维的 CNTs 与二维的 GNPs 形成的 CNTs/GNPs 的导电网络结构更完善，载流子传输效率更高，使复合材料的电导率更高，进而提升了复合材料的电磁屏蔽性能。同时可以看出，在 8.2～12.4GHz 的频段内，复合材料的 SE_T 随频率的变化没有出现明显的波动，这可以说明复合材料在此波段内电磁屏蔽性能稳定性比较好。根据图 8.38（b），随 EUG/CNTs/GNPs 中 GNPs 用量增加，SE_R 先增加后降低，并且

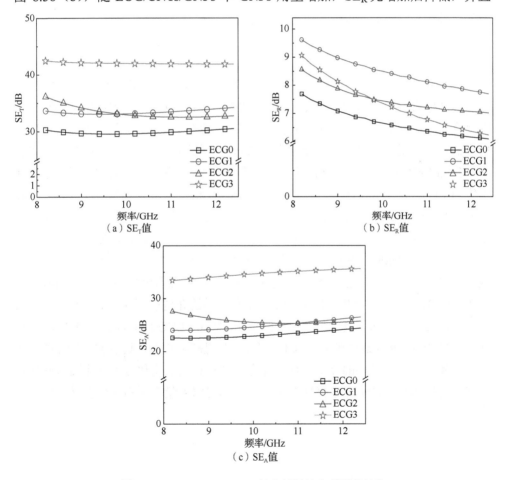

图 8.38　EUG/CNTs/GNPs 复合材料的电磁屏蔽性能

随着频率增加呈现下降趋势。根据图 8.38（c），随 EUG/CNTs/GNPs 中 GNPs 用量增加，SE_A 逐步增大，并且随着频率增加呈现微弱的上升趋势。对比说明，GNPs 的加入主要提高了 SE_A，并且 CNTs/GNPs/EUG 复合材料的 SE_A 明显高于 SE_R，即 SE_T 主要是由 SE_A 贡献的。以 ECG3 对 10GHz 频率电磁波的屏蔽效能为例，SE_T、SE_R 和 SE_A 分别为 42dB、7.4dB、34.6dB，吸收损耗占总屏蔽效能的 83.56%，充分说明 CNTs/GNPs/EUG 复合材料的电磁屏蔽机制是以吸收损耗为主导的。

7. EUG/CNTs/GNPs 复合材料的介电性能

EUG/CNTs/GNPs 复合材料是非磁性材料，影响其吸收损耗主要因素是导电性能和介电性能。EUG/CNTs/GNPs 复合材料的导电性能在前面已经讨论过，下面是对其介电性能的讨论。图 8.39 为 EUG/CNTs/GNPs 复合材料的介电常数，介电常数的实部 ε' 和虚部 ε'' 通过矢量分析仪测得，介电损耗角正切（$\tan\delta_E$）通过下列公式计算[14]：

$$\tan\delta_E = \varepsilon'' / \varepsilon' \qquad (8.2)$$

图 8.39（a）和图 8.39（b）是 EUG/CNTs/GNPs 复合材料在 8.2～12.4GHz 的频段内介电常数的 ε' 和 ε''。ε' 代表 EUG/CNTs/GNPs 复合材料内部电能的存储，受复合材料内部的偶极子数量影响；ε'' 代表 EUG/CNTs/GNPs 复合材料对电磁场能量的消耗，受复合材料内部界面数量的影响。从图 8.39（a）和（b）中可以看出，EUG/CNTs/GNPs 复合材料的复介电常数 ε' 和 ε'' 均随 CNTs/GNPs 用量增加而增大。ECG3 的 ε' 为 80.11，ε'' 为 141.67，与 ECG0 相比较，ε' 和 ε'' 分别提高了 24.42 和 61.74。ε' 增大是因为随着 CNTs/GNPs 中 GNPs 用量增加，复合材料内部偶极子增多。同时可以发现，随着 CNTs/GNPs 中 GNPs 用量增加，ε'' 提高的幅度比较大，这是因为 GNPs 呈片层结构，比表面积大，GNPs 的添加会在复合材料内部形成大量的界面，会大幅度提高对电磁能量的消耗能力，显著地提高了复合材料的 ε''。

图 8.39（c）为 EUG/CNTs/GNPs 复合材料的介电损耗角正切 $\tan\delta_E$。随着 CNTs/GNPs 用量增加，复合材料的 $\tan\delta_E$ 逐渐增加，ECG0 的 $\tan\delta_E$ 为 1.31，GNPs 加入后复合材料的 $\tan\delta_E$ 增大，ECG3 的 $\tan\delta_E$ 提高至 1.70，这表明 GNPs 的加入进一步提高了复合材料的介电损耗。介电损耗角正切的变化与前文电磁屏蔽效能的变化趋势相符，说明介电损耗对 EUG/CNTs/GNPs 复合材料电磁屏蔽性能有所贡献。

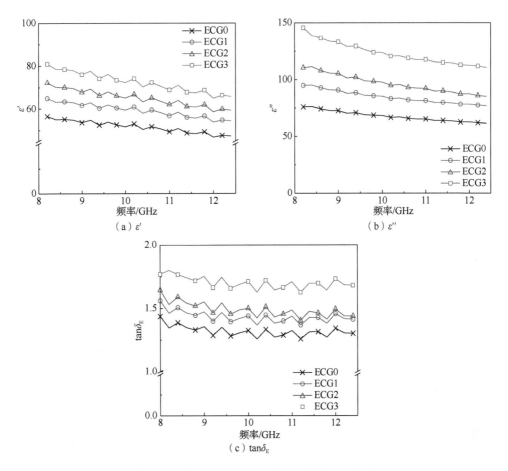

图 8.39　EUG/CNTs/GNPs 复合材料的介电性能

8. EUG/CNTs/GNPs 复合材料的电磁屏蔽机理分析

基于对 EUG/CNTs/GNPs 复合材料微观结构、填料网络、导电性能和介电性能的研究，进一步明晰了 EUG/CNTs/GNPs 复合材料的电磁屏蔽机理，如图 8.40 所示。当入射波传播到 EUG/CNTs/GNPs 复合材料表面时，一部分电磁波被反射回去，另一部分电磁波通过与复合材料内部的导电网络相互作用而被吸收，还有一部分电磁波在复合材料内部多次反射而被吸收，极少电磁波透过复合材料。

反射损耗是由 EUG/CNTs/GNPs 复合材料表面与自由空间之间的阻抗失配问题形成的[15]。CNTs 的管状结构和 GNPs 独特的片状结构使两者都具备比较大的比表面积，将 CNTs/GNPs 混合填料分散在 EUG 中，不仅引入了大量的偶极子，也为复合材料内部增加了大量界面面积。未被反射的电磁波进入复合材料内部，在外来电磁场作用下，电偶极子做有规则运动，产生极化损耗；CNTs/GNPs 的加入使复合材料内部含有大量移动的载流子，赋予 EUG/CNTs/GNPs 复合材料电损耗；大量的界面面积使复合材料内部发生界面极化，上述这些作用会使外来电磁波会以热量的形式被吸收和衰减。电磁波还会在 CNTs/GNPs 网络、CNTs/EUG 网络、GNPs/EUG 网络之间发生多重反射被消耗。此外，EUG/CNTs/GNPs 复合材料中结晶区使 EUG 分子链的排列有一定的取向，部分电磁波在 EUG 分子链的结晶区间发生多次反射而被消耗[16]。

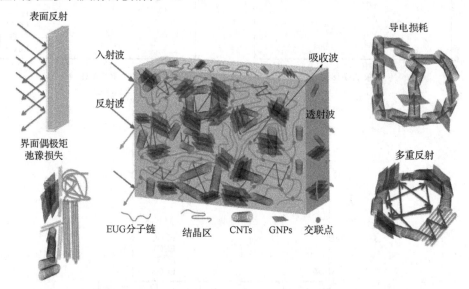

图 8.40 EUG/CNTs/GNPs 复合材料的电磁屏蔽机理示意图

8.6 本章小结

杜仲胶可以与镀镍石墨、导电炭黑、碳纳米管和石墨烯复合，制备多种高效能电磁屏蔽弹性体材料。杜仲胶的结晶结构和交联网络对填料网络的形成和分布具有一定的调控作用，通过调控结晶结构和填料网络结构的相互作用，可以实现对复合材料力学性能和电磁屏蔽效能的调控，这是 EUG 基电磁屏蔽弹性体材料的独特优势。实验表明，在相同镀镍石墨填充的条件下，结晶 EUG/NCG 复合材料较无定形 NR/NCG 复合材料导电性能与电磁屏蔽性能大幅度提高，可见杜仲胶基体的作用显著，因此杜仲胶在未来电磁屏蔽材料领域具有更大的发展潜力。以杜仲胶为基体的橡胶材料的高效电磁屏蔽机制目前还尚未完全清晰，杜仲胶结晶网络、交联网络和粒子填料网络的耦合作用机制还需要进一步探索与研究。

参 考 文 献

[1] 戚敏. 杜仲胶复合材料电磁屏蔽性能的研究[D]. 沈阳: 沈阳化工大学, 2018.

[2] 戚敏, 方庆红. 导电炭黑/杜仲胶复合材料导电性能和电磁屏蔽性能的研究[J]. 橡胶工业, 2018, 65(8): 890-893.

[3] 杜宏阳. 杜仲胶电磁屏蔽复合材料的制备与性能研究[D]. 沈阳: 沈阳化工大学, 2020.

[4] Guo Y, Pan L, Yang X. Simultaneous improvement of thermal conductivities and electromagnetic interference shielding performances in polystyrene composites via constructing interconnection oriented networks based on electrospinning technology[J]. Composites Part A: Applied Science and Manufacturing, 2019, 124(6402): 105484.

[5] 田恐虎. 聚合物基石墨烯复合材料的制备和电磁屏蔽性能研究[D]. 合肥: 中国科学技术大学, 2017.

[6] 杜宏阳, 康海澜, 杨凤. 镀镍石墨/杜仲胶复合材料的制备及性能[J]. 合成橡胶工业, 2020, 43(6): 492-496.

[7] Al-Saleh M H, Saadeh W H, Sundararaj U. EMI Shielding effectiveness of carbon based nanostructured polymeric materials: A comparative study[J]. Carbon, 2013, 60: 146-156.

[8] Dla B, Chen Y, Yha B. Novel green resource material: Eucommia ulmoides gum[J]. Resources Chemicals and Materials, 2022, 1(1): 114-128.

[9] Zhao P, Luo Y, Yang J. Electrically conductive graphene-filled polymer composites with well organized three-dimensional microstructure[J]. Materials Letters, 2014, 121(15): 74-77.

[10] Cao M S, Song W L, Hou Z L. The effects of temperature and frequency on the dielectric properties, electromagnetic interference shielding and microwave-absorption of short carbon fiber/silica composites[J]. Carbon, 2010, 48(3): 788-796.

[11] 张继川, 薛兆弘, 严瑞芳. 天然高分子材料-杜仲胶的研究进展[J]. 高分子学报, 2011, 10(10): 1105-1116.

[12] Sun X, Liu X, Shen X. Graphene foam/carbon nanotube/poly(dimethyl siloxane)composites for exceptional microwave shielding[J]. Composites Part A: Applied Science and Manufacturing, 2016, 85: 199-206.

[13] Anooja J B, Dijith K S, Surendran K P. A simple strategy for flexible electromagnetic interference shielding: Hybrid rGO@CB-Reinforced polydimethylsiloxane[J]. Journal of Alloys and Compounds, 2019, 807: 151678.

[14] 刘顺华, 刘军民, 董星龙. 电磁波屏蔽及吸波材料[M]. 北京: 化学工业出版社, 2013.

[15] 程小兰, 胡军武. 电磁辐射的污染与防护[J]. 放射学实践, 2014, 29(6): 711-714.

[16] Kang H, Luo S, Du H, et al. Bio-based eucommia ulmoides gum composites with high electromagnetic interference shielding performance[J]. Polymers, 2022, 14(5): 970.

第9章 杜仲胶吸波材料

吸波材料是一种能够吸收电磁波的功能性材料，其应用是目前解决电磁污染的有效方式之一。橡胶因为其质量轻、弹性好、稳定性高等优点，常被用来作为吸波材料的基体。迄今吸波橡胶材料的基体种类很多，而 EUG 基吸波材料的研究刚刚起步。EUG 的结晶聚集态结构有利于填料吸波效能的发挥。一方面，电磁波在 EUG 晶区内部传输时可进行多重反射，有效降低了电磁波的传播能量；另一方面，EUG 晶区的存在使得具有电磁特性的填料被限制分布在 EUG 无定型区，在相同填料用量前提下，可提高体系的电导率、介电常数和磁导率等，降低吸波填料的阈值，提高填料利用率，进而提高复合材料的吸波性能。

9.1 杜仲胶/石墨烯吸波材料的制备与性能

GNPs 作为一种新型二维材料，具有质量小、比表面积大、电导率高等优点，所以被广泛应用于电磁屏蔽与吸波材料的研制。Liu 等[1]将氧化石墨烯/聚乙烯醇热还原制备出密度小于 10mg/cm^3 的石墨烯复合材料。石墨烯的填充质量分数约为 1%时，在频率为 12.19GHz 出现最大反射损耗，厚度为 3.5mm 时达到-43.5dB。Xu 等[2]制备了非包覆型和包覆型羰基铁和石墨烯，并填充到硅橡胶中，研究结果表明，经过包覆制备的复合材料具有更高的电导率和介电常数，这是两种吸波剂相互作用和颗粒取向的结果。当材料的厚度为 1.5mm 和 2.0mm 时，出现了电磁波吸收峰，分别为-11.85dB 和-15.02dB，表明石墨烯在 L 波段制备薄吸波材料是非常有效的吸波剂。本节以 GNPs 为吸波剂，分别制备了 EUG/GNPs 复合材料、NR/GNPs 复合材料，对比了 EUG 体系与 NR 体系的吸波性能，并研究了 EUG 的结晶度和 GNPs 含量对复合材料吸波性能的影响。

9.1.1 EUG/GNPs 吸波材料的制备

首先采用 X-100 对 GNPs 进行表面处理，向处理后的 GNPs 中加入甲苯制得 GNPs 甲苯悬浮液；向 EUG 甲苯溶液中加入 GNPs 甲苯悬浮液，经搅拌混合、超声分散均匀后，酒精沉淀，产物经真空干燥至恒重，得到 EUG/GNPs 预混物。将

EUG/GNPs 预混物和 DCP 在转矩流变仪中进行混炼，得到混炼胶，放置 24h 后测定胶料硫化时间，并在 150℃、10MPa 条件下，根据所测的硫化时间进行硫化，制备出 EUG/GNPs 复合材料。

天然橡胶/石墨烯（NR/GNPs）复合材料的制备工艺同上，其中 GNPs 用量为 15phr，DCP 用量为 3phr。

9.1.2　EUG/GNPs 吸波材料与 NR/GNPs 吸波材料的吸波性能对比

图 9.1（a）、（b）分别为 EUG/GNPs 复合材料与 NR/GNPs 复合材料的吸波性能随电磁波频率和复合材料厚度变化的图，可以看出，EUG/GNPs 复合材料的吸波效果整体好于 NR/GNPs 复合材料。对于 EUG/GNPs 复合材料，厚度为 4.5mm 时，有效频宽（反射损耗 RL＜-10dB）达 1.41GHz（频率范围 14.34～15.75GHz），在频率为 14.91GHz 处有反射率的最小值为-43.97dB；对于 NR/GNPs 复合材料，厚度为 2.5mm 时，有效频宽（RL＜-10dB）为 0.15GHz（频率范围 12.12～12.28GHz），在频率为 12.23GHz 处有反射率的最小值为-12.07dB。

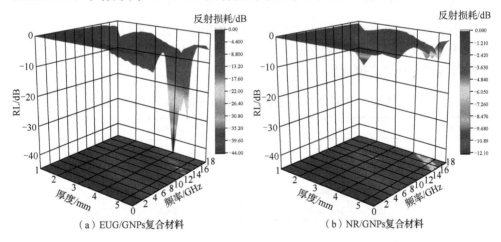

（a）EUG/GNPs复合材料　　　　　　（b）NR/GNPs复合材料

图 9.1　EUG/GNPs 复合材料和 NR/GNPs 复合材料对电磁波反射损耗三维曲线图

综上，当 GNPs 用量相同时，EUG/GNPs 的吸波性能明显优于 NR/GNPs，这应与 EUG 和 NR 不同聚集态结构有关（图 9.2）。第一，由于 EUG 结晶的存在，复合材料中 GNPs 主要富集在 EUG 的无定型区，因此填料网络即电荷通路比 NR 体系更完善，增加了复合材料导电性，增加了电导对电磁波的损耗；第二，EUG 的结晶结构会使电磁波在结晶区内发生多次反射而被消耗，导致复合材料的吸波性能增加。

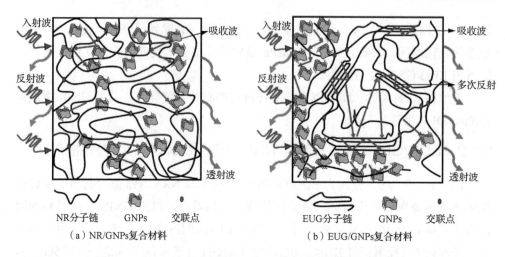

（a）NR/GNPs复合材料　　　　　　　　　　（b）EUG/GNPs复合材料

图 9.2　NR/GNPs 复合材料和 EUG/GNPs 复合材料的吸波机制

9.1.3　结晶度对 EUG/GNPs 吸波材料吸波性能的影响

1. 硫化剂用量对 EUG/GNPs 吸波材料硫化性能的影响

表 9.1 为添加不同 DCP 用量时复合材料的硫化特性。可以看出，随着交联剂用量增加，复合材料的 t_{90} 略有降低，M_H–M_L 增加，说明交联剂浓度增加，交联反应速率变快，交联密度增加。

表 9.1　不同 DCP 用量 EUG/GNPs 复合材料的硫化特性

DCP 用量/phr	t_{10}	t_{90}	M_L/（dN·m）	M_H/（dN·m）	M_H–M_L/（dN·m）
2	40s	17min32s	1.51	13.77	12.26
3	42s	17min01s	1.64	18.21	16.57
4	35s	16min56s	1.79	22.07	20.28
5	36s	16min14s	1.81	24.24	22.43

2. 硫化剂用量对 EUG/GNPs 吸波材料结晶度的影响

如图 9.3 所示为不同 DCP 用量的 EUG/GNPs 复合材料的 DSC 曲线，EUG 的熔融焓和结晶度列于表 9.2 中。对比可见，随着硫化剂 DCP 用量增加，复合材料的结晶度逐渐降低，这是由于随着硫化剂含量增加，交联密度增加，交联点对 EUG 分子链的运动有限制作用，其难以有序排列而结晶，结晶度降低。当 DCP 用量为 5phr 时，EUG/GNPs 复合材料中 EUG 仅有微弱的结晶能力。

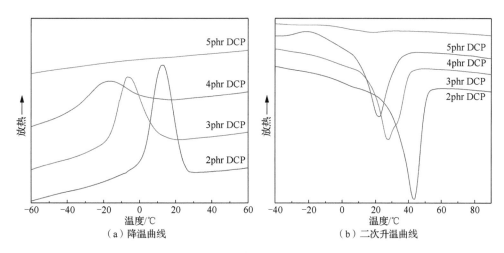

图 9.3　不同 DCP 用量的 EUG/GNPs 复合材料的 DSC 曲线

表 9.2　不同 DCP 用量的 EUG/GNPs 中 EUG 的熔融焓和结晶度

DCP 用量/phr	ΔH_m/（J/g）	X_c/%
2	47.5	25.2
3	31.0	16.6
4	28.5	15.3
5	2.1	1.1

3. 硫化剂用量对 EUG/GNPs 吸波材料吸波性能的影响

如图 9.4 所示为不同硫化剂用量 EUG/GNPs 复合材料的吸波性能。可以看出，当 GNPs 用量均为 10phr，DCP 用量分别为 2phr、3phr、4phr、5phr 时，复合材料反射损耗的最小值分别为-31.55dB、-17.17dB、-11.11dB、-7.03dB。随着 DCP 用量增加，复合材料吸波性能显著降低。交联剂用量增加导致复合材料的交联密度增加，EUG 的结晶度降低，单位体积材料内晶区体积减小，非晶区体积增加，非晶区内填料密度降低，导致材料对电磁波吸收损耗和在结晶区内的多重反射损耗降低。

4. 硫化剂用量对 EUG/GNPs 吸波材料拉伸性能的影响

表 9.3 为不同硫化剂用量的 EUG/GNPs 复合材料力学性能。随着复合材料中交联剂 DCP 用量增加，复合材料的拉伸强度和断裂伸长率均呈现下降趋势，拉伸强度从 17.8MPa 下降到了 5.0MPa，断裂伸长率从 132%下降到 40%。这是由于

DCP 用量增加导致交联密度增加，复合材料中 EUG 结晶度降低，导致材料的拉伸性能降低。

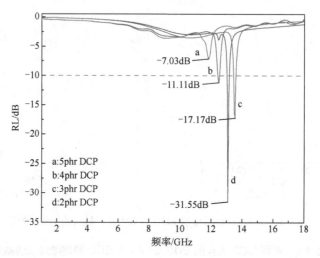

图 9.4　不同硫化剂用量 EUG/GNPs 复合材料的吸波性能

表 9.3　不同硫化剂用量的 EUG/GNPs 复合材料的拉伸性能

DCP 用量/phr	拉伸强度/MPa	断裂伸长率/%
2	17.8	132
3	16.2	125
4	8.0	52
5	5.0	40

9.1.4　石墨烯用量对 EUG/GNPs 吸波材料性能的影响

1. EUG/GNPs 吸波材料的硫化特性

如表 9.4 所示为不同石墨烯用量的 EUG/GNPs 复合材料的硫化特性。随着 GNPs 用量增加，EUG/GNPs 复合材料的 t_{10} 和 t_{90} 均逐渐减少。这是由于作为良好的导热材料，石墨烯用量增加和均匀分布导致复合材料的传热速率增加，DCP 与 EUG 的交联反应速率提高，所以硫化时间降低。从表中还可以看出，橡胶的最小扭矩 M_L 和最大扭矩 M_H 都随着 GNPs 用量增加而增加，这是因为刚性 GNPs 的加入提高了 EUG 复合材料的模量。$M_H - M_L$ 可以间接反映复合材料的交联程度，随着 GNPs 用量增加，复合材料的 $M_H - M_L$ 逐步降低，说明片层结构的 GNPs 在一定程度上阻碍了橡胶基体的交联。

表 9.4　EUG/GNPs 复合材料的硫化特性

GNPs 用量/phr	t_{10}/min	t_{90}/min	M_L/（dN·m）	M_H/（dN·m）	M_H-M_L/（dN·m）
1	0min77s	16min97s	0.51	7.50	6.99
5	0min40s	16min78s	1.53	7.73	6.20
10	0min23s	15min72s	1.93	7.93	6.00
15	0min22s	11min67s	2.40	8.31	5.91

2. EUG/GNPs 吸波材料的形貌

图 9.5（a）～（d）分别表示石墨烯用量为 1phr、5phr、10hpr、15phr 复合材料淬断面的 SEM 照片。图 9.5（a）中薄片状的 GNPs 均匀分散在基体 EUG 中，填料间隙大，断面较为平整；图 9.5（b）表明，GNPs 用量增加至 5phr 时，GNPs 在 EUG 中的分布进一步密集，填料间隙明显减小，填料网络基本形成，断面较为平整；当 GNPs 用量超过 10phr 以后，图 9.5（c）、（d）显示 GNPs 填料网络进一步完善，同时，EUG 在断裂过程中发生形变，断面较为粗糙，说明填料和聚合物基体间相互作用随着 GNPs 的增多而逐渐增强。

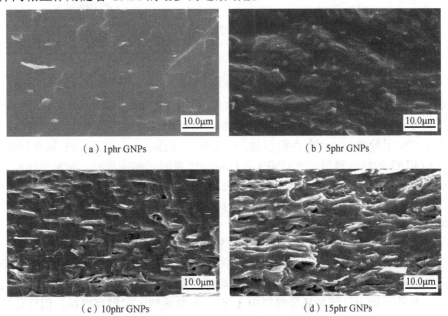

（a）1phr GNPs　　　　　　　　　　（b）5phr GNPs

（c）10phr GNPs　　　　　　　　　　（d）15phr GNPs

图 9.5　EUG/GNPs 复合材料淬断面的 SEM 照片

3. EUG/GNPs 吸波材料的拉伸性能

图 9.6 为 GNPs 用量对 EUG/GNPs 复合材料拉伸性能的影响。从图 9.6（a）

可以看出,复合材料的拉伸强度随石墨烯含量增加而持续增加。一方面,随着 GNPs
用量增加,GNPs 与 EUG 基体的接触面积增加,两者的相互作用增强。另一方面,
随着 GNPs 用量增加,复合材料内部 GNPs 网络结构越完善,在复合材料拉伸的
过程中,起到载荷传递的作用,复合材料的拉伸强度提高。从图 9.6(b)可以看
出,复合材料断裂伸长率随着 GNPs 用量增加而有所降低,这是由于复合材料中
GNPs 用量增加会进一步限制大分子链的运动,造成材料断裂伸长率下降。

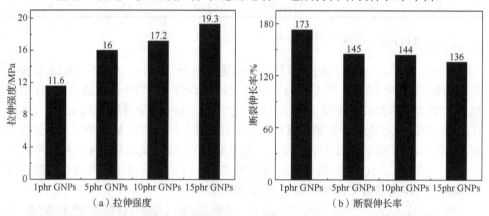

图 9.6　EUG/GNPs 复合材料的拉伸性能

4. EUG/GNPs 吸波材料的电磁参数

介电常数和磁导率等电磁参数对材料的吸波性能有较大的影响,因此对
EUG/GNPs 复合材料的电磁参数进行了对比分析。图 9.7(a)、(b)分别为 GNPs
用量对复合材料介电常数的实部 ε' 和虚部 ε'' 的影响。由图可以看出,随着复合材
料中 GNPs 用量增加,介电常数增加,介电损耗增强。在 EUG/GNPs 复合材料中,
连续相 EUG 为绝缘材料,而 GNPs 具有高的比表面积和电导率,当复合材料受到
外加电磁场的作用时,大量的自由电荷聚集在 GNPs 表面,EUG 发生界面极化作
用;随着 GNPs 用量增加,单位体积的复合材料界面极化作用增加,导致材料的
介电常数变大。

图 9.7(c)、(d)所示分别为复合材料磁导率实部 μ' 和虚部 μ''。GNPs 是一种
反磁材料,但是也具有一定顺磁性,这部分顺磁性可能是电子移动所引发的泡利
顺磁性和一些区域顺磁中心产生的居里顺磁性叠加产生的效果[3],所以复合材料
的磁导率并不是 0。随着复合材料中 GNPs 用量增加,μ' 稍有增加,但变化幅度
不大,μ'' 基本不变;但 $\mu''<0$,这可能是电子移动导致了电磁波向外辐射[4]。

图 9.7(e)、(f)所示分别为复合材料的介电损耗正切角 δ_e 以及磁损耗正切角
δ_m。随着复合材料中 GNPs 用量增加,导电网络逐步完善和强化,界面增多且界
面极化增强,所以随着 GNPs 用量增加,复合材料介电损耗正切值变大。对比可
以看出,当 GNPs 用量相同的时候,复合材料的 δ_e 大于 δ_m,由此看出,EUG/GNPs

复合材料以介电损耗为主。

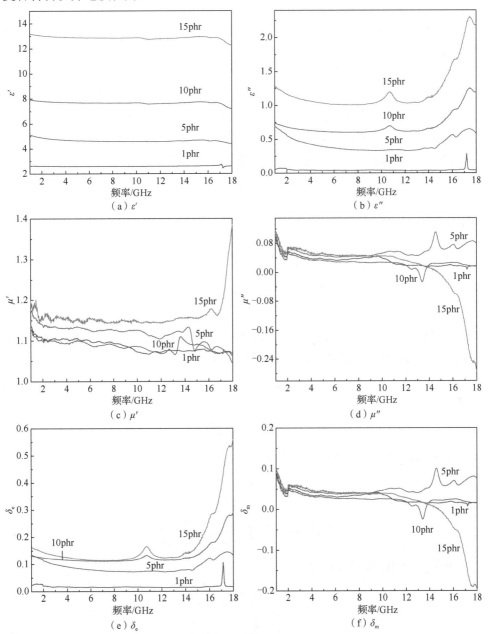

图 9.7　EUG/GNPs 复合材料的电磁参数

5. EUG/GNPs 吸波材料的 Cole-Cole 圆分析

弛豫是一个热力学概念，指平衡系统在外界的作用下偏离了原有的平衡，这种状态经过一段时间后重新回到平衡状态，这个"平衡—非平衡—平衡"的过程就叫作弛豫。当突然在电介质上加上或者撤销一个电场时，电介质内部就会发生弛豫。由于电磁波是变换的电磁场，所以当电磁波加到电介质时，就会引起电介质材料中电偶极子的变化；随着电场频率增加，偶极子极化的变化会跟不上电场的变化，出现滞后从而到达到极限。

变电场的角频率变化为 ω 时，极化弛豫用公式表示有

$$\varepsilon(\omega) = \varepsilon_\infty + \int_0^\infty \alpha(t) e^{i\varepsilon t} dt \tag{9.1}$$

式中，ε_∞ 为介电常数随 ω 增加变化的极限值；$\alpha(t)$ 为衰减因子，$\alpha(t)$ 可表示为

$$\alpha(t) = \alpha_0 e^{-t/\tau} \tag{9.2}$$

其中，τ 为弛豫周期。将公式代入电介质极化弛豫公式（9.1），积分后有

$$\varepsilon(\omega) = \varepsilon_\infty \frac{\alpha_0}{\frac{1}{\tau} - j\omega} \tag{9.3}$$

$\varepsilon_{(0)} = \varepsilon_s$，是电介质在静态电场下的介电常数，也叫静态介电常数，所以有 $\varepsilon_s = \varepsilon_\infty + \tau\alpha_0$，将 α_0 代入公式（9.3）后分别得到 $\alpha(t)$ 和 $\varepsilon(\omega)$，即

$$\alpha(t) = \frac{\varepsilon_s - \varepsilon_\infty}{\tau} e^{-\frac{t}{\tau}} \tag{9.4}$$

$$\varepsilon(\omega) = \varepsilon_\infty + \frac{\varepsilon_s - \varepsilon_\infty}{1 - j\omega\tau} \tag{9.5}$$

在交变电场中，用复数的形式表达，则有

$$\varepsilon(\omega) = \varepsilon' - j\varepsilon'' \tag{9.6}$$

即有

$$\varepsilon(\omega) = \varepsilon' - j\varepsilon'' = \varepsilon_\infty + \frac{\varepsilon_s - \varepsilon_\infty}{1 - j\omega\tau} \tag{9.7}$$

可以推导出 ε' 和 ε'' 分别为

$$\varepsilon' = \varepsilon_\infty + \frac{\varepsilon_s - \varepsilon_\infty}{1 + \omega^2\tau^2} \tag{9.8}$$

$$\varepsilon'' = \frac{(\varepsilon_s - \varepsilon_\infty)\omega\tau}{1 + \omega^2\varepsilon^2} \tag{9.9}$$

$\varepsilon''/\varepsilon'$为损耗角的正切，即

$$\tan \delta = \frac{\varepsilon''}{\varepsilon'} = \frac{\left(\varepsilon_s - \varepsilon_\infty\right)\omega\tau}{\varepsilon_s + \varepsilon_\infty \omega^2 \tau^2} \qquad (9.10)$$

Cole 等[5]对方程进行了深入的研究，通过推导，得到方程：

$$\left[\varepsilon' - \frac{1}{2}\left(\varepsilon_s + \varepsilon_\infty\right)\right]^2 + \left(\varepsilon''\right)^2 = \frac{1}{4}\left(\varepsilon_s + \varepsilon_\infty\right)^2 \qquad (9.11)$$

以 ε' 为复平面的横坐标，以 ε'' 为纵坐标作圆，得到 Cole-Cole 圆，在复平面内，它是判断极化类型有用的依据[6]。以复合材料的 ε' 为复平面的横坐标、ε'' 为复平面的纵坐标作图，得到图 9.8，即 EUG/GNPs 复合材料的 Cole-Cole 图。

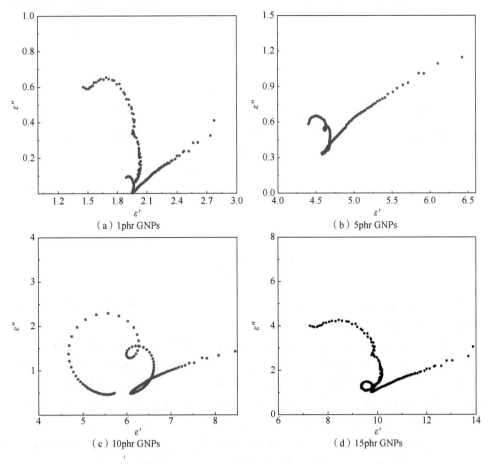

图 9.8　EUG/GNPs 复合材料的 Cole-Cole 图

Cole-Cole 图中每个半圆都表示一种极化损耗，直线代表由于电导所引发的损耗。由图 9.8 可以看出，不同石墨烯用量的 EUG/GNPs 复合材料 Cole-Cole 图都

存在两个半圆和一段直线，说明 GNPs 用量的变化并没有改变复合材料极化方式，并且复合材料同时存在两种极化损耗以及电导损耗。

GNPs 具有优异的导电性，在电磁波的作用下，在 GNPs 平面内会有大量的自由电子迁移，但是 EUG 基体是绝缘材料，这些迁移的电子会在 GNPs 纳米片的表面进行聚集，使杜仲胶基体产生界面极化，这是复合材料的一种极化方式。另外，在电磁场的作用下，GNPs 纳米片会沿着层的方向形成微小的偶极子，随着外加电磁场的变化，这些微小的偶极子也会发生变化，这个过程会将电磁能转化为热量，以此来消耗电磁波，这是 EUG/GNPs 复合材料的另一种极化损耗。

6. EUG/GNPs 吸波材料的吸波性能

当电磁波在吸波材料中传播的时候，由于尺寸共振效应，当吸波材料厚度接近或等于 $\lambda/2$ 的整数倍时，材料的内部形成驻波，吸波效率急剧提升。其中 $\lambda = c/\left(f\sqrt{\varepsilon\mu}\right)$，随着厚度增加，共振匹配所需频率降低，会出现反射率的最高峰向低频方向移动的现象。当频率为 0~10GHz，随着厚度增加，电磁波在复合材料内部反射路径增加，导致复合材料的吸波效果增加。但是当频率为 10~18GHz，复合材料吸波效果并不是简单地随着厚度增加而增加。由反射率公式[7]：

$$RL = 20\log\left|\frac{\dfrac{z_1}{z_0}-1}{\dfrac{z_1}{z_0}+1}\right| \tag{9.12}$$

其中

$$z_1 = \sqrt{\frac{\mu}{\varepsilon-\mathrm{j}\varepsilon''}}\tan h\left[\mathrm{j}2\pi f\sqrt{\mu\left(\varepsilon-\mathrm{j}\varepsilon''\right)d}\right] \tag{9.13}$$

可以看出，随着频率增加，厚度增加对于吸波材料吸波效果的影响在降低，此时其他吸波效应对吸波性能影响占主导地位。

图 9.9 为试样厚度 5.5mm 时，GNPs 用量对 EUG/GNPs 复合材料吸波性能的影响。由图可知，GNPs 用量分别为 1phr、5phr、10phr、15phr 时，反射率最小值分别为-1.95dB、-10.52dB、-12.50dB、-26.57dB。随着 GNPs 用量增加，复合材料吸波效果增强。首先，随着 GNPs 用量增加，复合材料的导电网络趋于完善，电导损耗提高。其次，由于杜仲胶是绝缘材料，石墨烯是导电材料，在电磁波的作用下大量的电荷聚集在石墨烯与杜仲胶的界面之间，发生了界面极化作用，而随着石墨烯用量增加，界面的数量与面积都随之增加，界面极化对电磁波的损耗增强。最后，随着 GNPs 用量增加，单位体积内的 GNPs 片层数目增加，层间距减小，增加了电磁波在 GNPs 片层间的反射，提高了复合材料多重反射损耗。

随着 GNPs 用量增加，在同一个波段下复合材料反射率的最小值向低频方向移动，这可能是由于片层间距的减小，导致与极化弛豫过程相匹配的电磁波频率降低[8]。

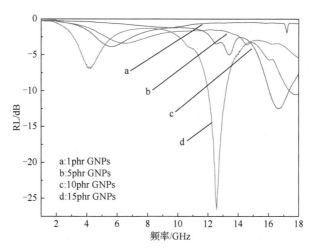

图 9.9　GNPs 用量对 EUG/GNPs 复合材料的吸波性能

图 9.10 为当 GNPs 用量相同时（15phr），复合材料厚度对复合材料吸波性能的影响。由图可知，随着吸波材料厚度增加，反射率的最高峰向低频方向移动。当厚度为 4.5mm 时，EUG/GNPs 复合材料在 14.91GHz 处有反射率的最小值为 -43.97dB，且吸波主要发生在高频区。

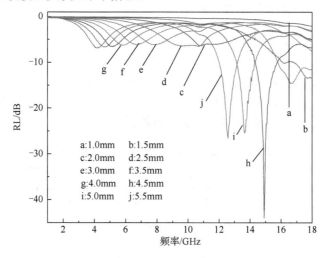

图 9.10　EUG/GNPs 复合材料反射率随厚度变化图

9.2　杜仲胶/二氧化硅包覆四氧化三铁吸波材料的制备与性能

随着吸波材料的迅速发展和广泛应用，对吸波材料的研究也日益成熟，但是传统单一的吸波材料，由于吸波剂单一，存在吸波频段窄，以及一些吸波剂与基体相容性差等问题，越来越难以满足现代器件对吸波材料的需求。核壳材料是一种具有优秀电磁特性的异质复合材料，核壳型吸波材料拥有更多的多重反射损耗和界面极化损耗，可以通过与基体相容性好的材料包覆达到较好的界面相容性[9]。黄威等[10]通过溶胶-凝胶法制备了 $Fe_3O_4@SnO_2$ 复合材料，结果表明，复合材料球径大概 500nm，形状呈现杨梅状，具有较好的介电损耗能力及阻抗匹配性能。当厚度为 1.7mm 时，反射率最小值为-29dB，有效吸收（RL＜-10dB）频带宽为 4.9GHz（13.1～18.0GHz）。张龙等[11]用聚吡咯（polypyrrole，PPy）修饰 Fe_3O_4，再用聚苯胺（polyaniline，PANI）进行包覆，制备了 $Fe_3O_4@PPy@PANI$ 核壳复合吸波材料。结果表明，经过 PPy 表面修饰的 Fe_3O_4 更容易被 PANI 包覆，当 $Fe_3O_4@PPy$ 质量比为 80%时，反射率的最小值为-39.2dB。本节通过溶胶-凝胶法制备了 $Fe_3O_4@SiO_2$ 核壳吸波材料，对核壳材料的形貌、组分、静磁参数以及吸波性能进行分析，并将核壳材料填充到基体 EUG 中，对复合材料的吸波性能进行了研究。

9.2.1　EUG/$Fe_3O_4@SiO_2$ 吸波材料的制备

1. 吸波剂 $Fe_3O_4@SiO_2$ 的制备

首先量取一定量的无水乙醇和蒸馏水，倒入烧杯中配置成混合溶液，称取 1g Fe_3O_4 粉末分散在混合溶液中，机械搅拌 15min。然后加入一定量的氨水与正硅酸四乙酯（tetraethoxysilane，TEOS），机械搅拌 2h。反应结束后，用蒸馏水和无水乙醇对生成的核壳吸波材料进行清洗，然后转移至真空干燥箱干燥 8h。$Fe_3O_4@SiO_2$ 核壳材料各组分用量以及命名如表 9.5 所示。

表 9.5　$Fe_3O_4@SiO_2$ 核壳材料各组分用量以及命名

样品	Fe_3O_4/g	乙醇/ml	H_2O/ml	氨水/ml	正硅酸四乙酯/ml
$Fe_3O_4@SiO_2$ 1	1	80	16	1	1
$Fe_3O_4@SiO_2$ 2	1	80	16	2	2
$Fe_3O_4@SiO_2$ 3	1	80	16	3	3
$Fe_3O_4@SiO_2$ 4	1	80	16	4	4

2. EUG/Fe₃O₄@SiO₂ 复合材料的制备

开炼机预热到 60℃ 后，将杜仲胶置于开炼机上预热 2min 后进行开炼，待胶料包辊后，依次加入干燥好的 Fe₃O₄@SiO₂ 粉末、硫化剂 DCP，并不断的割胶、混炼，混合均匀后，调整辊距薄通，打三角包 4 次，调节辊距为 2~3mm 出片，在室温条件下静置 24h，然后对混炼胶进行硫化。在室温条件下将 EUG/Fe₃O₄@SiO₂ 复合材料静置 24h 后，进行试样制备。分别制备了不同吸波剂用量的 EUG/Fe₃O₄@SiO₂ 复合材料，其中各组分用量见表 9.6。

表 9.6 EUG/Fe₃O₄@SiO₂ 复合材料各组分用量

样品	EUG /phr	吸波剂/phr	DCP/phr
EUG/Fe₃O₄@SiO₂ 100	100	100	3
EUG/Fe₃O₄@SiO₂ 150	100	150	3
EUG/Fe₃O₄@SiO₂ 200	100	200	3

9.2.2 吸波剂 Fe₃O₄@SiO₂ 的结构与吸波性能

1. Fe₃O₄@SiO₂ 核壳材料的结构

图 9.11 为 Fe₃O₄@SiO₂ 核壳材料的红外光谱图。从图中可以看出，1201cm⁻¹ 和 1082cm⁻¹ 处为 Si—O—Si 的不对称吸收峰，946cm⁻¹ 处为 Si—O（H）的弯曲振动峰，800cm⁻¹ 处为 Si—O—Si 的伸缩振动峰，454cm⁻¹ 处为 O—Si—O 基团振动峰，3422cm⁻¹ 处为—OH 振动峰，573cm⁻¹ 处为 Fe—O 键的吸收峰，说明 Fe₃O₄@SiO₂ 复合材料的成功合成[12]。

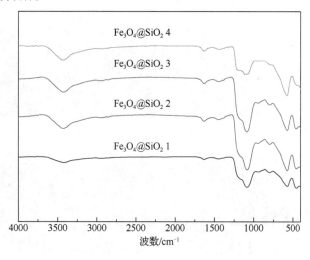

图 9.11 Fe₃O₄@SiO₂ 核壳材料的红外光谱图

图 9.12 为 $Fe_3O_4@SiO_2$ 核壳材料的 X 射线衍射图。图中可以看出，XRD 图中 2θ 在 $18.0°$、$30.3°$、$35.5°$、$43.2°$、$53.5°$、$57.1°$分别对应 Fe_3O_4 的（111）、（220）、（311）、（400）、（422）、（511）晶面衍射峰；$2\theta = 22.5°$归属为无定型二氧化硅的弥散峰[13]。

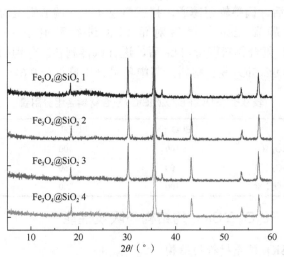

图 9.12　$Fe_3O_4@SiO_2$ 核壳材料的 X 射线衍射图

图 9.13 为 $Fe_3O_4@SiO_2$ 核壳材料的 SEM 照片，图中核壳材料的粒径大概为 200nm，核壳粒子间以聚集体形式存在。特征性元素 Si 来自于复合材料中的二氧化硅，元素 Fe 来自于复合材料中的四氧化三铁，Si、Fe、O 元素分布均匀，结合核壳材料的红外光谱以及 XRD 分析可以判断出所得材料中含有二氧化硅和四氧化三铁。

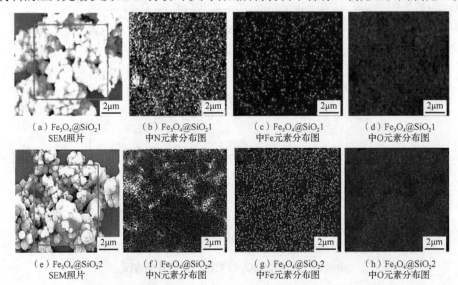

（a）$Fe_3O_4@SiO_2$1　　（b）$Fe_3O_4@SiO_2$1　　（c）$Fe_3O_4@SiO_2$1　　（d）$Fe_3O_4@SiO_2$1
　　SEM照片　　　　　中N元素分布图　　　　中Fe元素分布图　　　　中O元素分布图

（e）$Fe_3O_4@SiO_2$2　　（f）$Fe_3O_4@SiO_2$2　　（g）$Fe_3O_4@SiO_2$2　　（h）$Fe_3O_4@SiO_2$2
　　SEM照片　　　　　中N元素分布图　　　　中Fe元素分布图　　　　中O元素分布图

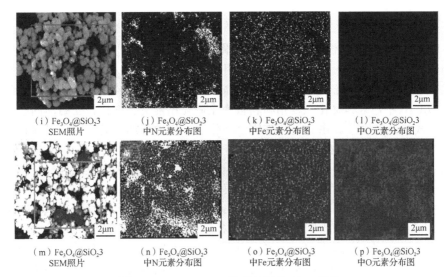

（i）Fe₃O₄@SiO₂3
SEM照片

（j）Fe₃O₄@SiO₂3
中N元素分布图

（k）Fe₃O₄@SiO₂3
中Fe元素分布图

（l）Fe₃O₄@SiO₂3
中O元素分布图

（m）Fe₃O₄@SiO₂3
SEM照片

（n）Fe₃O₄@SiO₂3
中N元素分布图

（o）Fe₃O₄@SiO₂3
中Fe元素分布图

（p）Fe₃O₄@SiO₂3
中O元素分布图

图 9.13　Fe₃O₄@SiO₂核壳材料的 SEM 照片

图 9.14 为 Fe₃O₄@SiO₂核壳材料的 TEM 照片，图中复合材料具有明显的核壳结构，二氧化硅均匀包覆在四氧化三铁的表面，且随着正硅酸四乙酯用量增加，其在碱性条件下水解-缩合生成的二氧化硅量增加，核壳材料中包覆层厚度增加。

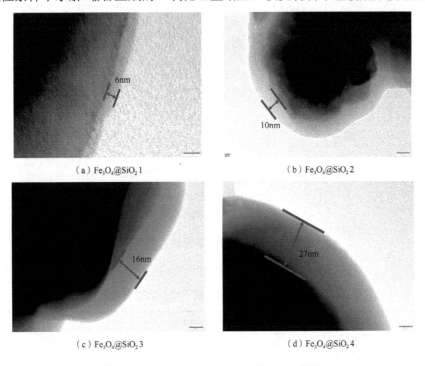

（a）Fe₃O₄@SiO₂1

（b）Fe₃O₄@SiO₂2

（c）Fe₃O₄@SiO₂3

（d）Fe₃O₄@SiO₂4

图 9.14　Fe₃O₄@SiO₂核壳材料的 TEM 照片

2. $Fe_3O_4@SiO_2$核壳材料的吸波性能

Fe_3O_4是一种铁磁性材料，具有磁饱和特征，可以通过材料的磁滞回线得到材料的静磁参数。图9.15为不同二氧化硅用量的$Fe_3O_4@SiO_2$核壳材料的磁化曲线，表9.7是根据图9.15磁化曲线得到$Fe_3O_4@SiO_2$核壳材料的饱和磁化强度M_s和矫顽力H_c。其中，饱和磁化强度指材料被完全磁化所能达到的值，在磁滞回线上表现为曲线的最大值[14]。由于材料被完全磁化后，撤掉外加电场，磁性材料磁化强度并不会减小到零，要想磁化强度降到零，需要外加方向相反的外加磁场，此时，外加磁场强度称为矫顽磁场或矫顽力，因此矫顽力可以用来衡量磁性材料磁滞现象的程度，在磁滞回线中表示为曲线与横坐标的交点[15]。

由图9.15和表9.7可以看出，随着SiO_2包覆量增加，核壳材料的饱和磁化强度M_s逐渐降低，这是由于饱和磁化强度与复合材料中所含有的磁性物质质量分数成正比，随着SiO_2包覆量增加，单位质量内Fe_3O_4所占的质量分数降低，最终导致饱和磁化强度降低。随着SiO_2包覆量增加，核壳材料的矫顽力在逐渐增加，这是由于Fe_3O_4被包覆后，这种核壳结构导致磁晶各向异性以及形状的各向异性增加，提高了核壳材料矫顽力，另外经过SiO_2包覆后的Fe_3O_4，形状的各向异性会增强，最终导致材料的矫顽力增加。

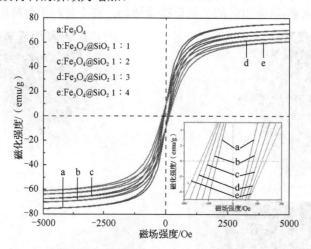

图 9.15　$Fe_3O_4@SiO_2$核壳材料磁化曲线

注：1emu/g=1A·m²/kg; 1Oe=79.5775A/m

表9.7　$Fe_3O_4@SiO_2$核壳材料静磁参数

样品	M_s/（emu/g）	H_c/Oe
Fe_3O_4	75.84	64.42
$Fe_3O_4@SiO_2$ 1	70.59	81.44
$Fe_3O_4@SiO_2$ 2	69.8	100.48

续表

样品	M_s/（emu/g）	H_c/Oe
$Fe_3O_4@SiO_2$ 3	64.27	118.14
$Fe_3O_4@SiO_2$ 4	60.4	133.58

图 9.16 为不同 TEOS 用量的 $Fe_3O_4@SiO_2$ 核壳材料的吸波性能。随着 TEOS 用量增加，复合材料反射率的最小值在升高，材料的吸波效果变差。复合材料对电磁波的损耗来自 Fe_4O_3 磁滞损耗、介电损耗，以及 Fe_4O_3 与 SiO_2 间的界面极化过程带来的损耗。随着 TEOS 用量增加，SiO_2 的生成量增加，核壳材料单位质量内 Fe_4O_3 用量降低，导致材料的吸波性能降低。综上，$Fe_3O_4@SiO_2$ 1 的吸波效果最好，以 $Fe_3O_4@SiO_2$ 1 为吸波剂，EUG 为复合材料基体，制备不同 $Fe_3O_4@SiO_2$ 用量的 $Fe_3O_4@SiO_2$/EUG 复合材料。

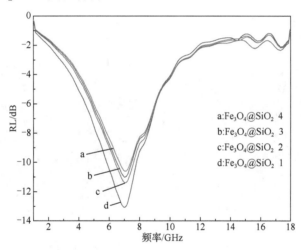

图 9.16 $Fe_3O_4@SiO_2$ 核壳材料的吸波性能

9.2.3 EUG/$Fe_3O_4@SiO_2$ 吸波材料的性能

1. EUG/$Fe_3O_4@SiO_2$ 吸波材料的硫化特性

表 9.8 为不同 $Fe_3O_4@SiO_2$ 用量的 EUG/$Fe_3O_4@SiO_2$ 复合材料硫化特性参数，当吸波剂用量增加时，复合材料的焦烧时间 t_{10} 差别不大，正硫化时间 t_{90} 逐渐降低。这是由于二氧化硅的导热性差，吸波剂用量增加降低了复合材料的传热速率，所以硫化时间 t_{90} 逐渐降低。M_H 和 M_L 都随着吸波剂用量增加而增加，这是因为吸波剂用量增加提高了 EUG 复合材料的刚性。M_H-M_L 随着 $Fe_3O_4@SiO_2$ 用量增加而增加，表明复合材料的交联程度增加。

表 9.8　EUG/Fe$_3$O$_4$@SiO$_2$ 复合材料的硫化特性

样品	t_{10}	t_{90}	M_L/（dN·m）	M_H/（dN·m）	M_H-M_L/（dN·m）
EUG/Fe$_3$O$_4$@SiO$_2$ 100	1min	14min08s	0.78	10.52	9.74
EUG/Fe$_3$O$_4$@SiO$_2$150	1min11s	16min35s	0.89	11.98	11.09
EUG/Fe$_3$O$_4$@SiO$_2$ 200	55s	20min17s	2.17	15.07	12.90

2.　EUG/Fe$_3$O$_4$@SiO$_2$ 吸波材料的微观形貌

图 9.17 为 EUG/Fe$_3$O$_4$@SiO$_2$ 复合材料的 SEM 照片，从图中可以发现，Fe$_3$O$_4$@SiO$_2$ 核壳材料呈球形分布于 EUG 基体中，粒径大小存在差异，但没有明显的团聚，分散较为均匀。同时可以看出，随着核壳吸波剂用量增加，单位体积内粒子数量增加，粒子间间距减小，排列更加紧密，粒子在基体中形成完整的网络。

（a）EUG/Fe$_3$O$_4$@SiO$_2$ 100

（b）EUG/Fe$_3$O$_4$@SiO$_2$ 150

（c）EUG/Fe$_3$O$_4$@SiO$_2$ 200

图 9.17　EUG/Fe$_3$O$_4$@SiO$_2$ 复合材料的 SEM 照片

3. EUG/Fe$_3$O$_4$@SiO$_2$ 复合材料的拉伸性能

如表 9.9 所示为 EUG/Fe$_3$O$_4$@SiO$_2$ 复合材料的拉伸性能。从表中可以看出，随着吸波剂用量增加，复合材料的 100%定伸应力增加，说明具有纳米结构的核壳吸波剂起到补强作用，但是材料的拉伸强度和断裂伸长率都随着吸波剂用量增加而降低，这是因为随着吸波剂用量增加，吸波剂会在基体内有一定的聚集，在拉伸的过程中存在应力集中，导致吸波材料的拉伸强度和断裂伸长率降低。

表 9.9　EUG/Fe$_3$O$_4$@SiO$_2$ 复合材料的拉伸性能

样品	100%定伸应力/MPa	拉伸强度/MPa	断裂伸长率/%
EUG/Fe$_3$O$_4$@SiO$_2$ 100	6.5	22.7	378
EUG/Fe$_3$O$_4$@SiO$_2$ 150	9.7	20.1	317
EUG/Fe$_3$O$_4$@SiO$_2$ 200	10.3	16.3	240

4. EUG/Fe$_3$O$_4$@SiO$_2$ 复合材料的电磁参数

图 9.18 为吸波剂用量对 EUG/Fe$_3$O$_4$@SiO$_2$ 复合材料的电磁参数影响。由图 9.18（a）、（b）可以看出，复合材料介电常数 ε' 与 ε'' 在 1～18GHz 存在多处波动，复合材料复介电常数的实部与虚部的变化主要来自四氧化三铁固有的偶极子在电磁波作用下发生极化和四氧化三铁与二氧化硅之间的界面极化。同时，复合材料的复介电常数 ε' 与 ε'' 都随吸波剂 Fe$_3$O$_4$@SiO$_2$ 含量增加而增加，这是由于随着 Fe$_3$O$_4$@SiO$_2$ 含量增加，复合材料中偶极子的数量以及界面的面积增加。但是 Fe$_3$O$_4$@SiO$_2$ 含量增加，并未改变介电常数的波动变化，说明 Fe$_3$O$_4$@SiO$_2$ 含量的变化只改变了极化的强度，未改变极化的方式。

由图 9.18（c）、（d）可看出，复合材料磁导率 μ' 与 μ'' 在 1～8GHz 较高，在 8～18GHz 较低。这是由于引起复合材料磁导率 μ' 与 μ'' 变化的主要因素是复合材料 Fe$_3$O$_4$ 的磁性，而 Fe$_3$O$_4$ 在低频处会发生磁滞损耗。同时，随着 Fe$_3$O$_4$@SiO$_2$ 吸波剂含量增加，复合材料磁导率的实部与虚部都增加，这是由磁性材料含量增加导致的。同样，吸波剂含量增加，并未改变磁导率的波动变化，说明含量的变化只改变磁性的强度，未改变材料磁损耗的方式。

图 9.18（e）、（f）分别为复合材料复介电常数损耗的正切值和磁导率损耗的正切值，分别代表复合材料对介电损耗以及磁滞损耗的程度。可以发现，复合材料中，同时存在介电损耗以及磁滞损耗，且磁滞损耗大于介电损耗，说明复合材料以磁滞损耗为主。

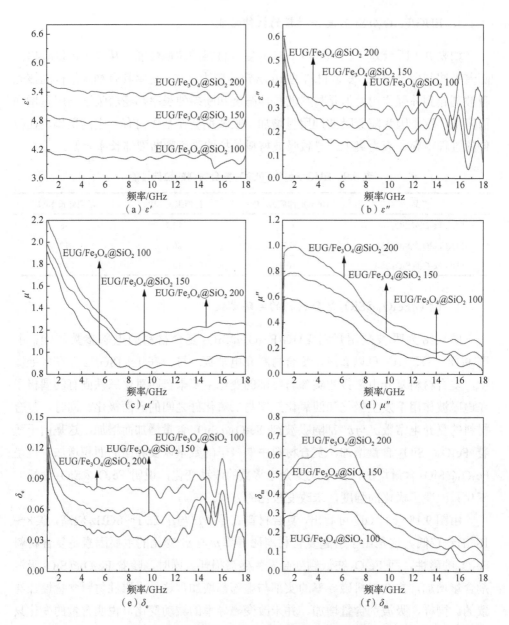

图 9.18　EUG/Fe$_3$O$_4$@SiO$_2$ 复合材料的电磁参数

5. EUG/Fe$_3$O$_4$@SiO$_2$ 的吸波性能

图 9.19 为不同厚度的 EUG/Fe$_3$O$_4$@SiO$_2$ 复合材料的吸波性能，由图可见，随着复合材料厚度增加，复合材料反射率的最小值向低频方向移动，这是因为电磁

波在复合材料上下表面反射产生干涉,当厚度增加的时候,与之匹配的频率降低,所以向低频方向移动。当厚度为 4.5mm 时,在频率为 7.01GHz 处,有最小反射率 -27.67dB,有效吸收(<-10dB)频宽为 4.00GHz(4.78~8.78GHz)。

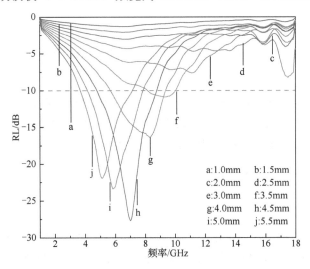

图 9.19　不同厚度的 EUG/Fe$_3$O$_4$@SiO$_2$ 复合材料的吸波性能

图 9.20 为当吸波材料厚度(4.5mm)相同,Fe$_3$O$_4$@SiO$_2$ 用量不同时 EUG/Fe$_3$O$_4$@SiO$_2$ 复合材料吸波性能。可以看出,随着复合材料中 Fe$_3$O$_4$@SiO$_2$ 吸波剂用量增加,反射率的最小值降低,复合材料吸波性能增加,有效吸收(<-10dB)频宽变宽。这是由于:一方面,Fe$_3$O$_4$@SiO$_2$ 用量增加,单位体积的复合材料内磁

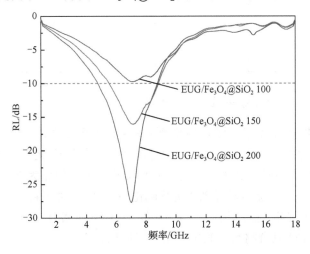

图 9.20　EUG/Fe$_3$O$_4$@SiO$_2$ 复合材料的吸波性能

性物质增加,增大了材料对磁场的损耗;另一方面,由于四氧化三铁本身具有一定的偶极矩,在电磁波的作用发生极化损耗,随着吸波剂用量增加,偶极矩数量增加,复合材料吸波性能增加。其中,当吸波剂用量分别为 100phr、150phr、200phr 时,反射率的最小值分别为-9.73dB、-16.04dB、-27.67dB。

9.3　杜仲胶/聚苯胺包覆四氧化三铁吸波材料的制备与性能

通过原位聚合法制备了 Fe₃O₄@PANI 核壳吸波材料,对核壳材料的形貌、静磁参数以及吸波性能进行分析。在此基础上,将 Fe₃O₄@PANI 核壳吸波材料填充到基体 EUG 中,对复合材料的吸波性能及吸波机理进行了研究。

9.3.1　EUG/Fe₃O₄@PANI 吸波材料的制备

1. 吸波剂 Fe₃O₄@PANI 的制备

取 0.5mol/L 盐酸溶液 100ml,同时加入 2.4g 四氧化三铁粉末,机械搅拌 30min;加入聚乙烯吡咯烷酮 11.5g,机械搅拌 30min;加入一定量的苯胺(aniline,AN)后,机械搅拌 1h;加入过硫酸铵,在冰水浴中反应 3h 后,清洗干燥至恒重。

Fe₃O₄@PANI 核壳材料各组分用量与命名如表 9.10 所示。

表 9.10　Fe₃O₄@PANI 核壳材料各组分用量与命名

样品	Fe₃O₄/g	聚乙烯吡咯烷酮/g	苯胺/ml	过硫酸铵/g
Fe₃O₄@PANI 4	2.4	11.5	0.4	1
Fe₃O₄@PANI 5	2.4	11.5	0.5	1.25
Fe₃O₄@PANI 6	2.4	11.5	0.6	1.5
Fe₃O₄@PANI 7	2.4	11.5	0.7	1.75

2. EUG/Fe₃O₄@PANI 吸波材料的制备

开炼机预热到 60℃后,将杜仲胶置于开炼机上预热 2min 后进行开炼,待胶料包辊后,依次加入干燥好的 Fe₃O₄@PANI 粉末、硫化剂 DCP,并不断割胶、混炼,混合均匀后,调整辊距薄通,打三角包 4 次,调节辊距为 2~3mm 出片,在室温条件下静置 24h,然后对混炼胶进行硫化。在室温条件下将 EUG/Fe₃O₄@PANI 复合材料静置 24h 后,进行试样制备。分别制备了不同吸波剂用量的 EUG/Fe₃O₄@PANI 复合材料,其中各组分用量见表 9.11。

表 9.11　EUG/Fe₃O₄@PANI 复合材料各组分用量

样品	EUG /phr	吸波剂/phr	DCP/phr
EUG/Fe₃O₄@PANI 100	100	100	3
EUG/Fe₃O₄@PANI 150	100	150	3
EUG/Fe₃O₄@PANI 200	100	200	3

9.3.2　吸波剂 Fe₃O₄@PANI 的结构与吸波性能

1. Fe₃O₄@PANI 核壳材料的结构

图 9.21 为不同 PANI 用量的 Fe₃O₄@PANI 核壳材料红外光谱图。由图可见，568cm⁻¹ 为 Fe—O 键吸收振动峰，801cm⁻¹ 处为 C—H 的弯曲振动峰，1115cm⁻¹ 处为醌式环上的 N 原子伸缩振动峰，1302cm⁻¹ 处为苯环上的 C—N 伸缩振动峰，1486cm⁻¹ 处为聚苯胺中苯环的吸收振动峰，1565cm⁻¹ 处为聚苯胺中醌式环的吸收峰，3425cm⁻¹ 处为 N—H 的伸缩振动峰[16]，由此可以初步推断 Fe₃O₄@PANI 复合材料的生成。

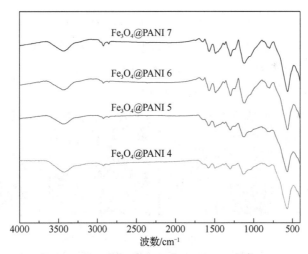

图 9.21　Fe₃O₄@PANI 核壳材料红外光谱图

图 9.22 为 Fe₃O₄@PANI 核壳材料的 XRD 曲线。2θ 在 18.1°、30.3°、35.5°、43.2°、53.5°、57.1°分别对应 Fe₃O₄（111）、（220）、（311）、（400）、（422）、（511）的晶面衍射峰；2θ = 22.5°为无定形聚苯胺产生的弥散峰[17]。

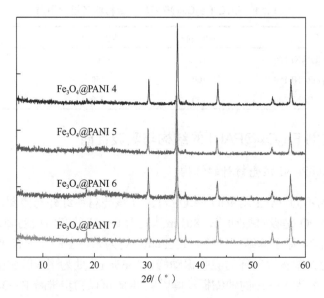

图 9.22　Fe$_3$O$_4$@PANI 核壳材料的 XRD 曲线

图 9.23 为 Fe$_3$O$_4$@PANI SEM 照片和 N、Fe、O 元素分布图。由 SEM 可以看出，Fe$_3$O$_4$@PANI 复合材料初级粒子呈球状，粒径较均匀，初级粒子以团聚体形式存在。由 EDS 能谱对元素分析可知，N、Fe、O 元素分布均匀，但 N 元素的分布较少，这是由于聚苯胺中 N 元素含量较低。

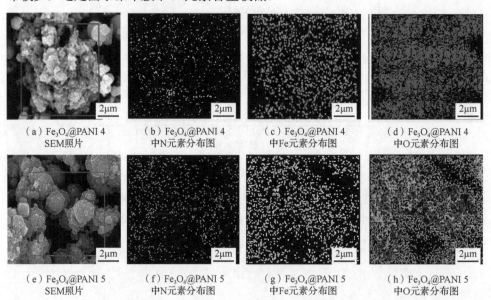

（a）Fe$_3$O$_4$@PANI 4　　　（b）Fe$_3$O$_4$@PANI 4　　　（c）Fe$_3$O$_4$@PANI 4　　　（d）Fe$_3$O$_4$@PANI 4
　　SEM照片　　　　　　　中N元素分布图　　　　　中Fe元素分布图　　　　　中O元素分布图

（e）Fe$_3$O$_4$@PANI 5　　　（f）Fe$_3$O$_4$@PANI 5　　　（g）Fe$_3$O$_4$@PANI 5　　　（h）Fe$_3$O$_4$@PANI 5
　　SEM照片　　　　　　　中N元素分布图　　　　　中Fe元素分布图　　　　　中O元素分布图

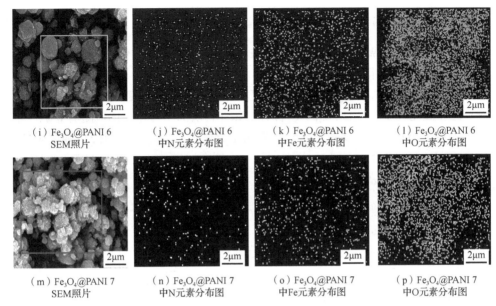

（i）Fe$_3$O$_4$@PANI 6
SEM照片

（j）Fe$_3$O$_4$@PANI 6
中N元素分布图

（k）Fe$_3$O$_4$@PANI 6
中Fe元素分布图

（l）Fe$_3$O$_4$@PANI 6
中O元素分布图

（m）Fe$_3$O$_4$@PANI 7
SEM照片

（n）Fe$_3$O$_4$@PANI 7
中N元素分布图

（o）Fe$_3$O$_4$@PANI 7
中Fe元素分布图

（p）Fe$_3$O$_4$@PANI 7
中O元素分布图

图 9.23　Fe$_3$O$_4$@PANI SEM 照片和 N、Fe、O 元素分布

图 9.24 为 Fe$_3$O$_4$@PANI 核壳材料的 TEM 照片。可以看出，复合材料具有明显的核壳结构，聚苯胺包覆在四氧化三铁的表面，且随着苯胺单体用量增加，原位聚合产生的聚苯胺用量增加，核壳材料中包覆层厚度增加。

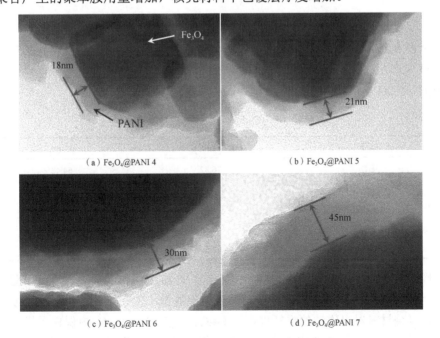

（a）Fe$_3$O$_4$@PANI 4

（b）Fe$_3$O$_4$@PANI 5

（c）Fe$_3$O$_4$@PANI 6

（d）Fe$_3$O$_4$@PANI 7

图 9.24　Fe$_3$O$_4$@PANI 核壳材料的 TEM 照片

2. Fe₃O₄@PANI 核壳材料的吸波性能

图 9.25 为不同聚苯胺用量的 Fe_3O_4@PANI 核壳材料的磁化曲线,表 9.12 是根据图 9.25 磁化曲线得到的 Fe_3O_4@PANI 核壳材料静磁参数。由图 9.25 和表 9.12 可以看出,随着聚苯胺包覆量增加,核壳材料的饱和磁化强度 M_s 逐渐降低,这是由于饱和磁化强度与复合材料中所含有的磁性物质的用量成正比,随着非磁性聚苯胺包覆量增加,单位质量内 Fe_3O_4 的质量分数降低,导致饱和磁化强度降低。

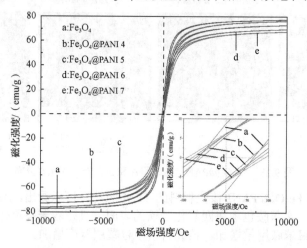

图 9.25　Fe_3O_4@PANI 核壳材料的磁化曲线

从图 9.25 和表 9.12 还可以看出,随着聚苯胺包覆量增加,核壳材料的矫顽力逐渐增加。经过聚苯胺包覆后的四氧化三铁,形状的各向异性会增强,最终导致材料的矫顽力增加。

表 9.12　Fe_3O_4@PANI 核壳材料静磁参数

样品	$M_s/$(emu/g)	H_c/Oe
Fe_3O_4	76.32	64.42
Fe_3O_4@PANI 4	75.84	58.39
Fe_3O_4@PANI 5	73.05	70.82
Fe_3O_4@PANI 6	69.48	79.28
Fe_3O_4@PANI 7	67.54	90.82

图 9.26 为不同 PANI 包覆量的 Fe_3O_4@PANI 核壳材料的吸波性能。由图可以看出,随着 PANI 用量增加,复合材料反射率的最小值在增加,材料的吸波效果变差。复合材料对电磁波的损耗来自于 Fe_3O_4 磁滞损耗、Fe_3O_4 内偶极子极化产生的介电损耗、Fe_3O_4 与 PANI 间的界面极化损耗以及聚苯胺的导电性带来的损耗。

随着 PANI 用量增加，材料的吸波性能降低，说明 Fe_3O_4@PANI 核壳材料吸波性能主要取决于 Fe_3O_4。与 Fe_3O_4@SiO_2 体系相比，Fe_3O_4@PANI 体系的吸波性能明显提高。

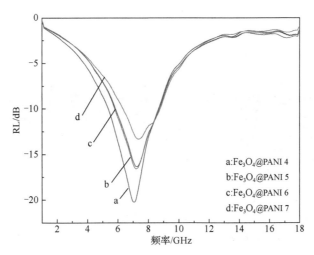

图 9.26　Fe_3O_4@PANI 核壳材料的吸波性能

综上，Fe_3O_4@PANI 4 的吸波效果最好，采用 Fe_3O_4@PANI 4 为吸波剂，以杜仲胶基体，制备了不同 Fe_3O_4@PANI 用量的 EUG/Fe_3O_4@PANI 复合材料。

9.3.3　EUG/Fe_3O_4@PANI 吸波材料的性能

1. EUG/Fe_3O_4@PANI 吸波材料硫化特性

表 9.13 为 EUG/Fe_3O_4@PANI 复合材料的硫化特性表。由表可以看出，随着吸波剂用量增加，复合材料 t_{10} 变化不大，但是 t_{90} 时间明显缩短，这可能是吸波剂中的聚苯胺对硫化反应起到促进作用，缩短了硫化所需的时间。随着吸波剂用量增加，复合材料的 M_L 与 M_H 增加，这是因为吸波剂的加入，提高了复合材料的模量。M_H-M_L 的提高说明了交联程度提高。

表 9.13　EUG/Fe_3O_4@PANI 复合材料的硫化特性表

样品	t_{10}	t_{90}	M_L/（dN·m）	M_H/（dN·m）	M_H-M_L/（dN·m）
EUG/Fe_3O_4@PANI 100	18s	6min28s	3.33	9.36	6.03
EUG/Fe_3O_4@PANI 150	16s	4min18s	4.03	11.38	7.35
EUG/Fe_3O_4@PANI 200	18s	2min10s	4.05	11.52	7.47

2. EUG/Fe₃O₄@PANI 吸波材料的形貌

图 9.27 是 EUG/Fe$_3$O$_4$@PANI 复合材料的 SEM 照片。可以看出，随着核壳吸波剂用量增加，单位体积内粒子数量增加，粒子间间距减小，排列更加紧密，粒子在基体中形成完整的电磁网络。同时可以看出，核壳材料与 EUG 基体相容性良好，分散均匀，没有明显的团聚。

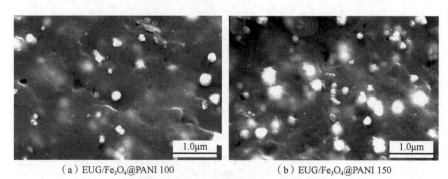

（a）EUG/Fe$_3$O$_4$@PANI 100　　　　　　　　（b）EUG/Fe$_3$O$_4$@PANI 150

（c）EUG/Fe$_3$O$_4$@PANI 200

图 9.27　EUG/Fe$_3$O$_4$@PANI 复合材料的 SEM 照片

3. EUG/Fe₃O₄@PANI 吸波材料拉伸性能

表 9.14 给出了 EUG/Fe$_3$O$_4$@PANI 复合材料拉伸性能。可以看出，随着吸波剂用量增加，复合材料的 100%定伸应力增加，说明具有纳米结构的核壳吸波剂起到补强作用。但是，材料的拉伸强度和断裂伸长率都随着吸波剂用量增加而降低，这是因为随着吸波剂用量增加，吸波剂会在基体内有一定的聚集，在拉伸的过程中存在应力集中，导致吸波材料的拉伸强度和断裂伸长率降低。

表 9.14　EUG/Fe₃O₄@PANI 复合材料拉伸性能

样品	100% 定伸应力/MPa	拉伸强度/MPa	断裂伸长率/%
EUG/Fe₃O₄@PANI 100	7.6	14.7	230
EUG/Fe₃O₄@PANI 150	11.3	14.5	163
EUG/Fe₃O₄@PANI 200	11.4	11.2	130

4. EUG/Fe₃O₄@PANI 电磁参数

如图 9.28 所示为 EUG/Fe₃O₄@PANI 复合材料的电磁参数。根据图 9.28（a）、（b），复合材料介电常数在 1~18GHz 存在多处波动，复合材料 ε' 与 ε'' 的变化主要是由于 Fe₃O₄ 固有的偶极子在电磁波作用下发生极化、Fe₃O₄ 与 PANI 之间的界面极化、吸波剂与 EUG 基体之间的界面极化以及聚苯胺的导电性[18]。复合材料的 ε' 与 ε'' 随 Fe₃O₄@PANI 用量增加而增加，这是由于随着 Fe₃O₄@PANI 用量增加，复合材料中偶极子的数量和界面面积增加，另外，聚苯胺具有导电性，随着填料增加，在材料内部形成完整的电磁网络。但是用量增加，并未改变介电常数的波动变化，说明用量的变化只改变极化的强度，未改变极化的方式。EUG/Fe₃O₄@PANI 复合材料的 ε' 与 ε'' 比 EUG/Fe₃O₄@SiO₂ 复合材料的高，这是由于 Fe₃O₄@PANI 中 PANI 具有导电性。

由图 9.28（c）、（d）可以看出复合材料的磁导率在 1~8GHz 较高，在 8~18GHz 较低，μ' 与 μ'' 的变化主要是由复合材料中磁性 Fe₃O₄ 在低频处发生更大的磁滞损耗所导致的。同时，随着磁性吸波剂用量增加，材料的 μ' 与 μ'' 都增加。同样，吸波剂用量增加，并未改变磁导率的波动变化，说明用量的变化只改变的磁导率强度，未改变材料磁滞损耗的方式。

图 9.28（e）、（f）分别为复合材料复介电常数损耗的正切值和磁导率损耗的正切值，分别代表复合材料对介电损耗以及磁滞损耗的程度。可以发现，复合材料中同时存在介电损耗以及磁滞损耗，且磁滞损耗大于介电损耗，说明复合材料以磁滞损耗为主。

5. EUG/Fe₃O₄@PANI 吸波材料的吸波性能

图 9.29 为不同厚度的 EUG/Fe₃O₄@PANI 复合材料的反射损耗曲线。随着复合材料厚度增加，复合材料反射损耗的最小值向低频方向移动，这是因为电磁波在复合材料表面反射产生干涉，当厚度增加的时候，与之匹配的频率降低，所以向低频方向移动。当厚度为 4.0mm 时，在频率为 7.46GHz 时，有最小反射率 -48.98dB，有效吸收（<-10dB）频率为 4.01GHz（5.05~9.06GHz）。

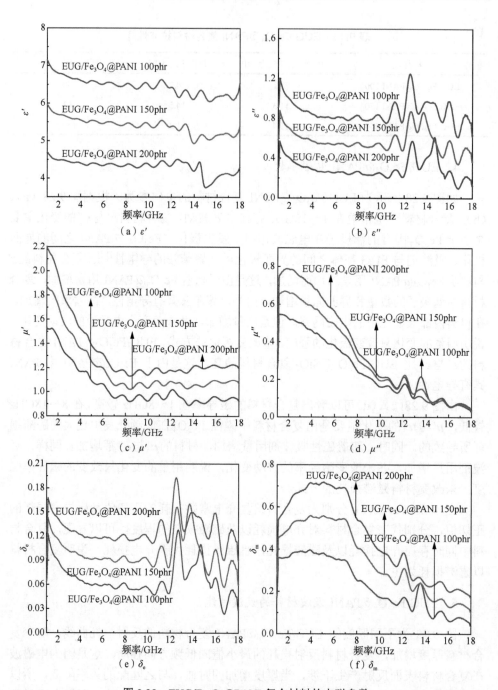

图 9.28 EUG/Fe$_3$O$_4$@PANI 复合材料的电磁参数

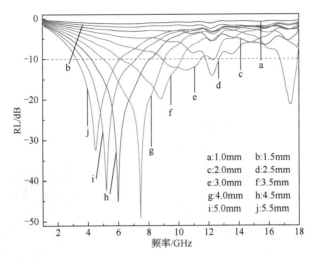

图 9.29　不同厚度的 EUG/Fe$_3$O$_4$@PANI 复合材料的反射损耗曲线

图 9.30 为当吸波材料厚度相同（4.0mm）、Fe$_3$O$_4$@PANI 用量不同时 EUG/Fe$_3$O$_4$@PANI 复合材料的吸波性能。可以看出，随着复合材料中 Fe$_3$O$_4$@PANI 用量增加，反射损耗的最小值降低，复合材料吸波性能增加。当吸波剂用量分别为 100phr、150phr、200phr 时，反射率的最小值分别为-8.14dB、-15.61dB、-48.98dB。这是由于：一方面，随着 Fe$_3$O$_4$@PANI 用量增加，单位体积的复合材料内磁性物质增加，增大了磁滞损耗；另一方面，随着 Fe$_3$O$_4$@PANI 填料增加，复合材料界面数量增加，复合材料界面损耗增加。同时，聚苯胺具有导电性，随着 Fe$_3$O$_4$@PANI 填料增加，在材料内部形成的电磁网络更加完善，吸波性能提高[19]。

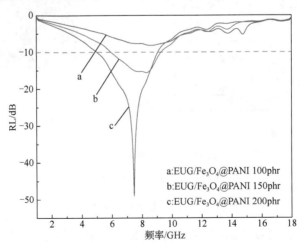

图 9.30　EUG /Fe$_3$O$_4$@PANI 复合材料的吸波性能

6. EUG/Fe$_3$O$_4$@SiO$_2$复合材料与 EUG/Fe$_3$O$_4$@PANI 复合材料吸波机理

由上述的讨论可以看出，以 Fe$_3$O$_4$@PANI 为吸波剂的 EUG 复合材料的吸波性能优于以 Fe$_3$O$_4$@SiO$_2$ 为吸波剂的 EUG 复合材料。这是由于 Fe$_3$O$_4$@PANI 具有电磁双重损耗，而 Fe$_3$O$_4$@SiO$_2$ 仅具有磁损耗，两者的吸波机理如图 9.31 所示。

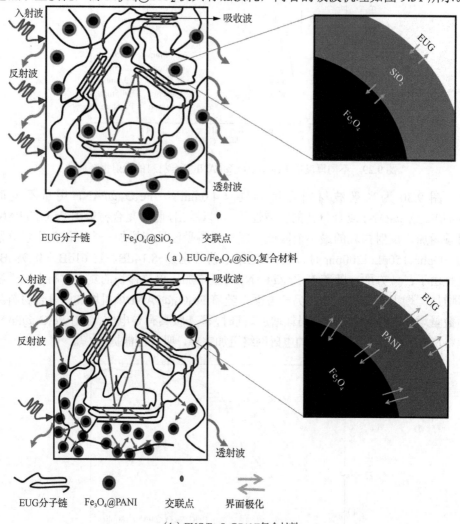

图 9.31　杜仲胶复合材料吸波机理

由图 9.31 对比可以看出，EUG/Fe$_3$O$_4$@SiO$_2$ 复合材料与 EUG/Fe$_3$O$_4$@PANI 复合材料共同的吸波机理在于：第一，Fe$_3$O$_4$ 具有磁性，其在低频区发生磁滞损耗对电磁波产生吸收；第二，Fe$_3$O$_4$ 在电磁波的作用下发生极化损耗，对电磁波产生吸收；第三，Fe_3O_4 与 SiO_2 或 PANI、核壳吸波剂与杜仲胶基体间的多重界面极化损耗；第四，EUG 的聚集态结构仍为结晶结构，吸波剂主要分布在非晶区，并且入射的电磁波可以在 EUG 的晶区内发生多重散射而消耗[19,20]。对于 EUG/Fe_3O_4@PANI 复合材料而言，聚苯胺具有导电性，在材料局部形成导电网络结构，产生电损耗，有利于吸波性能的提高。

9.4 本章小结

本章以相同用量的 GNPs 作为吸波剂，分别以 EUG 和 NR 作为基体，制备了 EUG/GNPs 复合材料、NR/GNPs 复合材料。当吸波剂种类和用量相同时，杜仲胶复合材料吸波效果明显优于天然橡胶复合材料，表明杜仲胶的结晶结构对复合材料的吸波性能影响至关重要。交联密度影响复合材料中杜仲胶的结晶性，进而影响到材料的吸波性能，交联密度升高，结晶度降低，电磁波在晶区间的多重反射和散射降低，复合材料吸波性能下降。以两种核壳材料为吸波剂，分别制备了 EUG/Fe_3O_4@SiO_2 和 EUG/Fe_3O_4@PANI 复合材料，随着核壳吸波剂用量增加，复合材料的吸波性能提高。综上，可以发现杜仲胶吸波复合材料体系中的结晶结构、交联网络和填料网络均对材料吸波性能产生影响，同时，多重网络结构的耦合作用机制还有待于进一步研究揭示。

参 考 文 献

[1] Liu W, Li H, Zeng Q. Fabrication of ultralight three-dimensional graphene networks with strong electromagnetic wave absorption properties[J]. Journal of Materials Chemistry A, 2015, 3(7): 3739-3747.

[2] Xu Y G, Zhang D Y, Cai J, et al. Microwave absorbing property of silicone rubber composites with added carbonyl iron particles and graphite platelet[J]. Journal of Magnetism & Magnetic Materials, 2013, 327: 82-86.

[3] Mrozowski S. Electron spin resonance in neutron irradiated and in doped polycrystalline graphite—Part II[J]. Carbon, 1966, 4(2): 227-242.

[4] Liu P, Huang Y, Yan J. Construction of CuS nanoflakes vertically aligned on magnetically decorated graphene and their enhanced microwave absorption properties[J]. ACS Appl Mater Interfaces, 2016, 8(8): 5536-5546.

[5] Cole K S, Cole R H. Dispersion and absorption in dielectrics I. alternating current characteristics[J]. The Journal of Chemical Physics, 1941, 9(4): 341-351.

[6] Li L, Wang Z, Zhao P. Thermodynamics favoured preferential location of nanoparticles in co-continuous rubber blend toward improved electromagnetic properties[J]. European Polymer Journal, 2017, 92: 275-286.

[7] Liu X, Ran S, Yu J. Multiscale assembly of Fe 2 B porous microspheres for large magnetic losses in the gigahertz range[J]. Journal of Alloys and Compounds, 2018, 765: 943-950.

[8] 王振宇, 李东翰, 康海澜. 石墨烯/杜仲胶吸波材料的制备及其性能研究[J]. 功能材料, 2021, 52(10): 10016-10022.

[9] 王士鹏. 一维核壳结构四氧化三铁基复合材料的制备及其吸波性能研究[D]. 淮北: 淮北师范大学, 2020.

[10] 黄威, 王玉江, 魏世丞. 杨梅状 Fe_3O_4@SnO_2 核壳材料制备及吸波性能[J]. 北京科技大学学报, 2020, 42(5): 635-644.

[11] 张龙, 万晓娜, 段文静. Fe$_3$O$_4$@聚吡咯@聚苯胺核壳结构的制备及吸波性能[J]. 高等学校化学学报, 2017, 39(1): 185-192.

[12] 胡小兵. Fe$_3$O$_4$@SiO$_2$核壳结构磁性纳米颗粒的制备研究[J]. 应用化工, 2016, (2): 387-388.

[13] 齐小伟. Fe$_3$O$_4$@SiO$_2$磁性复合粒子的制备及性能研究[D]. 沈阳: 辽宁大学, 2013.

[14] 方舟. Fe$_3$O$_4$/CaP核壳磁性纳米复合粒子的制备及生物学性能[D]. 北京: 北京化工大学, 2010.

[15] 陈瑞雪. 尖晶石型Co系化合物纳米材料的制备及其催化性能研究[D]. 天津: 天津大学, 2017.

[16] 耿波, 王丽. Fe$_3$O$_4$/PANI复合材料及其电磁性能研究[J]. 广州化工, 2015, 43(20): 68-70.

[17] 贾瑛, 李志鹏, 张凌. Fe$_3$O$_4$/聚苯胺纳米复合材料的吸波性能研究[J]. 化学推进剂与高分子材料, 2009, (5): 33-37.

[18] Saeed M S, Seyed-Yazdi J, Hekmatara H. Fe$_2$O$_3$/Fe$_3$O$_4$/PANI/MWCNT nanocomposite with the optimum amount and uniform orientation of Fe$_2$O$_3$/Fe$_3$O$_4$NPs in polyaniline for high microwave absorbing performance[J]. Journal of Alloys and Compounds, 2020, 843: 156052.

[19] Jelmy E J, Lakshmanan M, Kothurkar N K. Microwave absorbing behavior of glass fiber reinforced MWCNT-PANi/epoxy composite laminates[J]. Materials Today: Proceedings, 2019, 26(1): 36-43.

[20] 王振宇. 杜仲胶吸波材料的制备与性能研究[D]. 沈阳: 沈阳化工大学, 2021.